Schoch
HELA-Traktoren

Thomas und Franz Schoch

HELA-Traktoren

Alle Typen und Prospekte

Stückzahlen, Exportanteile, Preise, Motorisierung und Spezifikationen

93 Farbfotos und Tabellen
64 Prospekte

Ulmer

Titelfoto: Archiv Schoch, Aulendorf

Die in diesem Buch enthaltenen Empfehlungen und Angaben sind vom Autor mit größter Sorgfalt zusammengestellt und geprüft worden. Eine Garantie für die Richtigkeit der Angaben kann aber nicht gegeben werden. Autor und Verlag übernehmen keinerlei Haftung für Schäden und Unfälle.

Bibliografische Information der Deutschen Nationalbibliothek
Die Deutsche Nationalbibliothek verzeichnet diese Publikation in der Deutschen Nationalbibliografie; detaillierte bibliografische Daten sind im Internet über http://dnb.d-nb.de abrufbar.

Wollgrasweg 41, 70599 Stuttgart (Hohenheim)
E-Mail: info@ulmer.de
Internet: www.ulmer.de
Lektorat: Werner Baumeister
Herstellung: Thomas Eisele
Umschlagentwurf: Freiraum K Kommunikationsdesign, Stuttgart
Satz und Reproduktion: Medienfabrik Stuttgart
Druck und Bindung: Firmengruppe APPL, aprinta Druck, Wemding
Printed in Germany

ISBN 978-3-8001-5790-7

Inhaltsverzeichnis

von 1929 …

… bis 1979

Vorwort

Sehr geehrte Oldtimer-Liebhaber,

in diesem Typen- und Prospektbuch über die Firma Hermann Lanz, Aulendorf, werden sämtliche gefertigten Traktorentypen, Fakten, Daten und Stückzahlen erstmalig vollständig veröffentlicht. Die bisher erfolgten Publikationen arbeiteten häufig mit spekulativen Typenbezeichnungen und Stückzahlen, welche mit den Originaldaten oft nicht übereinstimmten. Außerdem kursierte eine Typentabelle im Internet, die ebenfalls erhebliche Fehlinformationen enthält. Aus welchen Unterlagen all diese Daten und Typenbezeichnungen entnommen wurden, konnte bis heute niemand belegen. Fakt ist, dass eine Kontrolle dieser Daten bisher auch gar nicht möglich war. Um diese Fehlinformationen nun endlich zu beenden, erfolgte für dieses Typen- und Prospektbuch eine intensive Recherche. In monatelanger Kleinarbeit mussten über 30 000 Original-Auslieferungslisten ausgewertet und digitalisiert werden. Diese Arbeit war notwendig, um alle Daten in diesem Buch auch exakt belegen zu können. Glücklicherweise sind zeitweise verschollene Unterlagen wieder aufgetaucht, die es ermöglichen, die Firmengeschichte in Bezug auf Traktorentypen und Stückzahlen korrekt wiederzugeben. Hier erfolgt auch gleichzeitig der Dank an Herrn Sauter, den ehemaligen kaufmännischen Leiter der Firma Lanz, für die Überlassung der Aufzeichnungen, die er während seines beruflichen Lebens akribisch geführt hat. Nicht zu vergessen sind die vielen HELA-Besitzer, die bereitwillig ihre Traktoren fotografieren ließen oder uns Fotos davon überlassen haben. Deshalb sind die Besitzer im Inhaltsverzeichnis auch namentlich erwähnt.

Primäres Ziel dieses Buches ist es, die Typenvielfalt der Firma Lanz korrekt darzustellen und aufzuzeigen, dass Hermann Lanz einen wesentlichen Anteil zum deutschen Traktorenbau beigetragen hat. So werden die Modellreihen auch nach Fertigungs- und Auslieferungszeitraum sortiert, um die Entwicklung und den Fortschritt der Fertigung darzustellen. Sicher wäre es oft einfacher gewesen, verschiedene Ausführungen einer Modellreihe mit verschiedener Motorisierung zusammenzufassen, aber oftmals wurden luft- oder wassergekühlte Ausführungen in einem großen zeitlichen Abstand gefertigt. Bei verschiedenen Typen gab es sehr geringe Stückzahlen, weshalb einige Schlepper gemeinsam aufgelistet sind, weil kein Originalexponat mehr aufzutreiben war. Für eine Neuauflage dieses Buches wird aber weiterhin nach diesen Raritäten oder Einzelstücken gesucht. Sollten sie stolzer Besitzer eines solchen seltenen Traktors sein, melden Sie sich bitte bei den Autoren oder dem Verlag.

Für vereinzelte Modellreihen gab es keine Prospekte, für andere Typen sind jedoch mehrere Prospektauflagen enthalten, schließlich gab es während der Fertigungszeit oftmals Neuerungen z.B in Form der Haubengestaltung oder Motorisierung. Würde man all diese Modifikationen bis ins Detail berücksichtigen, könnte man nahezu 200 verschiedene Modelle aufführen und sogar mit Bildern versehen, zumal bei der Firma Lanz nahezu alle Kundenwünsche umgesetzt wurden.

Ein interessantes Beispiel waren die Anpassungsmaßnahmen für Kriegsversehrte in den 40er und 50er Jahren, welche die Firma sogar unentgeltlich ausgeführt hatte. So werden verschiedene Leser aber möglicherweise feststellen, dass ihr Schlepper bei gleicher Typenbezeichnung eine andere Motorhaube besitzt oder eventuell andere Hinterradkotflügel hat als die abgebildeten Exemplare. Hier empfiehlt sich der Blick in den Prospektteil, um dort eventuelle Neuerungen in späteren Prospekten zu überprüfen. So gab es im Laufe der Jahre

natürlich auch Unterschiede bei den Lackierungen, wobei sogar jederzeit Wunschlackierungen ausgeführt wurden.

Trotz aller Recherche und intimes Firmenwissen kann in diesem Buch nicht jede Modifikation berücksichtigt werden, aber alle Modellreihen und Stückzahlen aus 50 Jahren Traktorenfertigung sind enthalten. Die Firma Hermann Lanz war im Vergleich zu vielen Mitbewerbern ein relativ kleiner Traktorenhersteller, allerdings mit einem breit gefächerten Typenspektrum. Die Produkte waren zudem bekannt für ihre Qualität und Langlebigkeit. Insgesamt verließen in den 50 Jahren der Fertigung 31 119 Traktoren unterschiedlichster Ausführung das Werk, wovon 4 323 Traktoren in den Export gingen (ab Juli 1949 dokumentiert). Die verschiedenen Exportländer sind bei den Modellreihen gesondert aufgeführt. Das Händlernetz der Firma Hermann Lanz erstreckte sich über das ganze Bundesgebiet, allerdings war der regionale Absatz naturgemäß umfangreicher als die Lieferung in verschiedene andere Bundesländer.

Das Autorenteam hofft, dass mit diesem kombinierten Typen- und Prospektbuch ein maßgebliches Standardwerk über die Traktoren aus dem oberschwäbischen Aulendorf entstanden ist, das dank originaler Werksdaten und konsequenter Recherche ermöglicht, zukünftige Fehlinformationen oder Publikationen auszuschließen. Mit diesem Nachschlagewerk ist es möglich, ihren Traktortyp richtig zuzuordnen und womöglich festzustellen, welche besondere Rarität Sie besitzen.

Viel Spaß dabei!

Aulendorf, im August 2008 Franz und Thomas Schoch

Die Entwicklung der Firma Lanz Aulendorf

1888 Hermann Lanz sen. gründete eine mechanische Werkstätte im oberschwäbischen Aulendorf (Standort Mockenstraße). Im angebauten Ökonomieteil des Hauses wurden Reparaturen an landwirtschaftlichen Gerätschaften durchgeführt. Zu dieser Zeit war Aulendorf noch geprägt durch Handwerk und Landwirtschaft, bot jedoch seit 1869 einen Eisenbahnknotenpunkt zwischen Ulm – Friedrichshafen – Sigmaringen.

1890 Hermann Lanz jun. wurde am 17. Februar 1890 in Aulendorf geboren und fand schon in jungen Jahren großes Interesse an der Arbeit seines Vaters. Somit prägten das Schlosserhandwerk und die Landwirtschaft sein späteres Leben und Arbeiten.

1905 Hermann Lanz jun. begann im Betrieb seines Vaters eine Lehre im Schlosserhandwerk und begab sich anschließend auf die Wanderschaft. Diese führte ihn in das nahe liegende Ausland, wo er weiterhin im Umgang mit landwirtschaftlichen Gerätschaften Erfahrungen sammeln konnte.

1913 Nach seiner Rückkehr in die Heimat Aulendorf legte er die Meisterprüfung im Schlosserhandwerk ab. Sein Meisterbrief wurde mit der Note „ sehr gut“ ausgehändigt. Mit dieser Qualifikation konnte er seine Erfahrungen im elterlichen Betrieb erfolgreich einbringen und umsetzen.

1914 In diesem Jahr übernahm Hermann Lanz den elterlichen Betrieb, heiratete und bereits im Mai wurde sein Sohn Anton geboren. Die Firma wurde von nun an unter der Bezeichnung Hermann Lanz jun. weitergeführt. Diese Übernahme war Grundstein für ein erfolgreiches Kleinunternehmen.

1915 Nun begann auch die Herstellung von selbst entwickelten landwirtschaftlichen Geräten. Diese dienten hauptsächlich der Feldbearbeitung, wie Eggen, Pflüge und Walzen. Zur Weiterverarbeitung der landwirtschaftlichen Erzeugnisse wurden aber auch Most- und Kartoffelpressen, Getreide- und Futterschneider sowie andere Gerätschaften für Haushalt und Landwirtschaft hergestellt.

1922 Die Vergrößerung des Betriebes und die Anzahl der Mitarbeiter verlangten trotz aufkommender Inflation den Bau einer neuen Produktionshalle. Dazu wurde die Firma in die Bahnhofsnähe umgesiedelt (Standort Ecke Kornhausstraße). Bis in die 60iger Jahre wuchs der Betrieb bei annähernd 600 Mitarbeitern auf über 20000 m² an. Es gab sogar eine eigene Bauarbeiter-Abteilung mit Maurern, Gipsern usw.

1924 Erneut musste die bisherige Fabrikhalle erweitert werden und das Wohnhaus der Familie (gerne auch als Unternehmervilla bezeichnet) wurde ebenfalls am neuen Werksgelände gebaut. Das elterliche Wohnhaus mit Werkstatt in der Mockenstraße wurde danach aufgegeben und verkauft.

1927 Einzug der Motorisierung in der Landwirtschaft. Dadurch begann auch Hermann Lanz mit der Entwicklung von Motormähern und selbstfahrenden Arbeitsmaschinen. Elektro- und Stationärmotoren verwendete er bereits bei landwirtschaftlichen Geräten mit Treibriemenantrieb (Modell Ideal).

1929 Die nun Landmaschinen- und Eggenfabrik Hermann Lanz benannte Firma konnte in einer schweren Zeit trotz Wirtschaftskrise die ersten Mähschlepper (Typ Samson) vorstellen. Die Motorisierung bestand aus liegend verbauten Benzinmotoren mit Verdampfungskühlung. Diese konnten durch die damalige Rahmenbauweise individuell montiert werden. Die Mähschlepper wurden noch nicht in Serie gefertigt. Deshalb gab es oft erhebliche Unterschiede bei gleicher Typenbezeichnung.

1931 Die Rahmenkonstruktion wurde aufgrund der gemachten Erfahrungen ständig verbessert. Durch den Einzug von Dieselmotoren konnte der Samson I nun mit hauptsächlich liegenden Diesel- und Benzinmotoren mit verschiedener Leistung ausgerüstet werden. Mehrere internationale Patente wurden angemeldet und auf der DLG-Ausstellung als neu und beachtenswert ausgezeichnet.

1936 Die Weiterentwicklung des Kleinschleppers Samson I erfolgte durch einfachere Blockbauweise. Nunmehr stehend eingebaute Benzin- oder Dieselmotoren machten diese Bauweise möglich. Motor, Kupplungsgehäuse und Getriebe wurden direkt miteinander verschraubt, wodurch der Antrieb mit einem Wechselgetriebe kettenlos realisiert werden konnte. Diese Typenausführung erhielt ebenfalls einen Fabelnamen – Typ Samson II.

1937 Die Typenbezeichnung durch Fabelwesen der rahmen- und kettenlosen Kleinschlepper Samson wurde mit dem D37 geändert. Das D stand nun für den verwendeten Dieselmotor und die Zahl für das Modelljahr des Schleppers Modell 1937. Der D37 wurde bereits mit einem Zweizylinder Deutz F2M 313 Motor mit 20 PS Leistung versehen. Gleichzeitig wurde die Produktion der Samson-Kleinschlepper in Rahmenbauweise komplett eingestellt.

1938 Dipl. Ing. Anton Lanz trat in die väterliche Firma ein. Nachdem er Abitur und Maschinenbaustudium abgeschlossen hatte, arbeitete er bei renommierten Maschinenbaufirmen wie z.B. Deutz in Köln, wo er wichtige Erkenntnisse im Schlepper- und Motorenbau erlangen konnte. Als Konkurrent für den 11er Deutz brachte Hermann Lanz einen 11 PS Voll-Diesel-Bauernschlepper auf den Markt. Der D11 mit einem 11 PS Einzylinder Deutz F1M 414 Motor brachte es bereits auf mehr als 15 km/h. Zu diesem Kleinschlepper wurde auch der D38 (Modell 1938) mit 22 PS Leistung vorgestellt.

1939 Die Fertigung von landwirtschaftlichen Geräten wurde vollständig eingestellt. Man hatte sich gänzlich auf den Traktorenbau spezialisiert. Mit dem Ausbruch des 2. Weltkrieges musste Hermann Lanz seinen Betrieb jedoch in „Ackerschlepperfabrik“ umbenennen, eine Forderung der Reichsregierung. Die Fabrikhallen und das Wohnhaus konnten trotz schwerer Zeiten erweitert werden, allerdings wurde Anton Lanz zum Kriegsdienst eingezogen.

1940 Mit dem Modell 1940 konnte trotz der Kriegsaktivitäten der deutschen Wehrmacht der 1000. Schlepper aus dem Hause Lanz ausgeliefert werden. Eine stolze Zahl, wenn man bedenkt in welch schweren Zeiten mit Weltwirtschaftskrise und Weltkrieg all dies stattfand.

1942 Durch die Betriebsmittelknappheit ordnete die Reichsregierung am 1.Juli 1942 die Fertigung von mit Holzgas betriebenen Einheitsschleppern an. Bei der Firma Lanz wurde somit der L25 und HG25 mit 25 PS Leistung und einem Holzgasgenerator angeboten. Zur Verwendung kamen Deutz und MWM Einheitsmotoren, welche ebenfalls vorgeschrieben wurden.

1945 Die Fabrikationshallen hatten den Krieg schadlos überstanden, allerdings wurde das komplette Inventar von den Franzosen als Reparationszahlung mitgenommen und nach Paris verbracht. Ein Lichtblick war damals die Kriegsheimkehr von Anton Lanz; der Luftwaffensoldat wurde aus amerikanischer Gefangenschaft entlassen. Hermann und Anton Lanz arbeiteten teilweise für Fremdfirmen und konnten den Betrieb mit kleineren Reparaturen und Rückrüstungen der Holzgasschlepper aufrechterhalten. Selbst einfache Gummiwagenanhänger wurden hergestellt.

1948 Durch die Währungsreform ging es langsam bergauf und die Firma Lanz konnte die Fertigungshallen wieder mit Maschinen ausrüsten. Die Schlepperproduktion wurde mit dem D47 ebenfalls wieder aufgenommen, so konnte ein 22-PS- und 28-PS-Schlepper ausgeliefert werden. Anton Lanz heiratete die badische Unternehmertochter Rauch. Die Firma Rauch handelte ebenfalls mit landwirtschaftlichen Geräten und die Pressenfertigung wurde fortan dorthin ausgegliedert.

1949 Ein 14-PS-Bauernschlepper und die Motorenprogrammerweiterung des D47 wurden vorangetrieben. Mittlerweile kamen wartungsfreundliche, klappbare Motorhauben zur Verwendung, welche die abnehmbaren Blechhauben zwischen Kühler und Tank ersetzten. Die Geschäfte gingen durch den Traktorenbau wieder aufwärts, wodurch weitere Maschinen und Arbeitskräfte notwendig wurden.

1951 Die typische HELA-Lanze mit der Bezeichnung HELA wurde auf Drängen der Mannheimer Lanz-Werke als Markenzeichen bei der Firma Lanz Aulendorf eingeführt. Trotz der zuvor ungewollten Umstellung des Firmenzeichens entwickelte sich daraus ein Markenzeichen für Qualität und gute Technik.

1952 Das Schlepperprogramm umfasste nun bereits ein Leistungsspektrum von 12 PS bis 40 PS. Der leistungsstarke 40-PS-HELA war zu dieser Zeit nicht häufig anzutreffen, er wurde vermehrt zum Export angeboten und war als Acker- und Verkehrsschlepper durchaus mit Hanomag und Lanz-Bulldog vergleichbar.

1955 Die ersten werkseigenen HELA-Motoren wurden im D 12 eingebaut. Der Konstrukteur Anton Lanz begann bereits 1951 mit der Planung dieser Motoren, welche im Baukastenprinzip bis zum Dreizylinder angeboten wurden. Ebenfalls qualitativ sehr hochwertig wurden später sogar Schiffsmotoren von HELA gebaut.

1956 Die Modellvielfalt bei HELA wurde mit dem Weinbergschlepper Varimot erweitert. In den ausgehenden 50iger Jahren wurde dessen Entwicklung fortschrittlich vorangetrieben. Verschiedene Motorisierungen und sogar Kettenantrieb wurden angeboten. Die Entstehung eines kompakten Baggerladers war auch Vorbild für die künftige Entwicklung von Schmalspurtraktoren für den Obst- und Plantagenbau.

Hermann Lanz (links) und Anton Lanz (rechts).

1958 Die Auslieferung des 20000. Schleppers konnte gefeiert werden. Gleichzeitig wurde eine neue Haubenform konzipiert, welche 1959 zum 30jährigen Schlepperbau-Jubiläum vorgestellt wurde. Die Fabrikhallen mussten wiederum erweitert werden, schließlich arbeiteten mittlerweile etwa 600 Mitarbeiter bei der Firma Lanz in Aulendorf.

1960 In den 60iger Jahren wurde das Schlepperprogramm ständig mit verschiedenen Leistungsangeboten erweitert. Die Exportgeschäfte bis in die Türkei und Spanien konnten ebenfalls erfolgreich vorangetrieben werden. Das Motorenprogramm wurde um Schiffsmotoren ergänzt, welche hauptsächlich nach Italien exportiert wurden. Im Hydraulikbereich ging man mit Eigenkonstruktionen auf den Markt, um auch in diesem Bereich selbstständiger zu sein.

1962 Für die Balinger Firma Wahl wurden 25-PS-Schlepper gefertigt, die lediglich mit einer Wahl- Haube versehen von Wahl als W225 selbst vertrieben wurden. Anton Lanz war mittlerweile Geschäftsführer und wurde von den Schwiegersöhnen von Hermann Lanz, Otto Felder und Hermann Lutz im Betriebswirtschaftsbereich unterstützt. Nahezu alle Teile wurden im nochmals erweiterten Werk selbst angefertigt. Auf dem französischen Markt und in den Benelux Staaten wurden ab 1963 mit der Saulgauer Firma Bautz Schlepper unter Bautz - HELA vertrieben.

1964 50 Jahre Firma Hermann Lanz. Seit mittlerweile 35 Jahren wurden in Aulendorf Traktoren angeboten, begonnen mit dem Mähschlepper Samson. Für das Jubiläum fand ein großer Festakt statt, um den Traktorpionier Hermann Lanz und seine Verdienste am Standort Aulendorf zu würdigen. Im Mai konnte zusätzlich der 50. Geburtstag von Anton Lanz gefeiert werden. Ein Allrad-Lader Typ RA wurde auf Basis der Varimot-Kleinschlepper gefertigt.

1965 Hermann Lanz feierte seinen 75. Geburtstag bei bester Gesundheit – und immer noch in die Firma involviert. Mit 70 Jahren hat er in London noch die englische Sprache erlernt. Der Varimot wurde von einer japanischen Firma in Japan als Lizenzprodukt gefertigt.

1966 Die Fertigung von Allradschleppern wurde in das Programm aufgenommen. Mit dieser Modellerweiterung wurde auch eine modern gestaltete Hauben- und Schlepperform eingeführt. Verschiedene Spezialschlepper wurden nach Wünschen der Kunden in Aulendorf hergestellt, um sämtliche Anforderungen im land- und forstwirtschaftlichen Bereich abzudecken. Mit dem Ende der 60iger Jahre wurde jedoch die Motorenfertigung bei HELA nach mehr als 7000 Motoren eingestellt. Varimot-Allradlader vom Typ NI und NA wurden mit Leistungen von 22 bis 30 PS angeboten. 1968 kam bereits der Varimot-Typ NO mit hydrostatischem Antrieb hinzu.

1970 Der Firmengründer konnte seinen 80. Geburtstag feiern. Lanz fertigte zusätzlich für die Marktoberdorfer Firma Fendt den Baggerlader TS 65, wovon etwa 80 Stück in Aulendorf vom Band rollten. Ebenfalls 1970 wurden UTB-Traktoren aus Rumänien, ein FIAT Lizenz-Produkt, von Lanz in Deutschland vertrieben. 1972 kamen 60 PS starke Allrad- und Hinterradantriebsschlepper in das Programm. Die PS-schwachen Traktoren zwischen 16 und 27 PS wurden nicht mehr hergestellt, die Nachfrage war mittlerweile zu gering. Schilter-Traktoren aus der Schweiz erweiterten jedoch das Qualitätsprogramm, denn hierfür wurde ebenfalls die Generalvertretung in Deutschland übernommen.

1972 Am 24. September 1972 verstarb Hermann Lanz nach kurzer Krankheit in Aulendorf. Niemals zuvor fand in Aulendorf eine so große, ehrenvolle Beisetzung statt. Zahlreiche Trauergäste aus Nah und Fern gaben dem Traktorpionier im deutschen Schlepperbau die letzte Ehre. Ein weit über die Grenzen hinaus um die Stadt und deren Bevölkerung verdienten Mann, dessen Andenken es weiterhin zu ehren gilt.

1976 Viele Traktorenhersteller hatten mittlerweile die Fertigung eingestellt, tendenziell wurden leistungsstarke Traktoren angeboten. Bei der Firma Lanz wurde jedoch auf mehrmalige Anfrage kleinerer landwirtschaftlicher Betriebe ein 24 PS starker Kleinschlepper, der D424, im Programm aufgenommen. Somit konnten Traktoren von 24 bis 70 PS in Aulendorf erworben werden.

1978 Dipl. Wirtschaftsingenieur Hermann Lanz, der älteste Sohn von Anton Lanz, trat in die Firma ein. Zusammen mit seinem Vater begann der nunmehr dritte Hermann Lanz die Übernahmeverhandlungen mit der Mainzer IBH-Holding AG, welche am 17. März 1978 erfolgte. Diese Übernahme führte zur Umfirmierung in die Lanz-Maschinenfabrik AG & Co. Hermann Lanz war bis 1981 Abteilungsleiter und stieg danach im Bereich Finanzwesen zum Geschäftsführer auf. Die Fertigung der Weinbergschlepper Varimot wurde nach nahezu 4000 Maschinen eingestellt, der Zetcat LL 30 hielt nun Einzug im Lieferprogramm.

1979 Mit mehr als 30.000 Traktoren und nach 50. Jahren Schlepperbau in Aulendorf endete die Fertigung von HELA-Traktoren. Der Baumaschinensektor um den Kompaktlader Zetcat wurde vorangetrieben. Dieser wurde zunächst von Lanz gefertigt und von Zettelmeyer vertrieben, jedoch danach selbst wieder ins Programm genommen.

1983 IBH-Konzernchef Esch wurde unter Betrugsverdacht festgenommen und die Holding zerbrach im Konkurs. Die Firma Lanz gehörte somit auch zur Konkursmasse. Obwohl Hermann Lanz selbst finanzielle Verluste hinnehmen musste blieb er im Unternehmen und gründete eine Auffanggesellschaft, um den Standort Aulendorf und die Mitarbeiter zu halten. Anton Lanz zog sich aus der Firma zurück, verkaufte die Unternehmervilla am Werk und zog innerhalb der Stadt um. Mehrere Besitzerwechsel bei der Firma Lanz führten im März 1984 auch zum Ausstieg von Hermann Lanz.

1984 Zetcat wurden in Lizenz sogar in der damaligen Sowjetunion gefertigt. Makarow war Standort von Lanz Zetcat in der UdSSR wobei die hauptsächlichen Teile nach wie vor in Aulendorf gefertigt wurden.

1989 Die französische Pel-Job Gruppe, ein Minibaggerhersteller aus Albi-sur-Cheran, übernahm zu 100 % die Firma Lanz in Aulendorf. Kurze Zeit später wurde jedoch Konkurs angemeldet. Ziel von Pel-Job war wohl lediglich, den Konkurrenten aus Deutschland auszuschalten. Im Juli 1989 wurde die Firma von der Eder-Firmengruppe übernommen. Durch die Qualität der Kompaktlader konnte wieder an die bisherigen Verkaufserfolge angeknüpft werden.

1991 Vertrieb und Service wurden an die Firma Zeppelin Baumaschinen in Garching verlagert. Zeppelin verfügte als größter Caterpillar-Händler über ein umfangreiches Baumaschinenprogramm. Im Dezember gab die Firma Eder auch die Produktion der Kompaktlader an Zeppelin zur Fertigung nach Friedrichshafen. Bereits im Juni 1995 wurde die Produktion in Friedrichshafen aber wieder eingestellt und zeitgleich hat sich Caterpillar in den USA mit der Neuentwicklung der Kompaktlader (Skid-Steer-Loader) beschäftigt. Im Jahr 2000 wurden von Zeppelin die neuen Caterpillar Skids eingeführt.

1992 Die weiteren Besitzer konnten die Firma nicht mehr halten und im Juni 1992 wurde der Betrieb in Aulendorf komplett eingestellt. Für das recht große Grundstück in zentraler Lage Aulendorfs waren bereits Planungen getroffen, die Abrissgenehmigung wurde beantragt.

1995 Die kompletten Produktionshallen wurden abgerissen. Die Villa sollte erhalten bleiben, ein größerer Wassereinbruch führte jedoch später ebenfalls zum Abbruch. Am ehemaligen Werksgelände stehen nun Mehrfamilienhäuser und ein großer Parkplatz, der zu einer Berufsfachschule gehört.

1996 Am 23. Mai 1996 verstarb Dipl. Ing. Anton Lanz. Erst mit 70 Jahren ging er in den verdienten Ruhestand, blieb der Firma und Sohn Hermann Lanz jedoch beratend erhalten. Seine Verdienste in Aulendorf und die Konstruktion von HELA-Motoren waren im selben Maße erfolgreich wie die Pionierleistung seines Vaters Hermann Lanz. Den Untergang des ehemaligen Familienbetriebes konnte er bis zu seinem Ableben nie richtig verwinden.

2002 Anlässlich des 1. Internationalen HELA-Traktoren-Treffens wurde am ehemaligen Werksgelände die Hermann-Lanz-Straße eingeweiht. Eine beachtliche HELA-Traktorenabordnung nahezu aller Baureihen umrahmte dieses denkwürdige Ereignis zu Ehren von Hermann und Anton Lanz.

2004 Durch das rege Interesse am HELA-Traktoren-Treffen 2002 wurde 2004, anlässlich des 90jährigen Firmenjubiläums, das 2. Internationale HELA-Traktoren-Treffen durchgeführt. Gleichzeitig konnte eine Gedenktafel, welche über das Firmenareal am ehemaligen Werksgelände informiert, unter Schirmherrschaft der Familie Lanz der Stadt Aulendorf übergeben werden,.

2006 Das 3. Internationale HELA Traktoren Treffen wurde durch die Jubiläen 40 Jahre HELA-Allradschlepper und 50 Jahre HELA-Varimot zweitägig gefeiert. Hierzu konnte, wie bereits in den Vorjahren, wieder die ehemalige Unternehmerfamilie Lanz für die Schirmherrschaft gewonnen werden.

Die bereits legendären HELA-Traktoren-Treffen werden auch weiterhin von den HELA-Freunden Aulendorf am ehem. Werksgelände durchgeführt, allerdings nicht in regelmäßigen Abständen sondern anlässlich eines Firmenjubiläums. Deshalb findet es im Jahr 2009 wieder statt, denn der Samson wurde 1929 vorgestellt. Das ist Grund genug, um das 4. Internationale HELA-Traktoren-Treffen vom 2. – 3. Mai 2009 durchzuführen.

Die HELA Freunde Aulendorf werden sich auch weiterhin um das Andenken an die Firma Lanz Aulendorf bemühen, wozu dieses vollständige Typen- und Prospektbuch beitragen soll. Vorrangiges Ziel bleibt der Erhalt von HELA-Erzeugnissen sowie die Sammlung und Archivierung von Dokumenten, Fotos oder Filmen hierzu. Glücklicherweise konnte in unseren Reihen ein Samson I Baujahr 1929 erhalten werden. Dieser Samson ist in Privatbesitz der Autoren.

Wer mehr wissen will: Die vollständige Geschichte der Firma Lanz Aulendorf ist vom Autorenteam Kurt Häfner und Franz Schoch unter dem Titel „Die HELA Chronik“ erschienen. Darin sind sämtliche Abläufe im Firmengeschehen von der Gründung bis zur Schließung beschrieben. Zu beziehen im einschlägigen Buchhandel.

HELA Traktoren Treffen 2002.

Das Typenprogramm

SAMSON 1 (MA)

Die reguläre und akribisch dokumentierte Traktorenfertigung bei der Firma Hermann Lanz Aulendorf begann bereits 1929 mit dem Typ Samson 1 – Zugmaschine – Motormähmaschine – Kleintraktor – mit wechselnder Motorisierung. Begonnen wurde mit Deutz Benzinmotoren Typ MA, wie auf dem Originalfoto abgebildet. MA steht lediglich für die Begriffe Motor und Aggregat in der Ausführung als liegend verbauter Viertakt-Ottomotor.
Die Wahl der Motorisierung war natürlich noch sehr stark abhängig vom Gesamtpreis der Maschine, zumal diese MA-Motoren um 1930 zwischen 750 und 1100 Reichsmark gekostet hatten. Kurzzeitig wurde der Samson 1 in bestimmter Ausführung auch als Herkules bezeichnet. Der Name war jedoch bereits als Marke geschützt, und somit blieb es bei Samson 1. Dieser Herkules war keine weitere Typenausführung, was mittlerweile auch durch Auslieferungslisten zu belegen ist, sondern nur eine Ausführung als reine Zugmaschine für Brauereien oder Speditionen.

Typenbezeichnung:	**Samson 1**		
Motorisierung:	Deutz MA (Benzin, Benzol, Spiritus, Petroleum)		
Leistung:	10 PS bei 1100 U/min	12 PS bei 800 U/min	15 PS bei 1000 U/min
Technische Daten:	1450 cm³; Bohrung 115; Hub 140 mm	2460 cm³; Bohrung 140; Hub 160 mm	2460 cm³; Bohrung 140; Hub 160 mm
Auslieferungszeitraum:	1929 – 1935		
Gesamtstückzahl:	2	2	7
Exportanteil:	noch nicht dokumentiert		
Exportländer:	(CH), (A) laut Prospekt		
Fahrgestellnummern:	wurden erst 1936 eingeführt		
Getriebeausführung:	Lanz (3/1)	Lanz (3/1)	Lanz (5x 3/1) (2x 4/1)
Getriebeabweichungen:	-		
Farbgebung:	Maschinengrau		
Ehem. Grundpreis:	3.200 RM (Stand 08/30)	3.500 RM (Stand 08/30)	3.650 RM (Stand 08/30)
Prospektblatt Typ Samson 1 Seite 110			

SAMSON 1 (MAH)

Nachdem die MA Motorisierung von Deutz recht zuverlässig gearbeitet hatte, wurden auch MAH Motoren verwendet. Die Bezeichnung MAH stand wiederum für Motor und Aggregat, der Zusatz H bedeutete Hochdruck. Dieses Hochdruckverfahren gehörte hierbei zu dem Viertakt Dieselmotor, ebenso liegend verbaut, welcher aufgrund seines Verdichtungsverfahrens als Selbstzünder so bezeichnet wurde. Ebenso wie beim MA Motor war das Kühlungsverfahren des Zylinders in der wassergekühlten Ausführung realisiert. Diese Kühlung konnte als Verdampfungskühlung (Normalausführung) oder als Verdampfungskühlung mit Zusatzgefäß (Kondensationskühlung), bzw. als Durchflusskühlung (Frischwasserkühlung) gewählt werden. Beim Samson 1 mit den Deutz Motoren bot sich die einfache Verdampfungskühlung an. Der Samson 1 wurde als „Arbeitsmaschine mit Vorder- und Hinterräder aufweisendem Fahrgestell" 1932 patentiert. Zu weiteren Patenten gehörten die Blitzgreiferräder und der abstellbare Mähapparat der Samson 1 Motormähmaschine.

Typenbezeichnung:	Samson 1	
Motorisierung:	Deutz MAH (Rohöl, Gasöl, Petroleum, Traktorentreibstoff)	
Leistung:	10 PS bei 1000 U/min	12 PS bei 1100 U/min
Technische Daten:	1810 cm³; Bohrung 120; Hub 160 mm	1810 cm³; Bohrung 120; Hub 160 mm
Auslieferungszeitraum:	1931 – 1935	
Gesamtstückzahl:	7	3
Exportanteil:	noch nicht dokumentiert	
Exportländer:	(CH), (A) laut Prospekt	
Fahrgestellnummern:	wurden erst 1936 eingeführt	
Getriebeausführung:	Lanz (3/1)	Lanz (2x 3/1) (1x 4/1)
Getriebeabweichungen:	-	
Farbgebung:	Maschinengrau	
Ehem. Grundpreis:	3.500 RM (Stand 08/30)	3.300 RM (Stand 02/32)
Prospektblatt Typ Samson 1 Seite 112		

SAMSON 1 (Jlo, DKW)

Zu den Motoren von Deutz und Jlo gesellten sich noch DKW-Motoren und ein Reform-Motor aus Leipzig. Bei DKW-Motoren denkt man natürlich in erster Linie an Motorräder und Automobile, allerdings wurden auch Einbaumotoren für landwirtschaftliche Geräte und Maschinen hergestellt. Verwendet wurde beim Samson 1 ein Zweizylinder-Zweitakt-Benzinmotor mit Wasserkühlung, welcher stehend eingebaut werden musste. Die Leistung war je nach Motordrehzahl zwischen 10 und 15 PS, wobei meist 14 PS bei ca. 3000 U/min erreicht wurden. Während der Fertigungszeit des Samson 1 wurde auch eine Luftbereifung für beide Achsen angeboten, allerdings waren es laut Auslieferungsliste hauptsächlich einfache Eisenräder an der Vorderachse und Eisenräder mit armierten Gummistollen an der Hinterachse, welche bestellt und ausgeliefert wurden. Da sowohl keine Originalschlepper als auch keine Originalfotos der DKW- und Reform-Motorisierung mehr existieren, ist lediglich die luftgekühlte Jlo-Motorisierung im Original abgebildet.

Typenbezeichnung:	Samson 1		
Motorisierung:	Jlo P2/335	DKW ZW 600	Reform Leipzig
Leistung:	12 PS bei 3000 U/min	14 PS bei 3000 U/min	15 PS
Technische Daten:	670 cm³; Bohrung 73; Hub 80 mm	585 cm³; Bohrung 74; Hub 68 mm	Techn. Daten und Typ nicht bekannt
Auslieferungszeitraum:	1929 – 1935		
Gesamtstückzahl:	2	5	1
Exportanteil:	noch nicht dokumentiert		
Exportländer:	(CH), (A) laut Prospekt		
Fahrgestellnummern:	wurden erst 1936 eingeführt		
Getriebeausführung:	Lanz (1x 3/1) (1x 4/1)	Lanz (3/1)	Lanz (3/1)
Getriebeabweichungen:	-		
Farbgebung:	Maschinengrau		
Ehem. Grundpreis:	2.000 RM (Stand 02/32)	2.150 RM (Stand 02/32)	2.500 RM (Stand 02/32)
Prospektblatt Typ Samson 1 Seite 114			

SAMSON 2 (F1)

Nachdem sich die allgemeine Wirtschaftslage in Deutschland gebessert hatte und die Erfahrungen in der Schlepperfertigung in den bereits vergangenen 7 Jahren Früchte getragen hatten, wurde 1936 ein kompakter Kleinschlepper Typ Samson 2 entwickelt. Man war zwar noch nicht ganz von der Rahmenbauweise der Vorgänger abgekommen, aber zumindest die Kombination Motor/Getriebe konnte nun kompakt miteinander verbunden werden. Die ersten 11 Ausführungen des Samson 2 erhielten ein Aggregat der Firma Güldner Typ F1, einen Viertakt-Dieselmotor in stehender Bauweise, mittlerweile mit einer Umlaufkühlung, wodurch zusätzlich ein Wasserkühler notwendig wurde. Dieser Wasserkühler wurde direkt vor dem Motor platziert und verlieh dem Traktor nun ein sehr kompaktes Erscheinungsbild. Auch hier wurde die Luftbereifung angeboten, um eine Fahrgeschwindigkeit von 15 km/h zu ermöglichen. Allerdings wählten die Kunden Luftbereifung nur an der Hinterachse und wiederum einfache Eisenräder an der Vorderachse.

Typenbezeichnung:	Samson 2
Motorisierung:	Güldner F 1
Leistung:	16 PS bei 1500 U/min
Technische Daten:	1558 cm³; Bohrung 115; Hub 150 mm
Auslieferungszeitraum:	1936
Gesamtstückzahl:	11
Exportanteil:	noch nicht dokumentiert
Exportländer:	(CH), (A) laut Prospekt
Fahrgestellnummern:	99 – 110
Getriebeausführung:	Lanz-Differentialgetriebe (4/1)
Getriebeabweichungen:	-
Farbgebung:	Maschinengrau
Ehem. Grundpreis:	4.200 RM (Stand 07/36)
Prospektblatt Typ Samson 2 Seite 118	

SAMSON 2 (F1M 313)

Ebenfalls 1936 wurde parallel an einer Weiterentwicklung des Samson 2 gearbeitet. Diese Entwicklung war sehr erfolgreich, weshalb noch im selben Jahr 15 Traktoren ausgeliefert werden konnten. Bei dieser aktuellen Modifizierung gab es Neuerungen bei der Antriebseinheit. So wurde der nun verwendete Deutz-Motor mit einer Kupplungseinheit und dem Wechselgetriebe dreiteilig kompakt montiert. Der Wasserkühler wurde vor den Motor gesetzt, die Lücke zwischen Kühler und Tank erhielt eine Blechhaube. Diese moderne Blechverkleidung und die Halbrahmenbauweise führten nun zum Erscheinungsbild eines kompakten und kräftigen Traktors. Mittlerweile wurden auch die Kupplungsteile nicht mehr selbst hergestellt, sondern von Fichtel & Sachs bezogen, schließlich war man zwischenzeitlich zur Serienfertigung übergegangen. Später wurde auch eine ZF-Rosslenkung zugekauft, um auch hier den Fertigungsablauf zu vereinfachen. Beispielbild: Typ Samson 2 (Deutz) – Auslieferungsdatum 1937 – Fahrgestellnummer 256.

Typenbezeichnung:	Samson 2
Motorisierung:	Deutz F1M 313 (wk)
Leistung:	11 PS bei 1500 U/min
Technische Daten:	1020 cm³; Bohrung 100; Hub 130 mm
Auslieferungszeitraum:	1936 – 1937
Gesamtstückzahl:	63
Exportanteil:	noch nicht dokumentiert
Exportländer:	(CH), (A) laut Prospekt
Fahrgestellnummern:	201 – 263
Getriebeausführung:	Lanz- Differenzialgetriebe (4/1)
Getriebeabweichungen:	-
Farbgebung:	Maschinengrau
Ehem. Grundpreis:	3.490 RM (Stand 12/36)
Prospektblatt Typ Samson 2 Seite 118	

Modell 1937 (D 37)

Mit der Modellreihe D 37 (D für Diesel und 37 für das Fertigungsjahr 1937) wurde eine völlig neue Schlepperfertigung eingeführt. Von der Rahmenbauweise und der Kraftübertragung mittels Gliederketten kam man gänzlich ab, so dass eine rahmenlose Blockbauweise möglich wurde. An dem stehend eingebauten Zweizylinder-Deutz-Motor mit 20 PS Leistung konnte nun das Getriebe mit dem Kupplungsgehäuse als Zwischenstück kompakt verschraubt werden. Eine Kraftübertragung erfolgte somit komplett über das ebenfalls selbst gefertigte Wechselgetriebe. Lediglich der Antrieb des patentierten Mähapparates erfolgte noch mittels Kettenantrieb. Die Lenkung wurde direkt am Motor vorbeigeführt, wodurch der Fahrersitz leicht aus der Mitte versetzt war. Diese Ausführung wurde als Schrägsteuerung bezeichnet. Der D 37 wurde noch neben dem Samson 2 gefertigt, vereinte jedoch bereits richtungsweisende Kleintraktorentechnik und daher umfangreiche Vorzüge für alle Arbeiten in land- und forstwirtschaftlichen Betrieben.

Typenbezeichnung:	D 37 (Modell 1937 20 PS)
Motorisierung:	Deutz F2M313 (wk)
Leistung:	20 PS bei 1500 U/min
Technische Daten:	2042 cm³; Bohrung 100 mm; Hub 130 mm
Auslieferungszeitraum:	1937
Gesamtstückzahl:	155
Exportanteil:	noch nicht dokumentiert
Exportländer:	vermutlich (A) und (CH)
Fahrgestellnummern:	1001/02 – 1164/65
Getriebeausführung:	Lanz-Wechselgetriebe (4/1)
Getriebeabweichungen:	-
Farbgebung:	alle HELA-Grün
Ehem. Grundpreis:	4.200 RM (Stand 06/37)
Prospektblatt Typ Modell 1937 Seite 120	

Modell 1938 (D 38)

In nahezu gleicher Bauweise wie das Modell 1937 wurde der Typ D 38 (Modell 1938) gefertigt. Aufgrund einer bevorstehenden Verordnung der Reichsregierung über die Fertigung von Einheitsschleppern, kam jedoch ein 22-PS-Deutz-Motor zum Einbau. Die hinteren Kotflügel wurden beim D 38 gebogen über dem Reifen geführt, was wesentlich moderner als beim Vorgänger wirkte, da dessen Kotflügel noch nach hinten offen waren. Die Lenkung konnte durch einen Lenkungsbock auf dem Kupplungsgehäuse besser platziert werden, wodurch auch die Position des Fahrersitzes mittig angeordnet wurde und somit eine optimale Maschinenübersicht gewährleistet war. Das Wechselgetriebe konnte vom D 37 übernommen werden. In Verbindung mit der Luftbereifung war die Höchstgeschwindigkeit von 20 km/h kein Problem mehr. Die Abstufung der Fahrgestellnummern hatte damit zu tun, dass ab dieser Fertigungszeit das Getriebe zusätzlich gebohrt war, um die Montage einer Zapfwelle zu ermöglichen.

Typenbezeichnung:	D 38 (Modell 1938 22 PS)
Motorisierung:	Deutz F2M414 (wk)
Leistung:	22 PS bei 1500 U/min
Technische Daten:	2198 cm³; Bohrung 100 mm; Hub 140 mm
Auslieferungszeitraum:	1938
Gesamtstückzahl:	94
Exportanteil:	noch nicht dokumentiert
Exportländer:	vermutlich (A) und (CH)
Fahrgestellnummern:	22 001 – 22 046 / 22 201 – 22 250
Getriebeausführung:	Lanz-Wechselgetriebe (4/1)
Getriebeabweichungen:	-
Farbgebung:	alle HELA-Grün
Ehem. Grundpreis:	4.200 RM (Stand 03/38)
Prospektblatt Typ Modell 1938 Seite 124	

D 38/11 – D 39/11

Als 11 PS „Voll-Diesel-Bauern-Schlepper“ folgte in dieser Leistungsklasse ein direkter Konkurrent zum 11er Deutz. Bei gleicher Motorisierung wie der 11er Deutz aus Köln bot der Schlepper aus Aulendorf jedoch einige Vorteile. Das Vierganggetriebe von Lanz ermöglichte eine Geschwindigkeit von 15 km/h und darüber, wohingegen der Deutz mit drei Gängen nur 8 km/h erreichte. Dazu war der Serienlieferumfang bei Lanz ebenfalls fortschrittlich, wobei vieles bei Deutz nur als teures Zubehör erhältlich war. Der D 11 bekam trotz der geringeren Leistung ein etwas anderes Getriebe als der D 37, interessant war dabei die Art der gewählten Kraftübertragung. Die 1938 gefertigten 49 Schlepper hatten noch ein Schneckenrad mit Gelenkscheibe als Stoßminderer zur Drehmomentabgabe an das Getriebe, wohingegen 1939 ab der Seriennummer 351 alles mittels Zahnradübertragung realisiert wurde. Beispielbild:Typ D 38/11 – Auslieferungsdatum 1938 – Fahrgestellnummer 314.

Typenbezeichnung:	D 38/11 – D 39/11
Motorisierung:	Deutz F1M414 (wk)
Leistung:	11 PS bei 1600 U/min
Technische Daten:	1100 cm³; Bohrung 100 mm; Hub 140 mm
Auslieferungszeitraum:	1938 – 1939
Gesamtstückzahl:	144
Exportanteil:	noch nicht dokumentiert
Exportländer:	vermutlich (A) und (CH)
Fahrgestellnummern:	301 – 450
Getriebeausführung:	Lanz-Wechselgetriebe (4/1)
Getriebeabweichungen:	-
Farbgebung:	alle HELA-Grün
Ehem. Grundpreis:	3.400 RM (Stand 03/38)
Prospektblatt Typ 11 PS Bauernschlepper Seite 126	

Modell 1939 (D 39)

Bei dem hier abgebildeten Schlepper handelt es sich ebenfalls um eine modifizierte Ausführung der beiden Vorgänger. Aufgrund des Fertigungsjahres 1939 erhielt er die Bezeichnung D 39, dennoch wurde die bereits vorgeschriebene Motorisierung beibehalten. Die bewährte Blockbauweise der Vorgänger war wiederum dreiteilig ausgeführt – Motor – Kupplungsgehäuse (mit eingepasstem Lenkgetriebe) – Wechselgetriebe, eine äußerst sinnvolle Konstruktion in Anbetracht der einfacheren Montage und Demontage des Schleppers. Die Auspuffableitung war bei den Typen D 38, D 39 und D 40 jedoch teilweise unterschiedlich ausgeführt und vermehrt unter der Hinterachse abgeleitet. Vergleicht man die Ableitung der Typen D 37 und D 11, steckte dort eine äußerst praktische Absicht dahinter, denn unter diesem Auspufftopf direkt neben dem Riemenscheibenantrieb konnte eine Trommelseilwinde montiert werden. Beispielbild: Typ D 39 – Auslieferungsdatum 1939 – Fahrgestellnummer 22 397.

Typenbezeichnung:	D 39 (Modell 1939 22 PS)
Motorisierung:	Deutz F2M414 (wk)
Leistung:	22 PS bei 1500 U/min
Technische Daten:	2198 cm³; Bohrung 100 mm; Hub 140 mm
Auslieferungszeitraum:	1939
Gesamtstückzahl:	200
Exportanteil:	noch nicht dokumentiert
Exportländer:	vermutlich (A) und (CH)
Fahrgestellnummern:	22 251 – 22 450
Getriebeausführung:	Lanz-Wechselgetriebe (4/1)
Getriebeabweichungen:	-
Farbgebung:	alle HELA-Grün
Ehem. Grundpreis:	4.200 RM (Stand 02/39)
Prospektblatt Typ Modell 1939 Seite 128	

Modell 1939 – 1943 (D 40)

Mit der Modellreihe D 40 wurde ebenfalls noch 1939 begonnen und wiederum kamen einige Neuerungen hinzu, denn die Erfahrungen der Vorgängermodelle wurden direkt in der Fertigung umgesetzt. Trotz mehrjähriger Herstellung wurde nun die Bezeichnung D 40 beibehalten. Die Auswirkungen des Krieges waren auch in Aulendorf bemerkbar, und so musste eingespart werden wo es nur möglich war. Deshalb wurden auch teilweise noch eingelagerte Muschelkotflügel der Samson-2-Baureihe verbaut. Die Modellreihe D 40 war dennoch sehr erfolgreich, und so konnte trotz Kriegszeiten im Jahr 1940 der 1000. Schlepper ausgeliefert werden. Die Anzahl der Zusatzbemerkungen in den Auslieferungslisten war recht umfangreich, was wohl auch mit den kriegsbedingten Einschränkungen zu tun hatte, denn Kraftstoff- oder Luftfilter kamen von Bosch, Deutz oder Delbag, wodurch auch teilweise Bauteile der Kraftstoffanlage und Einspritzpumpe geändert werden mussten. Beispielbild: Typ D 40 – Auslieferungsdatum 1942 – Fahrgestellnummer 22 1650.

Typenbezeichnung:	**D 40 (Modell 1939-1943 22 PS)**
Motorisierung:	Deutz F2M414 (wk)
Leistung:	22 PS bei 1500 U/min
Technische Daten:	2198 cm³; Bohrung 100 mm; Hub 140 mm
Auslieferungszeitraum:	1939 – 1943
Gesamtstückzahl:	1214
Exportanteil:	noch nicht dokumentiert
Exportländer:	vermutlich (A) und (CH)
Fahrgestellnummern:	22 451 – 22 1664
Getriebeausführung:	Lanz-Wechselgetriebe (4/1)
Getriebeabweichungen:	-
Farbgebung:	alle HELA-Grün
Ehem. Grundpreis:	5.100 RM (Stand 02/40)
Prospektblatt Typ Modell 1940 Seite 132	

L 25 Holzgasschlepper

Mit Wirkung der Reichsverordnung durften ab dem 1. Juli 1942 nur noch Holzgasschlepper mit Einheitsgenerator Typ EG 60 gefertigt und verkauft werden. Nachdem diese Technik von oberster Stelle ausgiebig getestet wurde, konnte sie bedenkenlos angeboten werden, wobei viele Mitbewerber und Hermann Lanz weiterhin skeptisch waren. Zudem war der Erwerb an Bedingungen gebunden, weshalb nicht jeder einen Schlepper bekommen konnte. Zunächst musste gewährleistet sein, dass dem Besitzer ausreichend eigenes Tankholz zur Verfügung stand, was letztendlich vom Forstamt bestätigt werden musste – in Form so genannter Bedarfsdeckungsscheine. Gleichzeitig musste ein Kurs über den fachgerechten Umgang mit dem Generator abgelegt werden, damit die Unfallgefahr weitestgehend eingeschränkt werden konnte. Als alternative Brennstoffe waren auch Torf oder Braunkohle möglich, aber auch dabei gab es einiges zu beachten.

Typenbezeichnung:	L 25
Motorisierung:	Deutz GF2M 115 oder MWM TG 15 (wk)
Leistung:	25 PS bei 1550 U/min
Technische Daten:	3981 cm³; Bohrung 130; Hub 150 mm
Auslieferungszeitraum:	1942 – 1944
Gesamtstückzahl:	801
Exportanteil:	noch nicht dokumentiert
Exportländer:	wahrscheinlich nicht erlaubt gewesen
Fahrgestellnummern:	25 001 – 25 801
Getriebeausführung:	Lanz-Wechselgetriebe (4/1)
Getriebeabweichungen:	-
Farbgebung:	damaliges Maschinengrau oder Maschinengrün
Ehem. Grundpreis:	8.626 RM (Stand 1942)
Prospektblatt Typ L 25 Seite 134	

L 25 a Holzgasschlepper

Die Unterschiede des auf der vorherigen Seite beschriebenen L 25 und des hier abgebildeten L 25 a lagen im Einbau des Einheitsgenerators. In der Blockbauweise L 25 wurde der Generator so eingebaut, dass die beiden Kühler vor dem Motor angebracht waren und der Feinreiniger ebenfalls unter der Haube eingepasst wurde. Beim L 25 a in der offenen Bauweise hingegen wurden die Kühler hinter dem Motor angeordnet und der Feinreiniger fand seinen Platz auf dem Hinterradkotflügel, wodurch eine einfache Bedienung möglich wurde. Diese Anordnung führte dazu, dass der Schlepper etwas kürzer und kompakter wirkte. Obwohl die Ausführung mit der einfacheren Bedienung vorteilhafter war, kam es im Laufe der Holzgasschlepperfertigung dazu, dass die ab 1944 folgende Einheitsausführung vorgeschrieben wurde. Es lag im Naturell von Hermann Lanz, noch während der Fertigung Verbesserungen nachzurüsten, aber in der Kriegszeit wurde selbst das nicht mehr geduldet.

Typenbezeichnung:	L 25 a
Motorisierung:	Deutz GF2M 115 oder MWM TG 15 (wk)
Leistung:	25 PS bei 1550 U/min
Technische Daten:	3981 cm³; Bohrung 130; Hub 150 mm
Auslieferungszeitraum:	1942 – 1944
Gesamtstückzahl:	801
Exportanteil:	noch nicht dokumentiert
Exportländer:	wahrscheinlich nicht erlaubt gewesen
Fahrgestellnummern:	25 001 – 25 801 (Zusatz /21 für Ausführung a)
Getriebeausführung:	Lanz-Wechselgetriebe (4/1)
Getriebeabweichungen:	-
Farbgebung:	damaliges Maschinengrau oder Maschinengrün
Ehem. Grundpreis:	8.626 RM (Stand 1942)
Prospektblatt Typ L 25 Seite 134	

HG 25 Holzgasschlepper

Nachdem nun auch die Fertigung von Einheitsgetrieben vorgeschrieben wurde, entwickelte die Firma Lanz zusammen mit der Firma Fahr aus Gottmadingen ein Einheitsgetriebe mit fünf Vorwärtsgängen und einem Rückwärtsgang. Aufgrund dieser Vorschriften und der Getriebeänderung wurde der Holzgasschlepper Typ HG 25 entwickelt. Durch die Einheitsbauweise aller Komponenten konnten Deutz-, MWM- oder Güldner-Motoren verbaut werden. Dennoch wurde bei der Firma Lanz nur das MWM-Aggregat verwendet. Der Einkauf von Werkstoffen zur Traktorenfertigung wurde immer schwieriger, zumal Lanz auch kein Rüstungsbetrieb war, denn diese Bürde konnte Hermann Lanz glücklicherweise abwenden. Von den HG-25-Holzgastraktoren wurden nicht mehr so viele Einheiten gefertigt wie vom Vorgänger. In der Hoffnung auf ein Ende des Krieges wurde in den Prospekten bereits angekündigt, dass die Generatorschlepper auch wieder auf Dieselmotoren zurückgerüstet werden können.

Typenbezeichnung:	HG 25	
Motorisierung:	MWM TG 15 (wk)	MWM TG 115 (wk)
Leistung:	25 PS bei 1550 U/min	
Technische Daten:	3981 cm³; Bohrung 130; Hub 150 mm	
Auslieferungszeitraum:	1944 – 1946	1946
Gesamtstückzahl:	227	8
Exportanteil:	noch nicht dokumentiert	
Exportländer:	wahrscheinlich nicht erlaubt gewesen	
Fahrgestellnummern:	25 802 – 26 028	26 029 – 26 036
Getriebeausführung:	Lanz-Wechselgetriebe (5/1)	
Getriebeabweichungen:	-	
Farbgebung:	damaliges Maschinengrau oder Maschinengrün	
Ehem. Grundpreis:	9.500 RM (Stand 1944)	
Prospektblatt Typ HG 25 Seite 136		

D 47 (KD)

Aufgrund fehlender Fertigungsmaschinen, zu wenig Grundkapital und nachkriegsbedingter Rückschläge wurden nach Kriegsende lediglich die Holzgastraktoren auf Dieselbetrieb umgebaut. Zusätzlich fertigte man bei Lanz einfache Gummiwagenanhänger. Hermann und Anton Lanz arbeiteten darüber hinaus auch für Fremdfirmen und verrichteten Lohnarbeiten, um durch all diese Maßnahmen das Werk wieder mit Maschinen und Rohstoffen ausrüsten zu können. Mit bescheidenen Mitteln und gebrauchten Maschinen konnte die Traktorenfertigung 1947 wieder aufgenommen werden. Durch das Jahr des Neubeginns erhielt der neu entwickelte Schlepper die Typenbezeichnung D 47. Bis Ende 1949 konnte man allerdings nur mit MWM Motoren arbeiten, denn bei Deutz in Köln waren die Kriegsschäden durch die starke Bombardierung wesentlich drastischer ausgefallen als bei MWM in Mannheim oder Lanz in Aulendorf. Beispielbild: Typ D 47 – Auslieferungsdatum 1949 – Fahrgestellnummer 47 136.

Typenbezeichnung:	D 47	
Motorisierung:	MWM KD 215 Z (wk)	MWM KD 415 Z (wk)
Leistung:	22 PS bei 1500 U/min	25 PS bei 1500 U/min
Technische Daten:	2356 cm³; Bohrung 100 mm; Hub 150 mm	
Auslieferungszeitraum:	1947 – 1949	1949 – 05/52
Gesamtstückzahl:	863	
Exportanteil:	38	
Exportländer:	(B), (L), (I), (NL), (F)	
Fahrgestellnummern:	47 001 – 47 1597	
Getriebeausführung:	Lanz-Wechselgetriebe (5/1)	
Getriebeabweichungen:	Modell40	
Farbgebung:	damaliges Maschinengrau oder Maschinengrün	
Ehem. Grundpreis:	7.500 DM (Stand 10/51)	
Prospektblatt Typ D 47 Seite 138		

D 28 (TD)

Teilweise erhielten die Schlepper mit 28 und 30 PS Leistung sowohl die Typenbezeichnung D 47 als auch Fahrgestellnummern aus dieser Baureihe mit z.b. 47 xxx. Um dieses Traktorenprogramm jedoch etwas überschaubarer zu machen und direkt auf die Motorenleistung von 28 PS hinzuweisen, wurde dieser Typ als D 28 angeboten. Zu Beginn kamen noch Motoren der Süddeutschen Bremse AG Typ TD 15 oder TD 115 zum Einbau, welche dann jedoch von MWM übernommen wurden und später in die KD- und KDW-Serien übergegangen sind. Die optischen Veränderungen aus der D-47-Baureihe fanden natürlich auch bei den D-28-Traktoren ihre Verwendung: Wiederum eine freistehende Kühlerfront ohne Schutz, eine Haubenmaske mit Streckmetallgittern und schlussendlich die klassische Haubenfront, die optisch in Form und Ausführung bis 1966 beibehalten wurde. Beispielbild: Typ D 28 (TD) – Auslieferungsdatum 1948 – Original Werksaufnahme.

Typenbezeichnung:	D 28	
Motorisierung:	MWM TD 115	MWM TD 15
Leistung:	28 PS bei 1600 U/min	
Technische Daten:	2850 cm³; Bohrung 110 mm; Hub 150 mm	
Auslieferungszeitraum:	1948 – 01/52	
Gesamtstückzahl:	215	
Exportanteil:	nicht korrekt dokumentiert	
Exportländer:	(B), (GR), (NL), (F), (I)	
Fahrgestellnummern:	28 001 – 28 346	
Getriebeausführung:	Lanz-Wechselgetriebe (5/1)	
Getriebeabweichungen:	Modell40 (4/1), Exportgetriebe (8/1)	
Farbgebung:	damaliges Maschinengrün, HELA-Grün	
Ehem. Grundpreis:	9.800 RM(Stand 06/49)	
Prospektblatt Typ D 28 Seite 140		

D 47 (F2M 414)

Im Gegensatz zum D 47 (KD) auf der vorhergehenden Seite, bei dem der Wabenkühler noch frei zugänglich gestaltet wurde, ging man bereits 1950 dazu über, eine Schutzhaube mit Wabengitterverkleidung zu verwenden. Daran wurde auch frontal ein schräg verlaufendes Firmenzeichen mit der Aufschrift „Diesel Lanz Aulendorf“ angebracht. Die bewährte Motorisierung der Modellreihen vor Kriegsbeginn mit der Typenbezeichnung F2M 414 konnte auch beim Modell D 47 optimal verwendet werden. Zunächst wurde auch die Motorleistung wie aus der 22-PS-Serie beibehalten. Da jedoch die MWM-Motorisierung 25 PS Leistung brachte, wurde ab etwa Juli 1952 auch der F2M 414 durch Drehzahlanhebung zuerst auf 24 PS und dann auf 25 PS Leistung gebracht. Hauptsächlich für Exportschlepper mit MWM-Motorisierung wurde ein 8-Gang-Getriebe angeboten, zumal die Exportschlepper häufig auch auf 28 PS justiert wurden. Beispielbild: Typ D 47 – Auslieferungsdatum April 1951 – Fahrgestellnummer 47 1018.

Typenbezeichnung:	**D 47**
Motorisierung:	Deutz F2M 414 (wk)
Leistung:	22/25 PS bei 1500 – 1600 U/min
Technische Daten:	2198 cm³; Bohrung 100 mm; Hub 140 mm
Auslieferungszeitraum:	10/49 – 12/54
Gesamtstückzahl:	355
Exportanteil:	22
Exportländer:	(F), (L)
Fahrgestellnummern:	47 310 – 47 1989
Getriebeausführung:	Lanz-Wechselgetriebe (5/1)
Getriebeabweichungen:	Modell40, Exportgetriebe
Farbgebung:	Maschinengrau oder Maschinengrün, HELA-Grün
Ehem. Grundpreis:	7.500 DM (Stand 10/51)
Prospektblatt Typ D 47 Seite 142	

Modell 1949 – 1950 (D 40)

Obwohl sämtliche Fertigungsmaschinen und Werkzeuge von der französischen Armee als Reparationsleistung abtransportiert worden waren, blieben einige Schleppersatzteile unbeachtet zurück. Diese Tatsache zeigt sich an diesem Beispiel, ein Modell D 40 Baujahr 1950, lediglich der MWM-Motor aus dem regulären D-47-Programm wurde alternativ zum Deutz F2M 414 eingebaut. Die zurückgelassenen Teile haben noch für weitere Schleppertypen ausgereicht. Die Fahrgestellnummern der Vorgänger wurden beibehalten, allerdings nicht fortlaufend zum Basismodell. Ein weiteres Indiz für zurückgelassene Ersatzteile waren einige Holzgasgeneratoren aus den Jahren 1942 bis 1946, welche noch in den 80er Jahren im Ersatzteilbestand der Firma Lanz eingelagert waren. Dieser abgebildete D 40 wurde als Einzelstück zum Verkauf angeboten, was jedoch dank der noch existierenden Fertigungslisten widerlegt werden konnte. Beispielbild: Typ D 40 – Auslieferungsdatum Januar 1951 – Fahrgestellnummer 22 1707.

Typenbezeichnung:	D 40 (Modell 1949-1950 22 PS)
Motorisierung:	MWM KD 415 Z (wk)
Leistung:	22 PS bei 1500 U/min
Technische Daten:	2356 cm³; Bohrung 100 mm; Hub 150 mm
Auslieferungszeitraum:	12/49 – 04/50
Gesamtstückzahl:	30
Exportanteil:	-
Exportländer:	-
Fahrgestellnummern:	22 1701 – 22 1730
Getriebeausführung:	Lanz-Wechselgetriebe (4/1)
Getriebeabweichungen:	-
Farbgebung:	alle HELA-Grün
Ehem. Grundpreis:	8.800 RM (Stand 06/49)
Prospektblatt alternativ Modell 40 Seite 132	

D 14 S (Vorserie)

Mit diesem Vorserienmodell des D 14 wurde bereits ein völlig neues Konzept mit einer nach vorne aufklappbaren Motorhaube entwickelt. Diese Haubenfront erhielt ein Wabengitter (Normnennung Streckmetall) als Luftdurchlass zum Kühler. Um gleichzeitig das leistungsstärkere Traktorenprogramm des D 47 zu ergänzen, stellte die Firma Lanz nun diesen kleinen und wendigen 14 PS Schlepper vor. In der Vorserie wurde der Einzylinder-MWM-Motor vom Typ KD 215 verwendet, und als Getriebe bot sich noch ein werkseigenes Getriebe der Modellreihe von 1938 bis 1942 mit vier Vorwärts- und einem Rückwärtsgang an. Diese Getriebe waren noch Bestände aus der Zeit der Vorkriegsfertigung, zumal eine eigene Fertigung neuer Getriebe noch nicht möglich war, da sämtliche Bearbeitungsmaschinen seit Kriegsende komplett demontiert worden waren. Die Anschaffung neuer bzw. gebrauchter Maschinen konnte erst nach und nach erfolgen. Beispielbild: Typ D 14 S – Auslieferungsdatum 1949 – Original Werksaufnahme.

Typenbezeichnung:	D 14 S (Junior)
Motorisierung:	MWM KD 215 E (wk)
Leistung:	14 PS bei 1500 U/min
Technische Daten:	1180 cm³; Bohrung 100 mm; Hub 150 mm
Auslieferungszeitraum:	09/49 – 12/49
Gesamtstückzahl:	21
Exportanteil:	-
Exportländer:	-
Fahrgestellnummern:	14 001 – 14 023
Getriebeausführung:	Lanz-Wechselgetriebe (4/1)
Getriebeabweichungen:	-
Farbgebung:	damaliges Maschinengrün, HELA-Grün
Ehem. Grundpreis:	6.600 RM(Stand 06/49)
Prospektblatt Typ D 14 Seite 144	

D 14

Während der relativ kurzen Erprobungsphase des Vorserienmodells kamen immer wieder Anfragen nach einem Fünfganggetriebe. Nachdem auch MWM den Motorentyp KD 215 durch den KDW 415 ersetzt hatte, wurde der Typ D 14 kurzerhand komplett umgerüstet und erhielt nun den 15-PS-Motor und zusätzlich ein Fünfganggetriebe der Firma Hurth Typ G 76. Die eigene Getriebefertigung war wie zuvor beschrieben noch nicht möglich; notwendige Fertigungsmaschinen mussten erst nach und nach eingekauft werden. Dieser kompakte Kleinschlepper wurde in großer Stückzahl gefertigt und hatte bis 1952 die Wabengitterhaube des D 14 S. Danach folgte eine neue Haubenmaske mit der typischen HELA-Lanze als Markenzeichen. Diese HELA-Lanze wurde auf Verlangen der Mannheimer Lanz Werke eingeführt, um Verwechslungen auf dem Markt auszuschließen. Ab dieser Umstellung wurde der Begriff HELA-Schlepper ein geläufiger Produktname. Beispielbild: Typ D 14 – Auslieferungsdatum Dezember 1950 – Fahrgestellnummer 15 694.

Typenbezeichnung:	D 14	
Motorisierung:	MWM KD 215 E (wk)	MWM KDW 415 E (wk)
Leistung:	14 PS bei 1500 U/min	15 PS bei 1580 U/min
Technische Daten:	1180 cm³; Bohrung 100 mm; Hub 150 mm	
Auslieferungszeitraum:	01/50 – 04/50	04/50 – 05/55
Gesamtstückzahl:	115	2296
Exportanteil:	-	68
Exportländer:	(L), (B), (NL), (I), (F), (TR), (GR)	
Fahrgestellnummern:	15 001 – 15 115	15 116 – 15 2411
Getriebeausführung:	Hurth-Wechselgetriebe G76 (5/1)	
Getriebeabweichungen:	Hurth G85 (1x), ZF A 9 (2x)	
Farbgebung:	HELA-Grün (2396), Sonderlackierung (15x Export)	
Ehem. Grundpreis:	6.000 DM (Stand 10/51)	
Prospektblatt Typ D 14 Seite 146		

D 15 (KDW)

Nahezu zeitgleich mit dem D 14 wurde der Typ D 15 mit gleicher Leistung und Motorisierung angeboten. Dafür wurde allerdings ein werkseigenes Getriebe entwickelt, denn die Getriebefertigung war durch Anschaffung der notwendigen Fertigungsmaschinen wieder möglich. Dieses so genannte Portalgetriebe bot nun sechs Vorwärts- und einen Rückwärtsgang und wurde wegen seiner Besonderheiten sogar patentiert. Das Getriebe war so konzipiert, dass nun verschiedene Bereifungsgrößen wie z.B. die Hochradausführung verwendet werden konnten. Die Portalschwingen konnten nach unten versetzt werden, wodurch der notwendige Freiraum geschaffen wurde um diesen Reifenumfang montieren zu können. Das ursprüngliche Funktionsprinzip des Portalgetriebes wird im zugehörigen Prospekt unter Typ D 315 beschrieben und abgebildet. Das Portalgetriebe wurde auch bei weiteren Schleppertypen verwendet, bei denen die Hochradausführung notwendig war. Beispielbild: Typ D 15 – Auslieferungsdatum März 1955 – Fahrgestellnummer 14 1441.

Typenbezeichnung:	**D 15**
Motorisierung:	MWM KDW 415 E (wk)
Leistung:	15 PS bei 1580 U/min
Technische Daten:	1180 cm³; Bohrung 100 mm; Hub 150 mm
Auslieferungszeitraum:	10/50 – 06/57
Gesamtstückzahl:	808
Exportanteil:	13
Exportländer:	(FL), (B), (NL), (CH), (GR)
Fahrgestellnummern:	14 1001 – 14 1974
Getriebeausführung:	HELA-Portalgetriebe (6/1)
Getriebeabweichungen:	Hurth G76 (2x), M52 (4x)
Farbgebung:	HELA-Grün (808)
Ehem. Grundpreis:	7.000 DM (Stand 04/53)
Prospektblatt Typ D 15 Seite 148	

D 28 (F2L 514)

Wegen einer Werksaufnahme mit abholfertigen Traktoren der Baureihen D 28 und D 47 wurde immer wieder spekuliert, ob diese Traktoren mit der luftgekühlten Deutz-Motorisierung F2L 514 komplett exportiert worden waren. Vermutet wurde eine Türkeibestellung mit dieser Motorenvariante, aber aufgrund umfangreicher Recherchen in den Auslieferungslisten kann diese Theorie nicht bestätigt werden. Laut dieser Listen waren es Traktoren der Baureihen D 47 und D 32, welche in recht beachtlicher Stückzahl und gelber Lackierung nach Istanbul geliefert wurden. Der hier abgebildete und beschriebene Traktor mit der Typenbezeichnung D 28 L war offiziell im Gesamtangebot und wurde lediglich 1mal nach Österreich exportiert. Die Gesamtstückzahl ging allerdings nicht über 50 Exemplare hinaus, weshalb der D 28 L F2L 514 heute recht selten zu finden ist. Beispielbild: Typ D 28 L – Auslieferungsdatum März 1956 – Fahrgestellnummer 28 639 L.

Typenbezeichnung:	D 28 L
Motorisierung:	Deutz F2L 514 (lk)
Leistung:	30 PS bei 1650 U/min
Technische Daten:	2642 cm³; Bohrung 110 mm; Hub 140 mm
Auslieferungszeitraum:	07/50 – 07/56
Gesamtstückzahl:	50
Exportanteil:	1
Exportländer:	(A)
Fahrgestellnummern:	28 230 L – 28 650 L
Getriebeausführung:	Lanz-Wechselgetriebe (5/1)
Getriebeabweichungen:	Modell40 (4/1), D32 (6/1)
Farbgebung:	damaliges Maschinengrün, HELA-Grün
Ehem. Grundpreis:	8.400 DM (Stand 10/51)
Prospektblatt Typ D 28 Seite 150	

D 32

Teilweise wurde der abgebildete Schlepper-Typ D 32 der Gesamtbaureihe D 47 zugeordnet, aber die gleichen Gründe wie beim D 28 führten dann zur eigenen Produktbezeichnung D 32, wobei die Auflistung und Zuteilung der Fahrgestellnummern unter der D-28-Baureihe fortgeführt wurde. Bis auf die Motorisierung und epochenbedingte Haubengestaltungen waren die Typen D 47, D 28 und D 32 absolut baugleich, wodurch gemeinsame Prospektunterlagen sowie eine Ersatzteilliste und Bedienungsanleitung für alle Typen Verwendung fanden. Der Exportanteil lag bei knapp über 62 % der Gesamtstückzahl, weshalb dieser Schlepper in der Oldtimerszene recht selten anzutreffen ist. Der Großteil davon ging in die Türkei und nach Griechenland und über einen Exporteur in Bremen nach Übersee bis Südamerika, z.B. nach Argentinien und Ecuador. Beispielbild: Typ D 32 – Auslieferungsdatum April1953 – Fahrgestellnummer 28 486.

Typenbezeichnung:	**D 32**	
Motorisierung:	MWM KDW 515 Z	MWM KDW 715 Z
Leistung:	32 PS bei 1600 U/min	
Technische Daten:	2850 cm³; Bohrung 110 mm; Hub 150 mm	
Auslieferungszeitraum:	12/51 – 03/54	12/53 – 03/56
Gesamtstückzahl:	282	
Exportanteil:	175	
Exportländer:	(B), (NL), (CH), (TR), (F), (GR), (A), (FIN), (I), (RA), (EC)	
Fahrgestellnummern:	28 347 – 28 630	
Getriebeausführung:	Lanz-Wechselgetriebe (5/1)	
Getriebeabweichungen:	Modell40 (4/1), Exportgetriebe (8/1), D 32	
Farbgebung:	HELA-Grün, Export auch Orange u. Gelb	
Ehem. Grundpreis:	9.740 DM (Stand 04/53)	9.400 DM (Stand 05/54)
Prospektblatt Typ D 28 Seite 158		

D 40

Der 40-PS- „Volldiesel- Acker- und Verkehrsschlepper“ zeichnete sich durch enorme Zugleistung, eine schnittige Bauform und durch hohe Qualität aus. Die Motorhaubengestaltung erfolgte noch wie bei der D-47-Baureihe und wurde auch trotz der Umgestaltung 1951/1952 so beibehalten. Die Frontmaske vor dem Kühler war starr verschraubt, lediglich zwischen Tank und Frontmaske wurde eine abnehmbare Verkleidung in Stahlblechausführung aufgelegt. Diese Schlepperausführung mit einer imposanten Größe und 40 PS Leistung konnte sich im Segment der Verkehrsschlepper, vor allem im Vergleich zu Lanz-Mannheim oder Hanomag, durchaus messen und etablieren. In dieser Größenausführung war es natürlich unumgänglich, eine Druckluftanlage und eine kräftige Seilwinde sowie Kraftheber und das Stahlschutzdach mit anzubieten, was in diesem Segment z.B. für Verkehrsbetriebe enorm wichtig war. Beispielbild: Typ D 40 – Auslieferungsdatum April 1957 – Fahrgestellnummer 40 050.

Typenbezeichnung:	**D 40**
Motorisierung:	MWM KDW 415 D
Leistung:	40 PS bei 1500 U/min
Technische Daten:	3534 cm³; Bohrung 100 mm; Hub 150 mm
Auslieferungszeitraum:	06/52 – 08/59
Gesamtstückzahl:	60
Exportanteil:	40
Exportländer:	(GR), (F), (B), (N), (ANG), (TR), (EC), (I), (RA), (NL)
Fahrgestellnummern:	40 001 – 40 061
Getriebeausführung:	ZP (Passau) A 17 (5/1)
Getriebeabweichungen:	-
Farbgebung:	Grün (60)
Ehem. Grundpreis:	9.800 DM (Stand 10/51)
Prospektblatt Typ D 40 Seite 160	

D 12 S (KD)

Mit dem Typ D 12 S war es kleineren landwirtschaftlichen Betrieben durchaus möglich die bisherige Bewirtschaftung mit Pferde-, Ochsen- oder Kuhgespannen auf die Traktorennutzung umzustellen. Der relativ kleine und wendige Schlepper hatte trotz seiner geringen Leistung von 12 PS eine enorme Zugkraft für die Belange in der Landwirtschaft. Aufgrund einfacher Kalkulationssysteme war der 12er im Anschaffungspreis durchaus günstig, wenn man die Tagesleistung und die Folgekosten vom Zugtier vergleicht, und daher auch für Nebenerwerbsbetriebe eine erschwingliche Alternative. Um den Grundpreis des Schleppers recht gering zu halten, wurden auch die Fertigungskosten im Werk erneut kalkuliert und gesenkt, aber dennoch war die Serienausrüstung recht umfangreich. Die Qualität wurde durch diese Einsparungen keinesfalls beeinträchtigt, was die erfolgreichen Verkaufszahlen bestätigten. Beispielbild: Typ D 12 S – Auslieferungsdatum April 1956 – Fahrgestellnummer 12 1526.

Typenbezeichnung:	D 12 S
Motorisierung:	MWM KD 12 E (wk)
Leistung:	12 PS bei 1980 U/min
Technische Daten:	850 cm³; Bohrung 95 mm; Hub 120 mm
Auslieferungszeitraum:	06/52 – 04/57
Gesamtstückzahl:	1105
Exportanteil:	82
Exportländer:	(NL), (FL), (B), (L), (CH), (I)
Fahrgestellnummern:	12 001 – 12 1766
Getriebeausführung:	HELA-Portalgetriebe (5/1)
Getriebeabweichungen:	Modell40, ZF A 5
Farbgebung:	Grün (1091), Orange Export (14)
Ehem. Grundpreis:	5.276 DM (Stand 11/54)
Prospektblatt Typ D 12 Seite 162	

D 12 (4/1)

Dieser abgebildete HELA Typ D 12 hat das niedrige Erscheinungsbild des Typ D 112, was dadurch leicht zu Verwechslungen führt, aber ein Blick auf das Typenschild verrät die wahre Identität. Für die Realisierung der Hochradbereifung beim Typ D 12 wurde teilweise auch auf das 4/1 Getriebe der 22-PS-Bauernschlepper aus Vorkriegszeiten der Modelle D 39 und D 40 zurückgegriffen. Wiederum ein Indiz dafür, dass die Franzosen zwar sämtliche Werkshallen leergeräumt hatten, aber glücklicherweise Getriebe und Getriebeteile im Ersatzteillager zurückgelassen hatten, wie auch beim D 40 22-PS-Schlepper von 1949 – 1950 mit MWM-Motorisierung. Insgesamt waren es von den D 12 mit 4/1 Getriebe 12 Exemplare sowohl mit luft- oder wassergekühlten MWM-Motoren der Typen AKD und KD. Aufgrund der Ähnlichkeit zu den Typen D 112 ohne Portalgetriebe und mit der niedrigen Haube sollte dieser D 12 nicht unerwähnt bleiben. Beispielbild: Typ D 12 – Auslieferungsdatum April 1954 – Fahrgestellnummer 12 760 L.

Typenbezeichnung:	D12	
Motorisierung:	AKD 12 E	KD 12 E
Leistung:	12 PS bei 1980 U/min	
Technische Daten:	Hubraum 905 cm³; Bohrung 98 mm; Hub 120 mm	Hubraum 850 cm³; Bohrung 95 mm; Hub 120 mm
Auslieferungszeitraum:	05/53 – 04/54	
Gesamtstückzahl:	6	6
Exportanteil:	-	
Exportländer:	-	
Fahrgestellnummern:	12 348 – 12 844 (L bei Motorisierung AKD)	
Getriebeausführung:	Modell40 (4/1)	
Getriebeabweichungen:	-	
Farbgebung:	HELA-Grün	
Ehem. Grundpreis:	5.890 DM (Stand 04/53)	
Prospektblatt alternativ Typ D 12 S Seite 162		

D 12 S (AKD)

Parallel zur Serienfertigung des wassergekühlten D 12 S wurde auch eine luftgekühlte Variante hergestellt. Sämtliche Bauteile konnten beibehalten werden, wodurch der luftgekühlte Typ D 12 L optisch absolut identisch aussah wie der wassergekühlte D 12 S, abgesehen vom Wegfall des Kühlers unter der Motorhaube. Auch im Preis und der Ausrüstung waren keine Unterschiede notwendig. Die Akzeptanz der luftgekühlten Schlepper war in dieser Zeit noch nicht so stark, was sich an der Gesamtstückzahl des D 12 L nachvollziehen lässt. Bleibt noch zu erwähnen, dass der Serienschlepper keinen Kriechgang unter 2 km/h hatte, was der Kostenersparnis dienen sollte. Das Portalgetriebe war jedoch als Fünfganggetriebe ausgelegt, und so konnte der Kriechgang gegen Aufpreis problemlos nachgerüstet werden. Die Mehrzahl wurde jedoch bereits als Fünfgang-Schlepper ausgeliefert. Beispielbild: Typ D 12 L – Auslieferungsdatum März 1954 – Fahrgestellnummer 12 732 L.

Typenbezeichnung:	D 12 S	
Motorisierung:	MWM AKD 12 E (lk)	Güldner 2LD (lk)
Leistung:	12 PS bei 1980 U/min	17 PS bei 2000 U/min
Technische Daten:	905 cm³; Bohrung 98 mm; Hub 120 mm	1305 cm³; Bohrung 85 mm; Hub 115 mm
Auslieferungszeitraum:	06/53 – 06/58	03/54
Gesamtstückzahl:	528	1
Exportanteil:	13	-
Exportländer:	(DK), (FL), (A), (B)	
Fahrgestellnummern:	12 360 L – 12 1967 L	12 546 L
Getriebeausführung:	HELA-Portalgetriebe (5/1)	
Getriebeabweichungen:	Modell40, D112	
Farbgebung:	Grün (528)	
Ehem. Grundpreis:	5.276 DM (Stand 11/54)	
Prospektblatt Typ D 12 S Scite 162		

D 20

Dieser Schlepper mit der Typenbezeichnung D 20 stammt wiederum aus der Baureihe der Typen D 14 und D 18, allerdings nun mit dem HELA-Portalgetriebe. Nahezu baugleich mit den kleineren Ausführungen leistete der D 20 mit dem MWM-Motor KDW 615 bei geringer Drehzahlanhebung nun 20 PS. Vereinzelt sind auch noch D-20-Modelle mit der Wabengitterhaube aus Lagerbeständen der Vorgänger ausgeliefert worden, der Großteil erhielt jedoch die moderne Haube mit der HELA-Lanze. In Anbetracht der Gesamtstückzahl von 60 Exemplaren des D 20 ist eine Hochradausführung relativ selten, dennoch war diese Option durch die gleichen Änderungen wie beim D 14 und D 18 möglich. Dieser Umstand führte jedoch zu weiteren Überlegungen, wie ohne größere Umbauten die Nutzung von verschiedenen Bereifungen möglich wäre: Das Ergebnis war das Folgemodell D 120. Beispielbild: Typ D 20 – Auslieferungsdatum März 1955 – Fahrgestellnummer 20 052.

Typenbezeichnung:	D 20
Motorisierung:	MWM KDW 615 E (wk)
Leistung:	20 PS bei 1600 U/min
Technische Daten:	1480 cm³; Bohrung 112 mm; Hub 150 mm
Auslieferungszeitraum:	06/53 – 04/56
Gesamtstückzahl:	60
Exportanteil:	1
Exportländer:	(I)
Fahrgestellnummern:	20 001 – 20 083
Getriebeausführung:	HELA-Portalgetriebe
Getriebeabweichungen:	-
Farbgebung:	alle HELA-Grün
Ehem. Grundpreis:	7.720 DM (Stand 04/53)
Prospektblatt Typ D 20 (Getriebe beachten) Seite 166	

D 120

Als Folgemodell des D 20 kam dieser Schlepper Typ D 120 mit in das Angebotsspektrum der Firma Lanz. Diese Weiterentwicklung des D 20 erfolgte besonders im Hinblick auf die Verwendung der Hochradbereifung in den Größen 8x32, 9x24 und sogar 10x24. Im direkten Vergleich zur Abbildung des D 20 und des D 120 lassen sich die Unterschiede gut erkennen. So wurde der Vorderachsbock erhöht, jedoch mit einer tiefer gezogenen Haube kaschiert und die hinteren Kotflügel von der ersten D-24-Modellreihe übernommen. Als Getriebe wurde, um die notwendigen Platzverhältnisse zu schaffen, das werkseigene Kriechganggetriebe ebenfalls aus der D-24-Serie Typ M 52 verbaut. Da der D 120 dem D 18 mit Hochradbereifung sehr ähnelt, sind diese Typen leicht zu verwechseln, abgesehen von dem Hurth-G-76-Getriebe und dem Kriechganggetriebe M 52. Beispielbild: Typ D 120 – Auslieferungsdatum 1954 – Originale Werksaufnahme.

Typenbezeichnung:	D 120
Motorisierung:	MWM KDW 615 E (wk)
Leistung:	20 PS bei 1600 U/min
Technische Daten:	1480 cm^3; Bohrung 112 mm; Hub 150 mm
Auslieferungszeitraum:	10/54 – 02/56
Gesamtstückzahl:	23
Exportanteil:	1
Exportländer:	(B)
Fahrgestellnummern:	20 036 – 20 082
Getriebeausführung:	HELA-Kriechganggetriebe M52
Getriebeabweichungen:	-
Farbgebung:	alle HELA-Grün
Ehem. Grundpreis:	7.720 DM (Stand 04/53)
Prospektblatt Typ D 20 (Getriebe beachten) Seite 168	

D 24 (KD)

Bereits ab Mitte des Jahres 1953 erfolgte die Auslieferung der erfolgreichen Modellreihe D 24 mit luft- oder wassergekühlter MWM-Motorisierung und einer Leistung von 22 PS. Aufgrund der großen Akzeptanz wurde der D 24 dann in den Prospekten als „unser Schlager 1954" beworben und ausgezeichnet. Die eigens dafür konstruierte Getriebeausführung mit sechs Vorwärts- und einem Rückwärtsgang Typ M 52 wurde bereits Ende 1952, Anfang 1953 ausführlich auf Leichtgängigkeit und Robustheit getestet und war prädestiniert für diese neue Schlepperausführung. In den ersten Jahren der Fertigung waren die Hinterradkotflügel noch relativ kantig geformt, was aber nach und nach formschöner dem Radhaus angepasst wurde. Während dieser Zeit erfolgte der Aufstieg zum Fahrersitz noch von hinten über die Ackerschiene zwischen Kotflügel und Sitz. Beispielbild: Typ D 24 – Auslieferungsdatum Mai 1958 – Fahrgestellnummer 24 2068.

Typenbezeichnung:	D 24
Motorisierung:	MWM KD 12 Z (wk)
Leistung:	22 PS bei 1800 U/min
Technische Daten:	1700 cm³; Bohrung 95; Hub 120 mm
Auslieferungszeitraum:	06/53 – 12/59
Gesamtstückzahl:	989
Exportanteil:	141
Exportländer:	(LU), (FR), (NL), (LI), (AT), (CH), (BE)
Fahrgestellnummern:	24 001 – 24 2492
Getriebeausführung:	HELA-Kriechganggetriebe M52 (6/1)
Getriebeabweichungen:	-
Farbgebung:	Grün (987), Rot (2)
Ehem. Grundpreis:	7.930 DM (Stand 05/54)
Prospektblatt Typ D 24 Seite 170	

D 24 (AKD)

Mit dem erfolgreichen Auftakt des D 24 mit der wassergekühlten Motorisierung wurde parallel auch eine luftgekühlte Variante gefertigt. Bei dieser Motorisierung gab es im Laufe der Fertigungszeit jedoch eine Leistungssteigerung von 22 auf 24 PS, was aber auch die Motorenmodifizierung bei MWM zur Ursache hatte. Diese Leistungsanhebung passte hervorragend in die bevorstehende Verwendung der HELA-Motoren, welche grundsätzlich auf 24 PS ausgelegt waren. Die zuvor beschriebene kantige Kotflügelausführung ist auf der Abbildung oben im direkten Vergleich gut zu erkennen. Weitere Neuerungen wurden nach und nach erforderlich, um den seitlichen Aufstieg über den Batteriekasten (wie auf den nächsten Seiten abgebildet) zu realisieren. Die Umstellung auf das neue Haubendesign erfolgte bei der luftgekühlten Modellreihe erst ab der Leistungssteigerung bei den 24-PS-Schleppern. Beispielbild: Typ D 24 L – Auslieferungsdatum März 1954 – Fahrgestellnummer 24 130 L.

Typenbezeichnung:	D 24 L	
Motorisierung:	MWM AKD 12 Z (lk)	MWM AKD 112 Z (lk)
Leistung:	22 PS bei 1800 U/min	24 PS bei 2000 U/min
Technische Daten:	1810 cm³; Bohrung 98 mm; Hub 120 mm	
Auslieferungszeitraum:	07/53 – 05/55	05/55 – 10/60
Gesamtstückzahl:	465	584
Exportanteil:	50	
Exportländer:	(DK), (LU), (FR), (MX), (LI), (AT), (CH), (BE), (NL)	
Fahrgestellnummern:	24 002 L – 24 2723 L	
Getriebeausführung:	HELA-Kriechganggetriebe M52 (6/1)	
Getriebeabweichungen:	D 112	
Farbgebung:	Grün (1052), Rot (19)	
Ehem. Grundpreis:	7.930 DM (Stand 05/54)	
Prospektblatt Typ D 24 Seite 170		

D 112 (KD - AE)

Der wohl erfolgreichste HELA-Schlepper aus dem Werk in Aulendorf erhielt die Typenbezeichnung D 112. Kein weiterer Schlepper, auch in modifizierter Ausführung, erreichte je eine Gesamtstückzahl von 3394 Traktoren einer Baureihe. Bei gleicher Leistung und Motorisierung wie der D 12 gab es jedoch wesentliche Unterschiede. Das Portalgetriebe wurde durch ein Kriechganggetriebe ersetzt, wodurch der D 112 niedriger wurde. Dadurch konnte auch die Motorhaube niedriger gestaltet werden und die hinteren Kotflügel wurden ebenfalls moderner. Zu dieser wassergekühlten MWM-Ausführung gab es auch noch zwei Schlepper mit HELA-Motor (siehe unten). Während dieser langen Fertigungszeit des D 112 sowohl luft- als auch wassergekühlt, erfolgte auch die Haubenumstellung und weitere sinnvolle Modernisierungsmaßnahmen am Erscheinungsbild. Beispielbild – Typ D 112 – Auslieferungsdatum April 1955 – Fahrgestellnummer 112 292.

Typenbezeichnung:	D 112	
Motorisierung:	MWM KD 12 E (wk)	HELA AE (wk)
Leistung:	12 PS bei 1980 U/min	12,5 PS bei 1750 U/min
Technische Daten:	850 cm³; Bohrung 95 mm; Hub 120 mm	1075 cm³; Bohrung 105 mm; Hub 125 mm
Auslieferungszeitraum:	06/54 – 05/60	12/56 und 03/58
Gesamtstückzahl:	1175	2
Exportanteil:	199	-
Exportländer:	(B), (FL), (NL), (A), (CH), (GR), (DDR)	
Fahrgestellnummern:	112 001 – 112 3303	112 2008 A – 112 2781 A
Getriebeausführung:	HELA-Kriechganggetriebe D 112 (5/1)	
Getriebeabweichungen:	-	
Farbgebung:	Grün (1160), Rot (15)	Grün (2)
Ehem. Grundpreis:	4.540 DM (Stand 11/54)	
Prospektblatt Typ D 112 Seite 172		

D 112 (AKD)

Auch von der D-112-Baureihe war eine luftgekühlte Ausführung erhältlich, welche auch deutlich öfter verkauft wurde, zumal gegen Fertigungsende nur noch luftgekühlte Schlepper angeboten wurden. Das Motorenprogramm der Mannheimer-Motorenwerke wurde bei der Typenbezeichnung ebenfalls umgestellt, was aber bei der Leistung und den allgemeinen Motorkenndaten kaum Veränderungen brachte. Warum es zu dieser Umbenennung kam, ist nicht bekannt; sämtliche luftgekühlten D-112-Modelle wurden werksintern als D 112 L oder D 112 AKD bezeichnet. Auf die Umstellung der Motorhaube und die Möglichkeit zum seitlichen Aufstieg wurde bereits bei der wassergekühlten Ausführung hingewiesen. Ein Aufstieg über die Ackerschiene war in Verbindung mit einer Kraftheberanlage kaum mehr möglich, deshalb erfolgte dieser von der Batteriekastenseite aus. Beispielbild: Typ D 112 L – Auslieferungsdatum April 1958 – Fahrgestellnummer 12 2823 L.

Typenbezeichnung:	**D 112 L**		
Motorisierung:	MWM AKD 12 E (lk)	MWM AKD 112 E (lk)	MWM AKD 412 E (lk)
Leistung:	12 PS bei 1980 U/min		
Technische Daten:	905 cm³; Bohrung 98 mm; Hub 120 mm	905 cm³; Bohrung 98 mm; Hub 120 mm	1039 cm³; Bohrung 105 mm; Hub 120 mm
Auslieferungszeitraum:	07/54 – 08/55	05/55 – 03/60	07/59 – 09/61
Gesamtstückzahl:	250	1849	112
Exportanteil:	205		
Exportländer:	(A), (B), (NL), (F), (CH), (E), (L), (MEX)		
Fahrgestellnummern:	112 002 L – 112 3394 L		
Getriebeausführung:	HELA-Kriechganggetriebe D 112 (5/1)		
Getriebeabweichungen:	M52, Portal		
Farbgebung:	Grün (2060), Rot (150), Sonderlackierung (1)		
Ehem. Grundpreis:	4.540 DM (Stand 11/54)		
Prospektblatt Typ D 112 Seite 174			

D 117 (KD)

Nachdem die Hurth-G-76-Zukaufgetriebe der Vorgängerbaureihen komplett durch werkseigene Kriechganggetriebe ersetzt werden konnten, wurde in der Leistungsklasse um 18 PS der Typ D 117 konzipiert. Durch den Getriebetausch kam der D 117 in direkte Konkurrenz zum D 18, war allerdings in der Bauform etwas niedriger und die Kotflügel wurden kantiger und daher auch stabiler. Zu Beginn der Fertigung leistete der MWM-Motor noch 17 PS, was auch zur Typenbezeichnung führte, allerdings konnte durch Überarbeitung des Motors schlussendlich eine Leistung von 18 PS erreicht werden. Die Anzahl der 17-PS-D-117 ist relativ gering, so dass diese nur der Vollständigkeithalber hier erwähnt werden. Nach April 1956 kam die Leistungssteigerung auf 18 PS, und auch beim D 117 wurde die Haubenumstellung 1958-1959 vollzogen bis der Lagerbestand aufgebraucht war. Beispielbild: Typ D 117 – Auslieferungsdatum Februar 1959 – Fahrgestellnummer 117 1217.

Typenbezeichnung:	**D 117**
Motorisierung:	MWM KD 211 Z (wk)
Leistung:	18 PS bei 1980 U/min
Technische Daten:	1248 cm³; Bohrung 85 mm; Hub 110 mm
Auslieferungszeitraum:	08/54 – 06/61
Gesamtstückzahl:	1038
Exportanteil:	115
Exportländer:	(B), (NL), (L), (CH), (A), (FL), (Sudan)
Fahrgestellnummern:	117 001 – 117 1872
Getriebeausführung:	HELA-Kriechganggetriebe D 117 (6/1)
Getriebeabweichungen:	M52, Portal 3
Farbgebung:	Grün (995), Rot (42), Wunsch (1)
Ehem. Grundpreis:	7.750 DM (Stand 09/56)
Prospektblatt Typ D 117 Seite 176	

D 215

Die optischen Unterschiede des Typ D 215 zum Basismodell D 15 sind nicht direkt erkennbar. Bei dieser Ausführung kam es lediglich zu geringfügigen Änderungen an den Bauteilen, so z.B. eher unwesentliche Veränderungen am Getriebegehäuse, welche zur Fertigungsvereinfachung oder zu Einsparungen im Fertigungsprozess geführt haben. Zusätzlich war auch die elektrische Ausrüstung mit Rundinstrumenten umfangreicher bestückt. Die Ausfertigung eigener Prospekte, Anleitungen oder Ersatzteillisten war nicht notwendig und konnte mit dem Werbematerial des D 15 abgedeckt werden. Den D 215 gab es jedoch nur in dieser Motorisierung mit dem wassergekühlten MWM-Motor Typ KDW 415 E und diente in der relativ kurzen Fertigungszeit lediglich als Zwischenmodell während der Konzeption einer komplett neuen Modellreihe in dieser Leistungsklasse. Beispielbild: Typ D 215 – Auslieferungsdatum September 1955 – Fahrgestellnummer 215 077.

Typenbezeichnung:	D 215
Motorisierung:	MWM KDW 415 E (wk)
Leistung:	15 PS bei 1580 U/min
Technische Daten:	1180 cm³; Bohrung 100; Hub 150 mm
Auslieferungszeitraum:	08/54 – 06/57
Gesamtstückzahl:	199
Exportanteil:	2
Exportländer:	(NL), (B)
Fahrgestellnummern:	215 001 – 215 199
Getriebeausführung:	HELA-Kriechganggetriebe D 215 (5/1)
Getriebeabweichungen:	M52, Portal 3
Farbgebung:	Grün (199)
Ehem. Grundpreis:	7.240 DM (Stand 08/54)
Prospektblatt alternativ Typ D 15 Seite 148	

D 12 S (AE)

Beim D 12 S wurden nach einer ausführlichen Erprobungsphase die ersten wassergekühlten HELA-Motoren eingebaut. Den HELA-Motor mit der Typenbezeichnung AE gab es auch mit einer Leistung von 15,5 PS und etwas mehr Hubraum. Er wurde bei den 15er-Modellreihen verwendet. Somit war der Schlepper nahezu komplett aus eigener Fertigung, abgesehen von allgemeinen Zukaufteilen wie Reifen, elektrischen Komponenten von Bosch oder Betriebsstoffen, welche natürlich nicht selbst hergestellt wurden.

Durch die Verwendung des werkseigenen Motors wurde der wassergekühlte MWM-Motor für den D 12 S nicht mehr zugekauft. Der luftgekühlte HELA-Motor kam jedoch in dieser Leistungsklasse noch nicht zum Einbau, dessen Entwicklung folgte etwas später. Im Laufe der Fertigung wurde regelmäßig modifiziert, was sich teilweise an der abweichenden Form der Hinterradkotflügel feststellen lässt.
Beispielbild: Typ D 12 S – Auslieferungsdatum Juni 1956 – Fahrgestellnummer 12 1294 A.

Typenbezeichnung:	**D 12 S**
Motorisierung:	HELA AE (wk)
Leistung:	12,5 PS bei 1750 U/min
Technische Daten:	1075 cm³; Bohrung 105 mm; Hub 125 mm
Auslieferungszeitraum:	11/54 – 06/58
Gesamtstückzahl:	326
Exportanteil:	13
Exportländer:	(NL), (FL), (A), (B)
Fahrgestellnummern:	12 1097 A – 12 1966 A
Getriebeausführung:	HELA-Portalgetriebe (5/1)
Getriebeabweichungen:	Modell40, ZF A 5
Farbgebung:	Grün (326)
Ehem. Grundpreis:	5.900 DM (Stand 12/56)
Prospektblatt Typ D 12 Seite 162	

D 15 (AE)

Da auch der HELA Typ D 15 mit dem MWM-Motor sehr erfolgreich war, wurde er ab 1955 natürlich auch mit einem werkseigenen HELA-Motor in der gleichen Leistungsklasse angeboten. Sämtliche anderen Bauteile des D 15 konnten nahezu beibehalten werden, wodurch auch optisch keine größeren Unterschiede festzustellen waren. Das Angebot an Zusatzausrüstungen und Zubehör wurde ebenfalls ständig ergänzt, wodurch dem Kunden relativ viele Möglichkeiten im Umgang mit dem D 15 möglich waren. Der Aufstieg erfolgte nach wie vor von hinten über die Ackerschiene. Durch die starke Nachfrage nach hydraulischen Kraftheberanlagen wurde diese Aufstiegslösung ungünstig. Daher wurde versucht, den seitlichen Aufstieg zu realisieren. Daher wurde bei den letzten D 15 um das Baujahr 1958 der Batteriekasten etwas tiefer montiert und als Aufstieg konzipiert. Beispielbild: Typ D 15 – Auslieferungsdatum Mai 1957 – Fahrgestellnummer 14 1972 A.

Typenbezeichnung:	D 15
Motorisierung:	HELA AE (wk)
Leistung:	15,5 PS bei 1980 U/min
Technische Daten:	1082 cm³; Bohrung 105 mm; Hub 125 mm
Auslieferungszeitraum:	05/55 – 03/58
Gesamtstückzahl:	253
Exportanteil:	3
Exportländer:	(B)
Fahrgestellnummern:	14 1499 A – 14 2061 A
Getriebeausführung:	HELA-Portalgetriebe (6/1)
Getriebeabweichungen:	-
Farbgebung:	HELA-Grün (253)
Ehem. Grundpreis:	6.660 DM (Stand 12/56)
Prospektblatt Typ D 15 Seite 148	

Austria - HELA - Diesel

Während der Gesamtauswertung sämtlicher Auslieferungsunterlagen sowie durch eine zufällige Anfrage eines HELA-Besitzers aus Österreich, konnte dieser Austria-HELA näher verfolgt werden. Der Grund für eine Warchalowski-Motorisierung lag an den Einfuhrbestimmungen Österreichs, denn bis 1960 mussten alle in Österreich verkauften Traktoren bis 40 PS zu 51% aus österreichischem Material bestehen, um sämtliche Importbeschränkungen zu umgehen. Daher bestellte der HELA-Importeur Riedesser aus Rankweil/Vorarlberg die Traktoren aus Aulendorf ohne Motor, lediglich eine verlängerte Motorantriebswelle war notwendig, um den luftgekühlten Warchalowski-2-Zylinder-Motor Typ SD 21 einzubauen. Insgesamt waren es 12 Austria-HELA auf Basis des D 12 und D 112 welche die Fa. Riedesser umgebaut und verkauft hat. Auf dem österreichischen Einzelgenehmigungsbescheid wurde als Firmen-Typenbezeichnung des Fahrgestells Austria-HELA-Diesel angegeben.

Typenbezeichnung:	Austria-HELA-Diesel	
Motorisierung:	Warchalowski SD 21	
Leistung:	14 PS bei 2400 U/min	
Technische Daten:	Hubraum 1020 cm³; Bohrung 85 mm; Hub 90 mm	
Auslieferungszeitraum:	11/55 – 07/57	
Gesamtstückzahl:	6x Basis D 12	6x Basis D 112
Exportanteil:	12	
Exportländer:	Österreich Fa. Riedesser	
Fahrgestellnummern:	12 xxx oder 112 xxx	
Getriebeausführung:	D 12 mit Portalgetriebe; D 112 mit D 112 Getriebe	
Getriebeabweichungen:	-	
Farbgebung:	HELA-Grün	
Ehem. Grundpreis:	nicht bekannt	
Prospektblatt alternativ D 12 und D 112 Seite 162 oder 172		

D 117 (AKD - LD)

Durch die Etablierung der luftgekühlten Motoren verschiedener Hersteller auf dem Markt zog die Firma Lanz nach und bot den D 117 auch mit dem luftgekühlten MWM-Motor an. Interessant sind natürlich werksinterne Lieferlisten, denn daraus geht hervor, dass ein D 117 mit einem weiteren luftgekühlten Motor Fabrikat Güldner Typ 2 LD gefertigt wurde. Dieser wurde vermutlich auf Kundenwunsch, bzw. durch Motorenanlieferung eines Händlers so ausgeführt. Motoren von Güldner waren bisher nur in der Serie Samson 2 verwendet worden sowie bei einem Typ D 12. Im Verlauf der Herstellungsjahre kam es auch hier bei gleich bleibender Technik zur Haubenumstellung jedoch noch mit der HELA-Lanze an der Haubenfront und mittig verlaufendem Sporn sowie der seitlichen Aufstiegslösung – wozu ein anderes, etwas längeres Getriebegehäuse verwendet wurde. Beispielbild: Typ D 117 L – Auslieferungsdatum Januar 1960 – Fahrgestellnummer 117 1569 L.

Typenbezeichnung:	D 117 L	
Motorisierung:	MWM AKD 311 Z (lk)	Güldner 2 LD (lk)
Leistung:	18 PS bei 1980 U/min	20 PS bei 2200 U/min
Technische Daten:	1400 ccm; Bohrung 90 mm; Hub 110 mm	1400 ccm; Bohrung 85 mm; Hub 115 mm
Auslieferungszeitraum:	01/56 – 05/61	06/56
Gesamtstückzahl:	819	1
Exportanteil:	28	-
Exportländer:	(B), (NL), (CH), (L), (A), (F)	
Fahrgestellnummern:	117 269 L – 117 1861 L	117 397 L
Getriebeausführung:	HELA-Kriechganggetriebe D 117 (6/1)	
Getriebeabweichungen:	M52	-
Farbgebung:	HELA-Grün (712), Rot (107)	HELA-Grün (1)
Ehem. Grundpreis:	7.750 DM (Stand 09/56)	
Prospektblatt Typ D 117 ab Seite 178		

D 36 (KD)

Bereits 1955 wurden in Aulendorf Traktoren der damaligen Oberklasse mit einer Leistung von 36 PS entwickelt und gefertigt. Es gab zwar zu Beginn der 50er Jahre schon einen D 36, eine gedrosselte Variante des D 40, aber dessen Fertigung wurde relativ schnell wieder eingestellt. Den vorgenannten D 36 gab es mit zwei verschiedenen Motoren, dem hier beschriebenen wassergekühlten MWM-Motor und ab 1959 mit dem luftgekühlten MWM-Motor aus der AKD-Serie. Die Gesamtoptik der beiden Schlepperausführungen und das Getriebe waren identisch, auch nach der Modifizierung der Motorhaube mit Zwischenlösung im Laufe des Jahres 1959. Der abgebildete D 36 hatte die Übergangsmotorhaube dieser Zeit und, eher selten noch zu finden, die Seitenverkleidungen mit Plattform, welche der noch bevorstehenden Gesamtrestauration hoffentlich nicht zum Opfer fallen. Beispielbild: Typ D 36 – Auslieferungsdatum Februar 1959 – Fahrgestellnummer 36 196.

Typenbezeichnung:	D 36
Motorisierung:	MWM KD 12 D
Leistung:	36 PS bei 2000 U/min
Technische Daten:	2550 cm³; Bohrung 95; Hub 120 mm
Auslieferungszeitraum:	03/56 – 04/60
Gesamtstückzahl:	208
Exportanteil:	56
Exportländer:	(CH), (B), (L), (NL), (GR), (E)
Fahrgestellnummern:	36 001 – 36 281
Getriebeausführung:	HELA-Kriechganggetriebe D 36 (6/1)
Getriebeabweichungen:	-
Farbgebung:	Grün (183), Rot (25)
Ehem. Grundpreis:	10.080 DM (Stand 09/56)
Prospektblatt Typ D 36 Seite 182	

D 36 (AKD)

Wie bereits auf der vorhergehenden Seite erwähnt, ist hier der Typ D 36 L mit dem luftgekühlten Dreizylinder-MWM-Motor Typ AKD, mit einer Leistung von 36 PS abgebildet und beschrieben. Diese luftgekühlte Variante wird in der Szeneliteratur oft als Rarität und absolute Seltenheit bezeichnet, wenn man jedoch die Stückzahlen betrachtet, wurde der D 36 L häufiger gefertigt und verkauft als der wassergekühlte „Bruder“. Warum er in Deutschland dennoch recht selten ist erklärt sich durch den recht hohen Exportanteil.

Die vorherigen Schlepper der niedrigeren Leistungsklassen wurden ebenfalls mit einer luftgekühlten Motorisierung angeboten, deshalb war es nicht unbedingt ungewöhnlich für den Interessenten diese Modellreihe auch als D 36 L zu erhalten. Auf der Abbildung oben ist als direkter Vergleich zur Seite vorher die Motorhaube wie zu Fertigungsbeginn 1956 abgebildet. Beispielbild: Typ D 36 L – Auslieferungsdatum Mai 1957 – Fahrgestellnummer 36 068 L.

Typenbezeichnung:	D 36 L
Motorisierung:	MWM AKD 112 D (lk)
Leistung:	36 PS bei 2000 U/min
Technische Daten:	2715 cm³; Bohrung 98; Hub 120 mm
Auslieferungszeitraum:	06/56 – 05/65
Gesamtstückzahl:	240
Exportanteil:	175
Exportländer:	(F), (B), (L), (DDR), (E)
Fahrgestellnummern:	36 002 L – 36 800 L
Getriebeausführung:	HELA-Kriechganggetriebe D 36 (6/1)
Getriebeabweichungen:	-
Farbgebung:	Grün (76), Rot (164)
Ehem. Grundpreis:	10.080 DM (Stand 09/56)
Prospektblatt Typ D 36 Seite 184	

D 115 (AE - ALE)

Mit der Typenausführung D 115 sollte die 15-PS-Leistungsklasse um die Typen D 15 und Typ D 215 mit den ersten HELA-Motoren fortgeführt werden. Technisch umfangreiche Änderungen zum Typ D 15 wurden nicht vorgenommen, lediglich die Aufstiegsmöglichkeit wurde von nun an seitlich realisiert.
Nachdem die Verwendung des werkseigenen HELA-Motors problemlos realisiert werden konnte, ging man langsam dazu über, den D 15 sowohl mit HELA-, als auch mit MWM-Motorisierung zu bestücken. Prospektmaterial oder technische Unterlagen wurden vom D 15 verwendet. Nach Einführung des luftgekühlten HELA-Motors Typ ALE wurde ein einziger D 115 auch luftgekühlt gefertigt. Der abgebildete D 115 hatte bereits die neue Haubenausführung, allerdings noch mit der klassischen HELA-Lanze und dem Haubensporn. Die Schriftzugaufkleber gab es noch nicht, hier sollten erhabene Chromschriftzüge angebracht sein. Beispielbild: Typ D 115 – Auslieferungsdatum April 1959 – Fahrgestellnummer 115 082.

Typenbezeichnung:	D 115	
Motorisierung:	HELA AE (wk)	HELA ALE (lk)
Leistung:	15,5 PS bei 1980 U/min	15 PS bei 1980 U/min
Technische Daten:	Hubraum 1082 cm³; Bohrung 105 mm; Hub 125 mm	
Auslieferungszeitraum:	07/56 – 12/59	03/59
Gesamtstückzahl:	105	1
Exportanteil:	5	-
Exportländer:	(B)	-
Fahrgestellnummern:	115 001 – 115 106	115 075 L
Getriebeausführung:	D 115	
Getriebeabweichungen:	D 112, Portal	
Farbgebung:	HELA-Grün	
Ehem. Grundpreis:	6.660 DM (Stand 12/56)	
Prospektblatt alternativ Typ D 15 Seite 148		

D 24 (AZ)

Durch die Entwicklung des Zweizylinder-HELA-Motors Typ AZ im Leistungssegment zwischen 25-30 PS verwendete man bereits ab August 1956 werkseigene Motoren für die Modellreihe D 24. Mit dieser Ergänzung konnte die Modellreihe nun mit drei verschiedenen Grundmotorisierungen angeboten werden, die Ausführung mit dem HELA-Motor wurde in Bezug auf die Gesamtstückzahl nur unwesentlich seltener gefertigt. Die Gesamtstückzahl belegten die Motoren ungefähr zu je einem Drittel – D 24 KD (989), D 24 AKD (1033) und D 24 AZ (892). Im Laufe der Fertigung erfolgte um 1960 eine Leistungssteigerung auf 25 PS, wobei die Exportausführungen mit 27–28 und 30 PS ausgeliefert wurden. Während der Herstellungszeit kam es zu zwei Umstellungen der Haubengestaltung, so dass zwischen 1959 und 1960 eine Zwischenlösung verwendet wurde, bis die Modernisierung Beispiel D 124 komplett erfolgen konnte. Beispielbild: Typ D 24 A – Auslieferungsdatum März 1958 – Fahrgestellnummer 24 1993 A.

Typenbezeichnung:	D 24	
Motorisierung:	HELA AZ	
Leistung:	24 PS bei 1780 U/min	25 PS bei 1780 U/min
Technische Daten:	2164 cm³; Bohrung 105; Hub 125 mm	
Auslieferungszeitraum:	08/56 – 05/61	
Gesamtstückzahl:	892	
Exportanteil:	282	
Exportländer:	(DK), (LU), (FR), (MX), (LI), (AT), (CH), (BE), (ES)	
Fahrgestellnummern:	24 1505 A – 24 2926 A	
Getriebeausführung:	HELA-Kriechganggetriebe M52 (6/1)	
Getriebeabweichungen:	D 415, Portal	
Farbgebung:	Grün (696), Rot (196)	
Ehem. Grundpreis:	8.700 DM (Stand 01/58)	
Prospektblatt Typ D 24 Seite 188		

D 30 (AZ - KD - F2L 514)

Die Anhebung der Motordrehzahl des HELA-Motors Typ AZ aus dem D 24 bis zu einer Leistung von 30 PS, führte zur weiteren Programmerweiterung durch den Typ D 30. Der D 30 wurde auf dem Modell des D 24 aufgebaut. Dafür waren lediglich die Leistungsanhebung sowie eine kleine Getriebeänderung notwendig. Das Getriebe erhielt anders dimensionierte Zahnräder, um die gesteigerte Leistung und die größere Bereifung zu kompensieren. Auch optische Veränderungen folgten im Laufe der Fertigung. So kam auch eine Übergangshaube zur Verwendung. Der oben abgebildete D 30, äußerst selten mit der luftgekühlten Deutz-Motorisierung, wurde von seinem Besitzer hervorragend restauriert und in Silber lackiert. Er verrichtet seine Dienste seit Auslieferung auf dem selben Hofgut und wird lediglich im Winter zur Schneeräumung genutzt, daher die angebrachte Fronthydraulik. Beispielbild: Typ D 30 L – Auslieferungsdatum Mai 1957 – Fahrgestellnummer 30 029 L.

Typenbezeichnung:	D 30		
Motorisierung:	HELA AZ (wk)	MWM KD 415 Z (wk)	Deutz F2L 514 (lk)
Leistung:	30 PS bei 2000 U/min	28 PS bei 1500 U/min	30 PS bei 1650 U/min
Technische Daten:	2164 ccm; Bohrung 105 mm; Hub 125 mm	2356 ccm; Bohrung 100 mm; Hub 150 mm	2642 ccm; Bohrung 110 mm; Hub 140 mm
Auslieferungszeitraum:	06/57 – 05/60	09/56 – 02/58	11/56 – 06/57
Gesamtstückzahl:	106	40	4
Exportanteil:	20	6	1
Exportländer:	(L), (NL), (B)	(F), (PY)	(DDR)
Fahrgestellnummern:	30 028 A – 30 150 A	30 001 – 30 060	30 005 L – 30 029 L
Getriebeausführung:	HELA-Kriechganggetriebe D 30 (6/1)		
Getriebeabweichungen:	-	-	-
Farbgebung:	HELA-Grün (90), Rot (16)	HELA-Grün (40)	HELA-Grün (4)
Ehem. Grundpreis:	9.740 DM (Stand 01/59)	9.600 DM (Stand 01/59)	9.830 DM (Stand 09/55)

Prospektblatt Typ D 30 ab Seite 198

D 315

Eine weitere Ausführung der 15-PS-Schlepper erfolgte mit dem Typ D 315. Bisher wurden die Schlepper von hinten über die Ackerschiene zwischen Kotflügel und Fahrersitz bestiegen. Aufgrund der Anforderungen in der Landwirtschaft erfolgte die Verwendung von hinten angeordneten Hydraulikkrafthebern mit Dreipunktaufnahmen, was den Heckaufstieg abgesehen von der ebenfalls erhöhten Unfallgefahr nahezu unmöglich machte. Deshalb ging man beim D 315 langsam dazu über, den Aufstieg von der Seite aus zu realisieren. Dazu wurde das Getriebe jedoch noch nicht verändert, lediglich ein verstärkter Batteriekasten wurde tiefer angebracht und mit einer Aufstiegsplatte sowie einem verstärkten Deckel mit Profil zum besseren Halt der Schuhsohlen versehen. Eine Änderung der Haube zwischen 1958 und 1959 erfolgte auch beim D 315, auf der Abbildung ist er aber so abgebildet wie zu Fertigungsbeginn 1956. Beispielbild: Typ D 315 – Auslieferungsdatum April 1958 – Fahrgestellnummer 315 086.

Typenbezeichnung:	D 315
Motorisierung:	HELA AE (wk)
Leistung:	15,5 PS bei 1980 U/min
Technische Daten:	1082 cm^3; Bohrung 105; Hub 125 mm
Auslieferungszeitraum:	11/56 – 09/60
Gesamtstückzahl:	311
Exportanteil:	16
Exportländer:	(A), (B), (L), (FL)
Fahrgestellnummern:	315 001 – 315 312
Getriebeausführung:	HELA-Portalgetriebe D 315 (6/1)
Getriebeabweichungen:	-
Farbgebung:	Grün (286), Rot (24), Sonderlackierung (1)
Ehem. Grundpreis:	7.500 DM (Stand 05/57)
Prospektblatt Typ D 315 Seite 200	

D 312 (AE-KD-AKD)

Der D 312 diente als Ausbaustufe des D 12 S und bekam daher auch die bewährte Technik dieser Baureihe, bis auf die allgemeine Haubenumstellung 1959. Beim D 312 wurde die Aufstiegsmöglichkeit von der Seite in einfacher Weise umgesetzt. Dazu wurde der Batteriekasten tiefer angebracht, verstärkt und mit einer zusätzlichen Trittstufe ausgeführt. Als Motorisierung diente der HELA-Motor Typ AE mit 12,5 PS. Das Getriebe mit verstellbaren Portalen blieb ebenfalls unverändert. Dennoch sollten neunzehn Traktoren mit dem luftgekühlten MWM Motor Typ AKD sowie ein D 312 mit dem MWM-Motor Typ KDW wassergekühlt ausgerüstet werden. Sämtliche Exportschlepper mit dem HELA-Motor bekamen eine Leistungsanhebung auf 17 PS. Dies war möglich durch die Verwendung der 15,5-PS-Motoren aus der D-415-Baureihe mit einem größeren Hubraum von 1082 cm³. Beispielbild: Typ D 312 – Auslieferungsdatum Dezember 1958 – Fahrgestellnummer 312 053.

Typenbezeichnung:	D 312		
Motorisierung:	HELA AE (wk)	MWM KD 12 E (wk)	MWM AKD 12 E (lk)
Leistung:	12,5 PS bei 1780 U/min	12 PS bei 1980 U/min	12 PS bei 1980 U/min
Technische Daten:	1075 cm³; Bohrung 105; Hub 125 mm	850 cm³; Bohrung 95 mm; Hub 120 mm	905 cm³; Bohrung 98 mm; Hub 120 mm
Auslieferungszeitraum:	03/58 – 09/60	06/59	04/58 – 04/59
Gesamtstückzahl:	168	1	19
Exportanteil:	64	1	1
Exportländer:	(A), (B), (NL), (CH)	(NL)	(B)
Fahrgestellnummern:	312 001 – 312 188	312 147 W	312 002 L – 312 134 L
Getriebeausführung:	HELA-Portalgetriebe D 312 (6/1)		
Getriebeabweichungen:	-		
Farbgebung:	Grün (168), Rot (20)		
Ehem. Grundpreis:	7.450 DM (Stand 01/60)		
Prospektblatt alternativ Typ D 12 Seite 162			

S 24 Schmalspur

Eine weitere Leistungsklasse konnte mit dem Typ S 24 als Schmalspurschlepper in das Lieferprogramm aufgenommen werden. Als Basisfahrzeug diente der D 24, von welchem auch der luftgekühlte MWM-Motor Typ AKD 112 Z mit 24 PS Leistung beibehalten wurde. Die Spurbreitenverstellung machten es möglich, auf die gleichen Maße wie beim S 18 einstellen zu können. Auf die speziell konzipierten Hinterradkotflügel konnten steckbare Kotflügelverbreiterungen aufgesteckt werden, damit bei der Nutzung einer Zwillingsbereifung sowohl der Verschmutzungsgrad vermieden als auch die Unfallgefahr an den Stollenreifen verhindert werden konnte. Trotz der relativ geringen Gesamtstückzahl der beiden Schmalspurschlepper wurden nach der Haubendesignumstellung auch bei den Schmalspurschleppern die modern gestalteten Motorhauben verwendet. Beispielbild: Typ S 24 – Auslieferungsdatum März 1958 – Fahrgestellnummer S 24 1995 L.

Typenbezeichnung:	S 24
Motorisierung:	MWM AKD 112 Z (lk)
Leistung:	24 PS bei 2000 U/min
Technische Daten:	1810 cm³; Bohrung 98; Hub 120 mm
Auslieferungszeitraum:	03/58 – 06/63
Gesamtstückzahl:	16
Exportanteil:	-
Exportländer:	-
Fahrgestellnummern:	S 24 1995 L – S 24 2931 L
Getriebeausführung:	HELA-Kriechganggetriebe M52 (6/1)
Getriebeabweichungen:	-
Farbgebung:	Grün (14), Rot (2)
Ehem. Grundpreis:	8.460 DM (Stand 02/59)
Prospektblatt Typ S 18 Seite 206	

S 18 Schmalspur

Aufgrund der vielen Obstplantagen in Bodenseenähe sowie Erfahrungen aus der Varimot-Produktion lag es nahe, einen Schmalspurschlepper für Hopfen-, Wein-, Obst- und Reihenkulturen zu konstruieren. HELA war noch vor den Mitbewerbern Eicher oder Fendt in dieses Nischensegment eingestiegen. Dieser Schmalspurschlepper mit der Typenbezeichnung S 18 wurde aus der Baureihe D 117 konzipiert. Bei der Grundmotorisierung wurde bei den Schmalspurschleppern nur eine luftgekühlte Ausführung angeboten. Die Schmalspurausführung war so konstruiert, dass verschiedene Spurweiten von minimal 768 mm bis maximal 1250 mm eingestellt werden konnten. Die Verwendung von hydraulischen Kraftheberanlagen war auch trotz der geringen Fahrzeugbreite möglich, wodurch jedoch der Aufstieg von der Seite vor dem Hinterrad notwendig wurde. Beispielbild: Typ S 18 – Auslieferungsdatum Oktober 1958 – Fahrgestellnummer S 117 1224 L.

Typenbezeichnung:	S 18
Motorisierung:	MWM AKD 311 Z (lk)
Leistung:	18 PS bei 2000 U/min
Technische Daten:	1400 cm³; Bohrung 90; Hub 110 mm
Auslieferungszeitraum:	04/58 – 06/60
Gesamtstückzahl:	13
Exportanteil:	-
Exportländer:	-
Fahrgestellnummern:	S 117 1039 L – S 117 1664 L
Getriebeausführung:	HELA-Kriechganggetriebe D 117 (6/1)
Getriebeabweichungen:	M52
Farbgebung:	Grün (13)
Ehem. Grundpreis:	7.560 DM (Stand 02/59)
Prospektblatt Typ S 18 Seite 206	

D 415 (AE)

Ein weiterer Schlepper aus der 15-PS-Leistungsklasse wurde mit dem Typ D 415 realisiert. Hier nutzte man die Erfahrungen der knapp 30 Jahre Traktorenfertigung bei Lanz in Aulendorf. Die generelle Imagepflege in Form einer modernen Gestaltung wurde bei diesem Schleppertyp komplett angewandt. So erhielten die hinteren Kotflügel sowie die klappbare Motorhaube ein völlig neues Design mit angepassten Firmenemblemen. Während der Anfangszeiten der Fertigung des D 415 wurde noch ein Fünfgang-Portalgetriebe aus den Vorserien bei 6 Traktoren eingebaut, welches jedoch kurz darauf durch ein Sechsganggetriebe mit zwei Rückwärtsgängen ersetzt wurde. Bei der HELA-Motorenentwicklung unter der Federführung von Dipl. Ing. Anton Lanz erfolgte der Einstieg zu luftgekühlten HELA-Motoren, wie auf der Folgeseite beschrieben. Beispielbild: Typ D 415 – Auslieferungsdatum Juli 1959 – Fahrgestellnummer 415 028.

Typenbezeichnung:	D 415
Motorisierung:	HELA AZ (wk)
Leistung:	15,5 PS bei 1980 U/min
Technische Daten:	1082 cm³; Bohrung 105; Hub 125 mm
Auslieferungszeitraum:	01/59 – 05/66
Gesamtstückzahl:	926
Exportanteil:	296
Exportländer:	(F), (B), (NL), (CH), (A), (L), (FL)
Fahrgestellnummern:	415 001 – 415 1149
Getriebeausführung:	HELA-Kriechganggetriebe D 415 (5/1 oder 6/2)
Getriebeabweichungen:	M52, Portal
Farbgebung:	Grün (547), Rot (379)
Ehem. Grundpreis:	5.960 DM (Stand 02/59)
Prospektblatt Typ D 415 Seite 208	

D 415 (ALE)

Der hier beschriebene Traktor Typ D 415 L ist im Grunde genommen der einzige Schlepper aus dem Hause Hermann Lanz Aulendorf, der mit einem luftgekühlten Motor Typ ALE gebaut wurde, abgesehen von einem Einbau bei der Modellreihe D 115. Die Entwicklung der luftgekühlten HELA-Motoren wurde bis zum Dreizylinder vorangetrieben, aber weder der Zwei- noch der Dreizylinder kamen bei HELA-Traktoren zum Einbau. Die Motoren wurden aber fester Bestandteil als Ausstellungsstück bei Messen, was durch umfangreiches Bildmaterial zu belegen ist. Warum es nie zur Weiterproduktion der luftgekühlten Mehrzylinder kam, ist leider nicht mehr zu erklären. Heutige Besitzer eines D 415 L sind daher besonders stolz auf ein Stück Traktorengeschichte der Firma HELA, zumal es von der luftgekühlten Ausführung lediglich 223 Traktoren gab. Beispielbild: Typ D 415 L – Auslieferungsdatum März 1961 – Fahrgestellnummer 415 505 L.

Typenbezeichnung:	D 415 L
Motorisierung:	HELA ALE (lk)
Leistung:	15 PS bei 1980 U/min
Technische Daten:	1082 cm³; Bohrung 105; Hub 125 mm
Auslieferungszeitraum:	05/59 – 12/63
Gesamtstückzahl:	223
Exportanteil:	17
Exportländer:	(A), (B)
Fahrgestellnummern:	415 025 L – 415 945 L
Getriebeausführung:	HELA-Kriechganggetriebe D 415 (6/2)
Getriebeabweichungen:	-
Farbgebung:	Grün (175), Rot (48)
Ehem. Grundpreis:	5.960 DM (Stand 01/60)
Prospektblatt Typ D 415 Seite 208	

T 318 Tragschlepper

Genau wie bei den zahlreichen Mitbewerbern wurde auch bei Lanz Aulendorf in den 50er- und 60er-Jahren an der Entwicklung von Geräteträgern gearbeitet. Somit wurde kurzerhand ein Prototyp aus der Baureihe D 117 in Verbindung mit einem Getriebe aus der D-112-Serie als Tragschlepper T 318 konzipiert. Als Verbindung zwischen Motor und Getriebe diente nun ein Maschinentragrahmen zur Aufnahme von verschiedenen Bodenbearbeitungsgeräten. Obwohl man sich intensiv mit dem Geräteträger-Konzept beschäftigt hatte, war der Firmenchef Hermann Lanz nie von dieser Variante überzeugt. Dieser Prototyp samt umfangreicher Bearbeitungsgeräte wurde im Januar 1960 an einen großen Gartenbaubetrieb ausgeliefert. Die Weiterentwicklung wurde jedoch eingestellt. Da der T 318 offiziell verkauft wurde, darf dieser Tragschlepper nicht unerwähnt bleiben. Beispielbild: Typ T 318 – Auslieferungsdatum Januar 1960 – Fahrgestellnummer T 318 001.

Typenbezeichnung:	T 318
Motorisierung:	MWM AKD 311 Z (lk)
Leistung:	18 PS bei 2000 U/min
Technische Daten:	1400 cm³; Bohrung 90; Hub 110 mm
Auslieferungszeitraum:	28.01.1960
Gesamtstückzahl:	1
Exportanteil:	-
Exportländer:	-
Fahrgestellnummern:	T 318 001
Getriebeausführung:	HELA-Kriechganggetriebe (6/1)
Getriebeabweichungen:	-
Farbgebung:	Grün (1)
Ehem. Grundpreis:	9.590 DM (Stand 01/60)
Prospektblatt alternativ Typ D 117 Seite 180	

D 38

Die Umstellung des D 36 auf den Typ D 38 erfolgte durch die Verwendung des werkseigenen Dreizylinder-HELA-Motors Typ AD mit 38 PS Leistung, welcher bei den Exportausführungen durch Drehzahlanhebung auf 40-42 PS erhöht wurde. Mit dieser Änderung wurde auch das HELA-Getriebe modifiziert und hatte ebenfalls zu den sechs Vorwärts- einen Rückwärtsgang, war jedoch insgesamt robuster ausgelegt. Die Haubenumstellung mit der Zwischenlösung war mittlerweile gänzlich abgeschlossen, und somit trägt der D 38 die Haubenfront mit der Zierleisteneinfassung, wobei die Scheinwerfer noch nicht an die Haube angeschraubt wurden. Zu Beginn der Weiterentwicklung des D 36 zum D 38 wurden drei Traktoren noch mit dem MWM-KD-12 D-Motor des D 36 gefertigt. Diese wurden aber trotz angehobener Leistung noch zur D-36-Baureihe gezählt. Beispielbild: Typ D 38 – Auslieferungsdatum Mai 1960 – Fahrgestellnummer 38 291.

Typenbezeichnung:	D 38
Motorisierung:	HELA AD (wk)
Leistung:	38 PS bei 1650 U/min
Technische Daten:	3246 cm³; Bohrung 105; Hub 125 mm
Auslieferungszeitraum:	01/60 – 03/63
Gesamtstückzahl:	352
Exportanteil:	15
Exportländer:	(CH), (B), (L), (FL)
Fahrgestellnummern:	38 282 – 38 795
Getriebeausführung:	HELA-Kriechganggetriebe D 38 (6/1)
Getriebeabweichungen:	ZF A – 216
Farbgebung:	Grün (296), Rot (56)
Ehem. Grundpreis:	11.240 DM (Stand 02/59)
Prospektblatt Typ D 38 Seite 210	

D 130

Die Palette der 30 PS starken Traktoren im Lieferprogramm war recht vielfältig, was mit dem Typ D 130 ebenfalls dokumentiert werden kann. Als Motor diente wiederum der bewährte Zweizylinder-HELA-Motor Typ AZ mit 30 PS. Die Exportausführung bekam eine Leistungssteigerung auf 32 PS, wobei im Ausland zusätzlich noch eine größere Bereifung aufgezogen wurde. Für eine optimale Frontladereignung wurde jedoch statt dem HELA-Kriechganggetriebe ein ZF-Gruppenschaltgetriebe mit acht Vorwärts- und vier Rückwärtsgängen verwendet. Dieses Getriebe bot drei Fahrgruppen, unterteilt in die Geländegruppe, Straßengruppe und eine Rückfahrgruppe mit jeweils vier Gängen. Das ermöglichte bei kurzen Schaltwegen eine Vorwärts- oder Rückwärtsfahrt mit relativ hohen Geschwindigkeiten. Dies war also ein recht vielseitiger Traktor, mit und ohne angebautem Frontlader. Beispielbild: Typ D 130 – Auslieferungsdatum Januar 1961 – Fahrgestellnummer 130 036.

Typenbezeichnung:	**D 130**
Motorisierung:	HELA AZ
Leistung:	30 PS bei 2000 U/min
Technische Daten:	2164 cm³; Bohrung 105 mm; Hub 125 mm
Auslieferungszeitraum:	06/60 – 07/61
Gesamtstückzahl:	78
Exportanteil:	7
Exportländer:	(L)
Fahrgestellnummern:	130 001 – 130 078
Getriebeausführung:	ZF A-208 Gruppenschaltgetriebe (8/4)
Getriebeabweichungen:	D 130
Farbgebung:	Grün (64); Rot (14)
Ehem. Grundpreis:	10.400 DM (Stand 01/60)
Prospektblatt Typ D 130 Seite 212	

D 124

Eine weitere Ausbaustufe der D-24-Baureihe, wurde mit dem Typ D 124 angeboten. In der HELA-Motorenentwicklung wurden die Zweizylinder-Motoren Typ AZ ebenfalls immer weiterentwickelt, weshalb die letzte D-24-Serie und dieser D 124 eine Motorenleistung von 25 PS hatten. Der Unterschied lag jedoch bei der Getriebeverwendung. Von ZF-Passau wurde ein Gruppenschaltgetriebe mit drei Gruppen angeboten, welches acht Vorwärts- und vier Rückwärtsgänge bot. Diese drei Gruppen teilten sich in eine Sraßenfahr-, Geländefahr- und Rückfahrgruppe mit jeweils vier Gängen ein. Für den D 124 wurden in der relativ kurzen Fertigungszeit und wegen der geringen Gesamtstückzahl keine Prospektunterlagen mehr angefertigt, aber für weitere technische Einzelheiten können die Unterlagen des Typ D 130 mit dem gleichen Getriebe und Motor eingesehen werden. Beispielbild: Typ D 124 – Auslieferungsdatum April 1961 – Fahrgestellnummer 124 017.

Typenbezeichnung:	D 124
Motorisierung:	HELA AZ
Leistung:	25 PS bei 1660 U/min
Technische Daten:	2164 cm³; Bohrung 105 mm; Hub 125 mm
Auslieferungszeitraum:	07/60 – 06/61
Gesamtstückzahl:	22
Exportanteil:	-
Exportländer:	-
Fahrgestellnummern:	124 001 – 124 022
Getriebeausführung:	ZF-Gruppenschaltgetriebe Typ A-208 (8/4)
Getriebeabweichungen:	-
Farbgebung:	Grün (15), Rot (7)
Ehem. Grundpreis:	8.520 DM (Stand 01/60)
Prospektblatt alternativ Typ D 130 Seite 212	

D 45 / D 145 / D 245

Bereits ab Ende 1961 wurde ein leistungsstarker Schlepper Typ D 45 als Vollerntemaschine bei schwerer Zugleistung und Bodenbearbeitung angeboten, wobei schon 1958 mit einem Prototyp auf Basis der Baureihe D 38 getestet wurde. Interessant sind jedoch auch die Sonderformen – zwei Exemplare Typ D 145 mit einem ZF-A-216-Getriebe sowie ein Typ D 245 von 1963 mit einem 9/4-HELA-Gruppenschaltgetriebe. Die Typenausführungen D 145 und D 245 wurden bei den Fahrgestellnummern des D 45 weitergeführt, lediglich mit der Zahlenkombination 145 oder 245 als Hinweis für das Kraftfahrtbundesamt. Die Schnellgangausführungen des D 45 sind diese drei „Sonderlinge“ mit den Gruppenschaltgetrieben von ZF oder HELA. Trotz umfangreicher Recherchen während der Auswertung sämtlicher Lieferlisten konnte keiner dieser drei Exoten ausfindig gemacht und fotografiert werden. Beispielbild: Typ D 45 – Auslieferungsdatum 1967 – Original Werksaufnahme (bereits mit neuer Haube).

Typenbezeichnung:	D 45	D 145	D 245
Motorisierung:	HELA AD (wk)		
Leistung:	45 PS bei 2000 U/min		
Technische Daten:	3246 cm³; Bohrung 105; Hub 125 mm		
Auslieferungszeitraum:	08/60 – 04/67	09/63 – 10/63	11/63
Gesamtstückzahl:	116	2	1
Exportanteil:	78	-	-
Exportländer:	(F), (NL), (L), (CH), (B), (A)		
Fahrgestellnummern:	45 001 – 45 120	145 029 – 145 030	245 038
Getriebeausführung:	HELA-Kriechganggetriebe (6/2)	ZF-Gruppenschaltgetriebe (8/4)	HELA-Gruppenschaltgetriebe (9/4)
Getriebeabweichungen:	ZF A – 216	-	-
Farbgebung:	Grün (53), Rot (66)		
Ehem. Grundpreis:	15.160 DM (Stand 01/62)		
Prospektblatt Typ D 45 Seite 214			

D 225

Die Gestaltung einer moderneren Schlepperbaureihe mit der überarbeiteten Haubenform fand natürlich auch beim Typ D 225 Verwendung. Der D 225 wurde als unmittelbarer Nachfolger des erfolgreichen D 24, welcher von 1953-1961 gefertigt wurde, in das ausgewogene Traktorenprogramm aufgenommen. Nachdem der Zweizylinder-HELA-Motor ebenfalls modifiziert wurde, leistete der D 225 im Gegensatz zu seinem Vorgänger (24 PS) mittlerweile 25 PS, was zu der Typenbezeichnung D 24 geführt hat. Der Typ D 225 erhielt gegen Ende der 60er Jahre noch die letzte Ausbaustufe der Haubengestaltung. Bei der Exportausführung des D 225 wurde die Motorenleistung bis auf 30-34 PS gesteigert, wobei eine große Bereifung zusätzlich zu einer höheren Endgeschwindigkeit geführt hat. 1964 wurde sogar eine Schmalspurausführung nach Frankreich exportiert. Beispielbild: Typ D 225 – Auslieferungsdatum September 1961 – Fahrgestellnummer 225 099.

Typenbezeichnung:	D 225
Motorisierung:	HELA AZ
Leistung:	25 PS bei 1660 U/min
Technische Daten:	2164 cm³; Bohrung 105 mm; Hub 125 mm
Auslieferungszeitraum:	05/61 – 04/69
Gesamtstückzahl:	963 davon 1x D 225 S
Exportanteil:	80
Exportländer:	(B), (A), (NL), (L), (F), (CH)
Fahrgestellnummern:	225 001 – 225 962 (+ 225 001 S)
Getriebeausführung:	HELA-Kriechganggetriebe (6/2)
Getriebeabweichungen:	D 218
Farbgebung:	Grün (776); Rot (187)
Ehem. Grundpreis:	9.320 DM (Stand 01/61)
Prospektblatt Typ D 225 Seite 216	

D 230

Ohne großen Konstruktionsaufwand wurde eine Variante des D 225 von 1961-1969 angeboten – ein Schlepper mit 30 PS Leistung, der Typ D 230. Hier wurde lediglich das Getriebe an die geänderte Motordrehzahl des 30-PS-HELA-Motors Typ AZ angeglichen. Ein weiteres optisches Merkmal waren die größeren Vorderräder der Dimension 6.00 – 16, die hier verwendet wurden. Eine luftgekühlte Version wurde wie schon beim D 225 nicht mehr angeboten. Wie beim „kleineren Bruder“ D 225 erfolgte auch beim D 230 Ende der 60er Jahre die letzte Überarbeitung der Gesamterscheinung, deshalb gab es diese Schlepper in zwei Haubenausführungen. Auf der vorherigen Seite ist der D 225 mit der alten Haubengestaltung abgebildet. Der hier abgebildete D 230 hat bereits die moderne geteilte Frontmaske erhalten. Weitere Details finden sich im Prospektteil dieses Typenbuches. Beispielbild: Typ D 230 – Auslieferungsdatum Februar 1967 – Fahrgestellnummer 230 653.

Typenbezeichnung:	D 230
Motorisierung:	HELA AZ
Leistung:	30 PS bei 2000 U/min
Technische Daten:	2164 cm³; Bohrung 105 mm; Hub 125 mm
Auslieferungszeitraum:	05/61 – 10/69
Gesamtstückzahl:	739
Exportanteil:	210
Exportländer:	(B), (A), (NL), (L), (F), (CH), (FL)
Fahrgestellnummern:	230 001 – 230 740
Getriebeausführung:	HELA-Kriechganggetriebe (6/2)
Getriebeabweichungen:	D 225
Farbgebung:	Grün (465); Rot (274)
Ehem. Grundpreis:	10.600 DM (Stand 01/61)
Prospektblatt Typ D 230 Seite 218	

D 218 (KD)

Unmittelbar nach der Fertigungseinstellung des D 117 wurde ab Juni 1961 ein moderner Schlepper vorgestellt, der Typ D 218. Dieser umfassend modern gestaltete Schlepper leistete ebenfalls 18 PS wie sein erfolgreicher Vorgänger. Die Motorisierungen von MWM wurden beibehalten, aber sonst war die Modernisierung nicht zu verkennen. Mittlerweile hatte sich eine ansprechende Haubengestaltung etabliert, welche zusätzliche erhabene Firmenschriftzüge und ein ebenfalls neu gestaltetes Firmenemblem in Wappenform ohne Lanzenspitzen erhielt. Diese Modellpflege verlieh dem D 218 im Vergleich zum D 117 ein imposanteres Erscheinungsbild. Die Schleppertypen wurden nur noch so konzipiert, dass der Fahrzeugaufstieg generell seitlich zwischen Motor- und Getriebeflansch erfolgte. Um dies zu erreichen, mussten die Getriebe angepasst und verlängert werden. Beispielbild: Typ D 218 – Auslieferungsdatum Februar 1962 – Fahrgestellnummer 218 129.

Typenbezeichnung:	D 218
Motorisierung:	MWM KD 211 Z (wk)
Leistung:	18 PS bei 1980 U/min
Technische Daten:	1250 cm³; Bohrung 85; Hub 110 mm
Auslieferungszeitraum:	06/61 – 06/63
Gesamtstückzahl:	116
Exportanteil:	16
Exportländer:	(B)
Fahrgestellnummern:	218 003 – 218 240
Getriebeausführung:	HELA-Kriechganggetriebe D 218 (6/2)
Getriebeabweichungen:	-
Farbgebung:	Grün (89), Rot (27)
Ehem. Grundpreis:	8.720 DM (Stand 10/61)
Prospektblatt Typ D 218 Seite 222	

D 218 (AKD)

In nahezu gleicher Stückzahl wurde der Typ D 218 mit der luftgekühlten Motorisierung ausgeliefert. Bei identischer Optik und gleich bleibender Technik sowie dem HELA-Kriechganggetriebe mit sechs Vorwärts- und zwei Rückwärtsgängen wurde der D 218 L mit gleicher Leistung und zum gleichen Preis angeboten. Der seitliche Aufstieg zum Führerstand war großzügig angelegt und eine neue Gummifederung der beiden Vorderräder – Prinzip Gummihohlfeder – boten bei dieser modernisierten Schlepperbaureihe einen höheren Fahrkomfort. Das umfangreiche Zubehörangebot wurde ebenfalls erweitert und konnte gegen Aufpreis direkt ab Werk mitbestellt werden. Eine Lackierung der Frontmaske in rot mit gelber Linierung wie bei den Vorgängermodellen aus den 50er Jahren wurde nicht mehr beibehalten, die neu gestaltete Haube blieb komplett in der bestellten Auslieferungsfarbe lackiert. Beispielbild: Typ D 218 L – Auslieferungsdatum Oktober 1961 – Fahrgestellnummer 218 077 L.

Typenbezeichnung:	D 218 L
Motorisierung:	MWM AKD 311 Z (lk)
Leistung:	18 PS bei 1980 U/min
Technische Daten:	1400 cm³; Bohrung 90; Hub 110 mm
Auslieferungszeitraum:	06/61 – 03/63
Gesamtstückzahl:	124
Exportanteil:	7
Exportländer:	(NL), (CH), (B)
Fahrgestellnummern:	218 001 L – 218 229 L
Getriebeausführung:	HELA-Kriechganggetriebe D 218 (6/2)
Getriebeabweichungen:	-
Farbgebung:	Grün (100), Rot (24)
Ehem. Grundpreis:	8.720 DM (Stand 10/61)
Prospektblatt Typ D 218 Seite 222	

D 138 / D 238

Nicht leicht fällt die Unterscheidung der Typen D 38 und D 138, da sie optisch und in der Motorisierung nahezu identisch sind. Im Gegensatz zum D 38 mit sechs Vorwärts- und einem Rückwärtsgang erhielt der D 138 einen zusätzlichen zweiten Rückwärtsgang. Der allgemeine Trend zu Mehrganggetrieben, allerdings noch ohne Gruppenschaltung, bot erfahrungsgemäß einige Vorteile für den Praktiker. Das Leistungssegment der 38 PS starken Traktoren sollte jedoch alsbald mit einem Gruppenschaltgetriebe ausgestattet werden. So wurde dann bereits 1963 der D 238 konzipiert, welcher nun ein Gruppenschaltgetriebe mit neun Vorwärts- und vier Rückwärtsgängen erhalten hatte. Von diesem D 238 wurden keine Prospekte gedruckt, es wurden die vom D 138 verwendet. Die Baureihe D 138 gab es ab 1966 auch mit der modernen Haubenfront. Beispielbild: Typ D 138 – Auslieferungsdatum Juli 1963 – Fahrgestellnummer 138 082.

Typenbezeichnung:	D 138	D 238
Motorisierung:	HELA AD	HELA AD
Leistung:	38 PS bei 1660 U/min	38 PS bei 1660 U/min
Technische Daten:	3246 cm³; Bohrung 105 mm; Hub 125 mm	
Auslieferungszeitraum:	11/62 – 06/67	08/63 – 01/64
Gesamtstückzahl:	275	5
Exportanteil:	3	-
Exportländer:	(B), (A), (CH)	-
Fahrgestellnummern:	138 001 – 138 280	zw. 238 104 u. 238 152
Getriebeausführung:	Kriechganggetriebe (6/2)	Gruppenschaltgetriebe (9/4)
Getriebeabweichungen:	Gruppenschaltgetriebe (9/4)	keine
Farbgebung:	Grün (231); Rot (27)	Grün (3); Rot (2)
Ehem. Grundpreis:	13.160 DM (Stand 01/63)	
Prospektblatt Typ D 138 Seite 224		

D 420

Mit der Fertigungseinstellung des D 218 konnte im Bereich der Leistungsklasse um 20 PS ein weiterer Schlepper mit der Typenbezeichnung D 420 angeboten werden. Im Gegensatz zum Vorgänger D 218 wurde der D 420 allerdings nur mit der wassergekühlten Motorisierung gefertigt, was ihn dennoch sehr beliebt bei den Kunden machte. Das HELA-Getriebe mit sechs Vorwärts- und zwei Rückwärtsgängen wurde jedoch beibehalten. Der Fertigungszeitraum des D 420 dauerte ganze 10 Jahre, in welchen sich auch die Gesamtoptik nach und nach veränderte. Deshalb wurde auch hier wieder eine Haubenumstellung vollzogen. Im Laufe des Jahres 1966 kam eine absolut modern gestaltete Motorhaube auf den Markt, die das bisherige Erscheinungsbild verändern sollte. In den ersten drei Fertigungsjahren glich der D 420 dem Vorgänger D 218, bis die abgebildete Form eingeführt wurde. Beispielbild: Typ D 420 – Auslieferungsdatum September 1972 – Fahrgestellnummer 420 941.

Typenbezeichnung:	D 420		
Motorisierung:	MWM KD 110,5 Z (wk)	MWM 1105 Z (wk)	MWM D 208 – 2 (wk)
Leistung:	20 PS bei 2500 U/min		
Technische Daten:	1336 cm³; Bohrung 90; Hub 105 mm	1448 cm³; Bohrung 95; Hub 105 mm	
Auslieferungszeitraum:	04/63 – 12/63	01/64 – 09/66	09/66 – 07/73
Gesamtstückzahl:	100	618	238
Exportanteil:	598		
Exportländer:	(NL), (B), (F), (CH), (FL), (A), (L)		
Fahrgestellnummern:	420 001 – 420 956		
Getriebeausführung:	HELA-Kriechganggetriebe D 420 (6/2)		
Getriebeabweichungen:	-		
Farbgebung:	Grün (315), Rot (641)		
Ehem. Grundpreis:	8.320 DM (Stand 01/63)		
Prospektblatt Typ D 420 Seite 226			

D 434

Auf Wunsch zahlreicher Kunden nach einer Dreizylinder – Maschine, in der Leistungsklasse zwischen 30 und 38 PS, wurde Ende 1963 der Typ D 434 entwickelt und in das Schlepperprogramm aufgenommen. Die Leistungsstarke Kombination aus wassergekühltem MWM Motor, sowie das Praxisbewährte HELA Getriebe mit sechs Vorwärts- und zwei Rückwärtsgängen waren optimal für den landwirtschaftlichen Mittelbetrieb. Die ersten Auslieferungen des HELA D 434 konnten im Februar / März 1964 ab Werk erfolgen. Durch die moderne Umgestaltung der Motorhaube gibt es den D 434 sowohl mit der alten Haubenform, als auch mit der modernen Optik. Die Abbildung zeigt den D 434 in der Originalausführung zu Beginn der Fertigung dieser Modellbaureihe, wohingegen die Exportausführung D 438 auf der Folgeseite in der modernen Ausführung abgebildet ist. Beispielbild: Typ D 434 – Auslieferungsdatum August 1964 – Fahrgestellnummer 434 088.

Typenbezeichnung:	**D 434**	
Motorisierung:	MWM 1105 D (wk)	MWM D 208 – 3 (wk)
Leistung:	34 PS bei 2100 U/min	
Technische Daten:	2232 cm³; Bohrung 95; Hub 105 mm	
Auslieferungszeitraum:	02/64 – 09/66	12/66 – 08/70
Gesamtstückzahl:	467	124
Exportanteil:	1	
Exportländer:	(A)	
Fahrgestellnummern:	434 001 – 434 592	
Getriebeausführung:	HELA – Kriechganggetriebe D 434 (6/2)	
Getriebeabweichungen:	-	
Farbgebung:	Grün (454), Rot (137)	
Ehem. Grundpreis:	12.580 DM (Stand 01/64)	
Prospektblatt Typ D 434 Seite 234		

D 438 Export

Bau- und zeitgleich mit dem D 434 erweiterte der Typ D 438 das HELA-Traktorenprogramm. Dieser Schlepper gelangte ausschließlich in die Exportländer der Firma Lanz und in die Benelux-Staaten. Im Herstellungsjahr erfolgte ein Vertriebsabkommen mit der Firma Bautz aus Saulgau, die den eigenen Traktorenbau eingestellt hatte und daher HELA-Schlepper als Bautz-HELA in ihrem bisher bestehenden Händlernetz im Ausland verkaufte. Diese Exportschlepper bekamen hauptsächlich die rote Lackierung, verstellbare Vorderachsen und wurden auf 38-40 PS Leistung gesteigert. Die Haubenneugestaltung erfolgte natürlich auch beim D 438. Interessant ist die Geschichte des abgebildeten D 438: Er ging im August 1968 in roter Lackierung nach Belgien, wurde von dort wieder nach Deutschland in den Raum Aachen reimportiert und grün umlackiert, daher auch die gesonderte Beschreibung. Beispielbild: Typ D 438 – Auslieferungsdatum August 1968 – Fahrgestellnummer 438 267.

Typenbezeichnung:	D 438 Export	
Motorisierung:	MWM 1105 D (wk)	MWM D 208 – 3 (wk)
Leistung:	38/40 PS bei 2300 U/min	
Technische Daten:	2232 cm³; Bohrung 95; Hub 105 mm	
Auslieferungszeitraum:	12/63 – 08/66	09/66 – 11/69
Gesamtstückzahl:	180	118
Exportanteil:	alle	
Exportländer:	(F), (NL), (CH), (B), (A), (L)	
Fahrgestellnummern:	438 001 – 438 298	
Getriebeausführung:	HELA-Kriechganggetriebe D 438 (6/2)	
Getriebeabweichungen:	keine	
Farbgebung:	Grün (44), Rot (254)	
Ehem. Grundpreis:	12.580 DM (Stand 01/64)	
Prospektblatt Typ D 434 Seite 234		

D 240 / D 248

Zwischen den Typen D 38 und D 45 wurden die Typen D 240/D 248 eingereiht. Diese HELA-Schlepper wurden mit dem HELA-Motor und einem ZF-Getriebe Typ A 216 kombiniert. Im Grunde genommen war es eine Zwischenlösung mit nur sechs und vier gefertigten Traktoren, um Zeit für die Entwicklung eines eigenen Gruppenschaltgetriebes zu gewinnen. Diese Kombination aus kräftigem Motor und einem vorteilhaften Gruppenschaltgetriebe wurde danach bei den Typen D 540 und D 548 komplett mit eigener Technik realisiert. Dennoch erweiterten die Typen D 240/D 248 das HELA-Traktorenprogramm. Eigene Prospekte wurden jedoch nicht gedruckt. Dieser abgebildete D 248 ist noch mit einem Frontlader ausgeliefert worden. Damit die Ladeschwingen genügend Freiraum hatten, mussten die Frontscheinwerfer tiefer angebracht werden. Beispielbild: Typ D 248 – Auslieferungsdatum Dezember 1964 – Fahrgestellnummer 248 003.

Typenbezeichnung:	D 240	D 248
Motorisierung:	HELA AD (wk)	
Leistung:	40 PS bei 1750 U/min	45 PS bei 2000 U/min
Technische Daten:	3246 cm³; Bohrung 105; Hub 125 mm	
Auslieferungszeitraum:	04/64 – 02/65	06/64 – 12/64
Gesamtstückzahl:	6	4
Exportanteil:	-	
Exportländer:	-	
Fahrgestellnummern:	240 001 – 240 006	248 001 – 248 004
Getriebeausführung:	ZF-Gruppenschaltgetriebe Typ A 216 (8/4)	
Getriebeabweichungen:	-	
Farbgebung:	Grün (5), Rot (1)	Grün (2), Rot (2)
Ehem. Grundpreis:	15.400 DM (Stand 06/64)	
Prospektblatt alternativ Typ D 45 Seite 214		

D 540

„HELA-Diesel D 540 – der kraftvolle Allesschaffer“ so steht es in großen Lettern auf dem Originalprospekt aus den 60er Jahren. Nach einer Leistungssteigerung des Dreizylinder-HELA-Motors von 38 PS auf 40 PS beim D 138 und der Verwendung des HELA-Gruppenschaltgetriebes mit neun Vorwärts- und vier Rückwärtsgängen, wurde diese Schlepperausführung als Typ D 540 bezeichnet und löste somit den D 138 ab. Das Getriebe bot eine Normal- und Schnellgangausführung von 20 km/h auf 27 km/h, wobei recht wenig D 540 in der Normalgangausführung bestellt und ausgeliefert wurden. Mit den Typen D 540 und D 548 endete auch die Verwendung des Dreizylinder-HELA-Motors Typ AD, zumal die Motorenfertigung dann komplett eingestellt wurde. Dennoch wurden mehr als 7000 Motoren vom Ein- bis Dreizylinder (auch als Schiffsmotor) gefertigt und ab Werk Aulendorf ausgeliefert. Beispielbild: Typ D 540 – Auslieferungsdatum Juli 1969 – Fahrgestellnummer 540 240.

Typenbezeichnung:	D 540
Motorisierung:	HELA AD (wk)
Leistung:	40 PS bei 1750 U/min
Technische Daten:	3246 cm³; Bohrung 105; Hub 125 mm
Auslieferungszeitraum:	01/65 – 02/70
Gesamtstückzahl:	264
Exportanteil:	-
Exportländer:	-
Fahrgestellnummern:	540 001 – 540 267
Getriebeausführung:	HELA-Gruppenschaltgetriebe D 540 (9/4)
Getriebeabweichungen:	-
Farbgebung:	Grün (168), Rot (96)
Ehem. Grundpreis:	15.480 DM (Stand 01/65)
Prospektblatt Typ D 540 / D 548 Seite 236	

D 548

Eine Anhebung der Motordrehzahl sowie eine größere Bereifung der Größe 11-32 war der ganze Unterschied zum „kleineren Bruder“ Typ D 540. Mit einem Schreiben vom April 1965 wurde die Händlerschaft darauf hingewiesen, dass der bisherige D 45 nun mit einem HELA-Mehrgang-Gruppenschaltgetriebe geliefert wird und die Typenbezeichnung D 548 erhält. Das Getriebe bot den wesentlichen Vorteil, dass sowohl in der Gelände- als auch in der Straßengruppe jeweils ein schneller Vorwärtsgang einem Rückwärtsgang gegenüber lag. Der D 548 wurde konstruktiv so entworfen, dass er nur mit der modernen Haubengestaltung wie auf der Folgeseite D 548 Obst zu sehen geliefert wurde. Wie auf der oberen Abbildung gut zu erkennen, wurde dieser D 548 von 1965 noch mit einer Vorgängerhaube aus den Lagerkapazitäten der D-540-Serie ausgestattet. Beispielbild: Typ D 548 – Auslieferungsdatum Juli 1965 – Fahrgestellnummer 548 007.

Typenbezeichnung:	D 548
Motorisierung:	HELA AD (wk)
Leistung:	45 PS bei 2000 U/min
Technische Daten:	3246 cm³; Bohrung 105; Hub 125 mm
Auslieferungszeitraum:	02/65 – 02/70
Gesamtstückzahl:	124
Exportanteil:	40
Exportländer:	(NL), (F), (B), (CH), (GR)
Fahrgestellnummern:	zwischen 548 001 – 548 136
Getriebeausführung:	HELA-Gruppengetriebe D 548 (9/4)
Getriebeabweichungen:	-
Farbgebung:	Grün (55), Rot (81)
Ehem. Grundpreis:	16.780 DM (Stand 01/65)
Prospektblatt Typ D 540 / D 548 Seite 236	

D 548 Obst

Für Obst- und Reihenplantagen am nahe gelegenen Bodensee wurde auch vom D 548 eine Halbschmalspur- Obstbauausführung angeboten. Der Schlepper war im ganzen bei der Spurbreite etwas schmäler und die Vorderachse war wie auch bei den meisten Exportschleppern zusätzlich verstellbar. Als Überschlagschutz diente ein Obstbau- oder Klappbügel, um das Baumgeäst nicht zu beschädigen. Zusätzlich war es möglich, die Frontscheinwerfer in die Haube zu integrieren sowie die vorderen Kotflügel zu demontieren und die Hinterradkotflügel tief nach unten zum Fahreraufstieg zu verlängern, damit für die Reifen keine Angriffsfläche an Obstbäumen oder Weinreben mehr vorhanden war. Beispiele hierzu sind unter D 538 S oder D 538 Obstbauausführung zu sehen. In der Spezialausführung wurde eine kompakte Frontladerkombination am Beispiel D 260 A Obst verwendet. Beispielbild: Typ D 548 Obst – Auslieferungsdatum Dezember 1969 – Fahrgestellnummer 548 134.

Typenbezeichnung:	**D 548 Obst oder Obst Spezial**	
Motorisierung:	HELA AD (wk)	
Leistung:	45 PS bei 2000 U/min	
Technische Daten:	3246 cm³; Bohrung 105; Hub 125 mm	
Auslieferungszeitraum:	08/66 – 12/69	
Gesamtstückzahl:	548 Obst (7)	548 Obst – Spezial (5)
Exportanteil:	-	
Exportländer:	-	
Fahrgestellnummern:	zwischen 548 001 – 548 136 (Endung S für Spezial)	
Getriebeausführung:	HELA-Gruppenschaltgetriebe D 548 (9/4)	
Getriebeabweichungen:	-	
Farbgebung:	unter D 548	
Ehem. Grundpreis:	16.780 DM (Stand 01/65)	
Prospektblatt Typ D 548 S Seite 240		

D 534

In der gleichen Motorleistungsklasse wie der D 434 ergänzte der hier beschriebene D 534 das Traktorenprogramm der Firma. Die Grundmotorisierung von MWM wurde beibehalten, nur bei der Wahl des Getriebes setzte man auf ein Gruppenschaltgetriebe mit zehn Vorwärts- und zwei Rückwärtsgängen, vereinzelt auch mit vier Rückwärtsgängen, aus der Zahnradfabrik in Passau. Dabei war natürlich wieder eine Normal- oder Schnellgangausführung möglich, verfolgt man jedoch die Auslieferungslisten, wurden über 80% der Gesamtstückzahl mit der höheren Endgeschwindigkeit bestellt. Wie schon bei mehreren Schleppertypen wurde auch beim D 534 im Laufe des Jahres 1966 die Designumstellung in Form der modernen Haubengestaltung vollzogen, und ab Juni 1970 gab es eine Leistungsanhebung auf nunmehr 40 PS, übernommen aus der Exportserie D 538. Beispielbild: Typ D 534 – Auslieferungsdatum Oktober 1968 – Fahrgestellnummer 534 331.

Typenbezeichnung:	D 534	
Motorisierung:	MWM KD 1105 D (wk)	MWM D 208-3 (wk)
Leistung:	34 PS bei 2100 U/min	35/40 PS bei 2100/2300 U/min
Technische Daten:	2232 cm³; Bohrung 95; Hub 105 mm	
Auslieferungszeitraum:	04/65–09/66	08/66-10/73
Gesamtstückzahl:	43	401
Exportanteil:	-	2
Exportländer:	-	(B)
Fahrgestellnummern:	534 001 – 534 047	534 048 – 612
Getriebeausführung:	Hela-Gruppenschaltgetriebe (10/2)	
Getriebeabweichungen:	ZF-Gruppenschaltgetriebe (8/4)	
Farbgebung:	Grün (240), Grün/Grau (3), Rot (199), Rot/Grau (2)	
Ehem. Grundpreis:	13.120 DM (Stand 01/69)	14.410 DM (Stand 01/70)
Prospektblatt Typ D 534 Seite 242		

D 538 Export

Der D 538 ist absolut identisch mit dem D 534, schließlich handelt es sich dabei lediglich um die Exportausführung dieser Baureihe mit einer Motorleistung von vereinzelt 38 PS, regulär jedoch mit 40 PS. Für verschiedene Länder gab es vorab festgelegte Kriterien der Händler in Bezug auf Ausführung und Zubehör. So war es für Frankreich-Exporte klar, dass die verstellbare Rohrvorderachse montiert sein musste. Griechenlandausführungen benötigten dagegen Belastungsgewichte für den Front- und Heckanbau.

Diese Schlepper wurden per Bahntransport verschickt und waren nur mit Felgen ohne Bereifung ausgerüstet. In den Exportländern war eine überdimensionierte Bereifung normal, welche dann auch oft mit Wasser befüllt wurde, was in Deutschland undenkbar gewesen wäre. Als Bild dient wiederum ein D 534, allerdings in der Obstbauausführung und mit verstellbarer Vorderachse, vergleichbar dem Typ D 538. Beispielbild: Typ D 534 Obst – Auslieferungsdatum Oktober 1971 – Fahrgestellnummer 534 587.

Typenbezeichnung:	D 538 Exportausführung
Motorisierung:	MWM D 208-3 (wk)
Leistung:	38/40 PS bei 2100/2300 U/min
Technische Daten:	2232 cm³; Bohrung 95; Hub 105 mm
Auslieferungszeitraum:	06/66 – 08/73
Gesamtstückzahl:	167
Exportanteil:	alle
Exportländer:	(F), (NL), (B), (GR), (CH)
Fahrgestellnummern:	538 033 – 538 611
Getriebeausführung:	Hela-Gruppenschaltgetriebe (10/2)
Getriebeabweichungen:	-
Farbgebung:	Grün (2), Rot (149), Rot/Grau (16)
Ehem. Grundpreis:	15.475 DM (Stand 09/66)
Prospektblatt Typ D 534 Seite 242	

D 538 Schmalspur

Speziell für den Wein-, Obst- und Hopfenanbau wurde der D 538 S angeboten, wobei die Endung S auf die Bauform Schmalspurschlepper hinweisen sollte. Für die Wein- und Reihenkulturen wurde der D 538 S so konzipiert, dass weder Beleuchtungsanlage noch Kotflügel oder der berufsgenossenschaftlich genehmigte Umsturzbügel Beschädigungen an den Pflanzen oder den Früchten anrichten konnten. So wurden die hinteren Kotflügel bis zum Aufstieg nach unten verlängert, Frontscheinwerfer und Blinker in die Haubenfront wie abgebildet integriert und als Umsturzbügel diente ein Obstbaubügel wahlweise zum Stecken oder Umklappen, welcher in Fahrzeugmitte angebracht wurde. Für die Veränderung der Spurbreite gab es zusätzlich Verstellfelgen, um die variable Spurbreite durch die verstellbare Vorderachse zu ermöglichen, sowie seitlich aufsteckbare Kotflügelverbreiterungen aus Stahlblech. Beispielbild: Typ D 538 S – Auslieferungsdatum Oktober 1967 – Fahrgestellnummer 538 009 S.

Typenbezeichnung:	D 538 S
Motorisierung:	MWM D 208-3 (wk)
Leistung:	40 PS bei 2300 U/min
Technische Daten:	2232 cm³; Bohrung 95; Hub 105 mm
Auslieferungszeitraum:	11/66 – 06/73
Gesamtstückzahl:	48
Exportanteil:	29
Exportländer:	(NL), (GR)
Fahrgestellnummern:	538 001 S – 538 051 S
Getriebeausführung:	HELA-Gruppengetriebe (10/2)
Getriebeabweichungen:	-
Farbgebung:	Grün (3), Rot (40), Rot/Grau (7), Orange (1)
Ehem. Grundpreis:	15.475 DM (Stand 09/66)
Prospektblatt Typ D 538 S Seite 246	

D 538 Obst

Aus der selben Modellreihe wie der D 538 S stammt dieser Spezialschlepper D 538 Obst, er wurde auch unter dieser Fertigungsliste weitergeführt und selbst die Seriennummern wurden unverändert beibehalten. Diese Art der Schlepperausführung ist wiederum ein Zeugnis dafür, dass bei HELA alle Anregungen und Wünsche der Kunden umgesetzt wurden. Beim Hopfenanbau im nahe gelegenen Tettnang war der D 538 S als Schmalspurschlepper für die hochwachsenden Hopfendolden und die spezielle Ernteweise nicht gut geeignet, und so wurde kurzerhand eine Halbschmalspurvariante ähnlich dem D 548 Obst auf Basis der Exportschlepper D 538 konzipiert. Die Gesamtstückzahl war allerdings mit drei ausgelieferten Exemplaren relativ gering, da er speziell für diese Form der Bewirtschaftung hergestellt wurde. Dennoch ein ausgereiftes Produkt in diesem Nischensegment. Beispielbild: Typ D 538 Obst – Auslieferungsdatum März 1972 – Fahrgestellnummer 538 049 S.

Typenbezeichnung:	D 538 Obst
Motorisierung:	MWM D 208-3 (wk)
Leistung:	40 PS bei 2300 U/min
Technische Daten:	2232 cm³; Bohrung 95; Hub 105 mm
Auslieferungszeitraum:	10/67–03/73
Gesamtstückzahl:	3
Exportanteil:	-
Exportländer:	-
Fahrgestellnummern:	zwischen 538 001 S und 538 051 S
Getriebeausführung:	HELA-Gruppenschaltgetriebe (10/2)
Getriebeabweichungen:	-
Farbgebung:	Grün (3)
Ehem. Grundpreis:	15.475 DM (Stand 09/66)
Prospektblatt Typ D 538 S Seite 246	

D 254

Nachdem bis zum Jahre 1966 der D 45 mit 45 PS als leistungsstärkster Schlepper im Angebot war, erfolgte der Einstieg in die Oberklasse über 50 PS durch den D 254 mit einer Leistung von 54 PS. Der D 254 erhielt ein Gruppenschaltgetriebe aus dem Hause ZF mit zwei Schalthebeln bei acht Vorwärts- und vier Rückwärtsgängen. Durch die moderne Haubengestaltung und kräftige, neu konzipierte Kotflügelproportionen, konnte sich der D 254 im Oberklassesegment problemlos etablieren. Zu der umfangreichen serienmäßigen Grundausrüstung gab es zahlreiches Zubehör und hilfreiche Zusatzgeräte. Auf Wunsch konnte auch das weiterentwickelte HELA-Untersetzungsgetriebe mit sechzehn Vorwärts- und acht Rückwärtsgängen montiert werden. Gegen Ende des Jahres 1966 wurde zusätzlich der D-225-4-Motor mit 60 PS angeboten. Beispielbild: Typ D 254 – Auslieferungsdatum Februar 1971 – Fahrgestellnummer 254 099.

Typenbezeichnung:	D 254	
Motorisierung:	MWM D 208-4	MWM D 225-4
Leistung:	54 PS bei 2400 U/min	60 PS bei 2300 U/min
Technische Daten:	2976 cm³; Bohrung 95 mm; Hub 105 mm	3400 cm³; Bohrung 95 mm; Hub 120 mm
Auslieferungszeitraum:	05/66 – 11/71	10/69 – 08/71
Gesamtstückzahl:	89	5
Exportanteil:	23	1
Exportländer:	(B), (F), (FL)	(F)
Fahrgestellnummern:	zwischen 254 001 und 254 109	
Getriebeausführung:	ZF-Gruppenschaltgetriebe (8/4)	
Getriebeabweichungen:	HELA-Untersetzungsgetriebe (16/8)	
Farbgebung:	Grün (28); Rot (66)	
Ehem. Verkaufspreis:	19.600 DM (Stand 02/70)	20.200 DM (Stand 02/70)
Prospektblatt Typ D 254 Seite 248		

D 254 Allrad

Bereits im Jahr 1966 gelang der Einstieg in die Gruppe der allradangetriebenen Traktoren mit dem 54 PS starken D 254 A, wobei der Zusatz A auf den Allradschlepper hinweisen sollte. „Eine äußerst stabile und formschöne Maschine, die auch bei schwierigsten Verhältnissen durch dick und dünn geht" – so wurde der Traktor allen Fachhändlern vorgestellt. Unterschiedliche Bereifungen sowie eine mechanische oder hydraulische Lenkung waren sowohl in der Allradausführung als auch für die Hinterradmaschine möglich. Ein Fritzmeier-Verdeck, Seilwinde, Frontlader, Mähwerk usw. konnten wie gewohnt ebenfalls montiert werden. Die D 254 A mit Adler-Seilwinde wurden hauptsächlich für den Forsteinsatz modifiziert und mit verschiedenen Komponenten verstärkt. Vereinzelt wurde der D 254 und D 254 A mit 60 PS angeboten, was später im eigentlichen Sinne dann zum D 260 und D 260 A geführt hat. Beispielbild: Typ D 254 A mit 60 PS – Auslieferungsdatum Januar 1971 – Fahrgestellnummer 254 100 A.

Typenbezeichnung:	D 254 A	
Motorisierung:	MWM D 208-4 (wk)	MWM D 225-4 (wk)
Leistung:	54 PS bei 2400 U/min	60 PS bei 2300 U/min
Technische Daten:	2976 cm³; Bohrung 95 mm; Hub 105 mm	3400 cm³; Bohrung 95 mm; Hub 120 mm
Auslieferungszeitraum:	05/66 – 11/71	10/69 – 08/71
Gesamtstückzahl:	12	3
Exportanteil:	-	1
Exportländer:	-	(FL)
Fahrgestellnummern:	zwischen 254 011 A und 254 100 A	
Getriebeausführung:	ZF-Gruppengetriebe (8/4)	
Getriebeabweichungen:	-	
Farbgebung:	Grün (4), Rot (11)	
Ehem. Grundpreis:	24.470 DM (Stand 09/66)	
Prospektblatt Typ D 254 A Seite 252		

D 416

Mit dem Kleinschlepper Typ D 416 wurde die Modernisierung nach der zuvor realisierten Umstellung der Motorhaubengestaltung vorangetrieben. Er löste die vorherigen Typen der kleineren PS-Klassen ab, wobei die Leistung nur gering auf 16 PS angehoben wurde. Der D 416 war für Kleinbetriebe konzipiert, konnte jedoch ohne weiteres als Zweitschlepper in Mittel- und Großbetrieben eingesetzt werden. In den Prospekten wurde er als „wendiger und rasanter Allesschaffer“ angeboten und konnte je nach Anforderungen und Kundenwunsch individuell mit verschiedener Bereifung und Zubehör ausgeliefert werden. Der Wandel zu den leistungsstarken Traktoren mit mehr PS wurde natürlich auch bei Lanz vollzogen, aber im nahen Umland waren es hauptsächlich Nebenerwerbs- oder Kleinbetriebe, welche noch mit dieser Ausführung ihre Tätigkeiten bewältigen konnten. Beispielbild: Typ D 416 – Auslieferungsdatum Mai 1967 – Fahrgestellnummer 416 038.

Typenbezeichnung:	D 416
Motorisierung:	MWM D 301-2 (lk)
Leistung:	16 PS bei 2200 U/min
Technische Daten:	1005 cm³; Bohrung 80; Hub 100 mm
Auslieferungszeitraum:	01/67 – 06/71
Gesamtstückzahl:	114
Exportanteil:	53
Exportländer:	(F), (CH)
Fahrgestellnummern:	416 001 – 416 115
Getriebeausführung:	HELA-Kriechganggetriebe (6/2)
Getriebeabweichungen:	-
Farbgebung:	Grün (32), Rot (82)
Ehem. Grundpreis:	9.500 DM (Stand 09/66)
Prospektblatt Typ D 416 Seite 254	

D 532

Vergleichbar mit der Typenangleichung vom D 225 zum D 527, wurde der D 532 als direkte Ausbaustufe des D 230 konzipiert. Hier wurde jedoch statt dem Zweizylinder-HELA-Motor Typ AZ ein Dreizylinder Motor von MWM Typ D 208 – 3 verwendet. Durch den Einsatz von moderneren Gruppenschaltgetrieben waren statt der sechs Vorwärts- und zwei Rückwärtsgänge des D 230 nun acht Vorwärts- und zwei Rückwärtsgänge beim HELA-Gruppenschaltgetriebe gegeben. Diese Getriebevariante machte wie beim Typ D 527 eine Schnellgangausführung möglich, allerdings bei gleicher Motorleistung. Der Unterschied lag zwischen 20 km/h und knapp 25 km/h. Bei den Exportschleppern mit verstellbarer Vorderachse, hauptsächlich für Frankreich und Belgien bestimmt, erfolgte eine Leistungssteigerung des Motors auf 35 PS, welche aber auch von deutschen Kunden vereinzelt verlangt wurde. Beispielbild: Typ D 532 – Auslieferungsdatum Mai 1973 – Fahrgestellnummer 532 276.

Typenbezeichnung:	D 532
Motorisierung:	MWM D 208-3 (wk)
Leistung:	30 PS bei 2100 U/min
Technische Daten:	2232 cm³; Bohrung 95; Hub 105 mm
Auslieferungszeitraum:	05/68 – 02/74
Gesamtstückzahl:	295
Exportanteil:	88
Exportländer:	(F), (NL), (B), (GR), (CH), (A)
Fahrgestellnummern:	532 001 – 532 295 (Endung N ohne Schnellgang)
Getriebeausführung:	HELA-Gruppenschaltgetriebe (8/2)
Getriebeabweichungen:	-
Farbgebung:	Grün (123), Rot (167), Rot/Grau (4), Orange/Grau (1)
Ehem. Grundpreis:	12.020 DM (Stand 01/69)
Prospektblatt Typ D 532 Seite 256	

D 527

Um die Leistungsklasse des unmittelbaren Vorgängers Typ D 225 mit HELA-Motor im Traktorenprogramm zu erhalten, wurde der D 527 entwickelt. Da der Motorenbau jedoch kurz vor der Einstellung stand, wurde auf das bewährte MWM-Motorenprogramm in Form des Typ D 208-2 zurückgegriffen. Bei dem verwendeten HELA-Gruppenschaltgetriebe war durch geringe Anpassungsmaßnahmen sogar eine Schnellgangausführung möglich, wobei die Motorleistung bei der Normalausführung auf 24 PS reduziert wurde, wohingegen die knapp 25 km/h Schnellgangvariante 27 PS leistete. Aufgrund dieser Tatsache wurde der Großteil mit der höheren Leistung gefertigt und verkauft, zumal im Endpreis keine großen Unterschiede gegeben waren, Unabhängig davon waren Zubehör oder Sonderausrüstung, welche wie üblich recht umfangreich und vielseitig angeboten wurden. Beispielbild: Typ D 527 – Auslieferungsdatum November 1971 – Fahrgestellnummer 527 074.

Typenbezeichnung:	D 527	
Motorisierung:	MWM D 208-2 (wk)	
Leistung:	24 PS bei 2200 U/min	27 PS bei 2400 U/min
Technische Daten:	1488 cm³; Bohrung 95; Hub 105 mm	
Auslieferungszeitraum:	12/68–07/71	02/68-06/73
Gesamtstückzahl:	23	69
Exportanteil:	-	46
Exportländer:	-	(B), (F), (NL)
Fahrgestellnummern:	527 001 – 527 092 (Endung N ohne Schnellgang)	
Getriebeausführung:	HELA-Gruppenschaltgetriebe (8/2)	
Getriebeabweichungen:	-	
Farbgebung:	Grün (39), Rot (53)	
Ehem. Grundpreis:	10.800 DM (Stand 01/69)	
Prospektblatt Typ D 527 Seite 258		

D 340/D 340 Allrad

Das HELA-Traktorenprogramm konnte in den Jahren zwischen 1960 und 1970 einige Schlepper in der Leistungsklasse von 30 PS bis 40 PS anbieten, allerdings noch ohne Allradantrieb, was mit dem D 340 A geändert wurde. Obwohl bei der Firma Hermann Lanz Aulendorf nahezu alle Komponenten für den Traktorenbau komplett selbst hergestellt wurden, gab es für den D 340 A kein ausreichendes Getriebe in Kombination mit der Allrad-Vorderachse. Somit kamen die Getriebe und Achsen von der ZF-Zahnradfabrik Passau. Das Gruppenschaltgetriebe bot bereits acht Vorwärts- und vier Rückwärtsgänge und ermöglichte bei unterschiedlicher Bereifung Höchstgeschwindigkeiten bis nahezu 30 km/h. Die Ausführung des D 340 als Hinterradmaschine wurde lediglich bei 2 Traktoren realisiert, zumal in dieser Leistungsklasse mehrere Typen im Angebot waren. Beispielbild: Typ D 340 A – Auslieferungsdatum November 1968 – Fahrgestellnummer 340 013 A.

Typenbezeichnung:	D 340	D 340 A
Motorisierung:	MWM D 225-3 (wk)	MWM D 208-3 (wk)
Leistung:	44 PS bei 2200 U/min	40 PS bei 2100 U/min
Technische Daten:	2550 cm³; Bohrung 95 mm; Hub 120 mm	2232 cm³; Bohrung 95 mm; Hub 105 mm
Auslieferungszeitraum:	04/69 und 12/69	11/67 – 06/70
Gesamtstückzahl:	2	25
Exportanteil:	-	1
Exportländer:	-	(F)
Fahrgestellnummern:	340 017 und 340 027	340 001 A – 340 026 A
Getriebeausführung:	ZF-Gruppenschaltgetriebe (8/4)	
Getriebeabweichungen:	-	
Farbgebung:	Grün (12), Rot (15)	
Ehem. Grundpreis:	17.000 DM (Stand 01/68)	
Prospektblatt Typ D 340 A Seite 260		

D 260

Aufgrund der Leistungsanhebung einzelner Traktoren der Typen D 254 und D 254 A durch Austausch des MWM-Motors Typ D 225-4 mit 60 PS, lag es nahe, einen D 260 in das Traktorenprogramm aufzunehmen. Allerdings endete die Fertigung des ZF-Getriebes für diese Leistungsklasse. Um dennoch die bisherigen Vorzüge der HELA-Schlepper zu gewährleisten, wurde ein Gruppenschaltgetriebe von Steyr/Österreich bezogen. Dieses Getriebe bot nun sechzehn Vorwärts- und acht Rückwärtsgänge, welche durch drei Schalthebel eingelegt werden konnten. Mit dem D 260 der zweiten Generation ab 1976 wurde das Traktorenprogramm bei HELA auf 70 PS gesteigert. Die Maschinen und Anbaugeräte in der Landwirtschaft wurden den Anforderungen entsprechend immer größer, was auch zugkräftigere Traktoren erforderlich machte. Geliefert wurde der D 260 entweder mit Fritzmeier-Verdeck oder Kabine, je nach Kundenwunsch. Beispielbild: Typ D 260 – Auslieferungsdatum Juli 1979 – Fahrgestellnummer 260 156.

Typenbezeichnung:	D 260	
Motorisierung:	MWM D 225-4 (wk)	MWM D 226-4 (wk)
Leistung:	60 PS bei 2300 U/min	70 PS bei 2400 U/min
Technische Daten:	3400 cm³; Bohrung 95 mm; Hub 120 mm	4156 cm³; Bohrung 105 mm; Hub 120 mm
Auslieferungszeitraum:	09/71 – 07/76	03/76 – 01/80
Gesamtstückzahl:	73	36
Exportanteil:	22	5
Exportländer:	(CH), (F)	(B)
Fahrgestellnummern:	260 002 – 260 114	260 115 – 260 163
Getriebeausführung:	Steyr-Gruppenschaltgetriebe (16/8) ab 260 148 synchronisiert	
Getriebeabweichungen:	-	
Farbgebung:	Grün (27), Rot (34), Grün/Grau (24), Rot/Grau (28), Orange/Grau (2)	
Ehem. Grundpreis:	23.040 DM (Stand 01/72)	31.160 DM (Stand 01/76)
Prospektblatt Typ D 260 Seite 264		

D 260 Obst

Da bei der Firma Lanz sämtliche Anregungen und Kundenwünsche umgesetzt wurden, blieb es natürlich nicht aus, eine angepasste Obstbauausführung des D 260 anzubieten. Erfahrungen hatte man in den vergangenen Jahren der Schlepperfertigung zur Genüge gesammelt, und so wurde der D 260 in sich etwas schmäler gefertigt, erhielt wie oben abgebildet die praxiserprobte verstellbare Rohrvorderachse und einen klappbaren Obstbaubügel. Selbstverständlich waren auch weitere Umbaumaßnahmen, wie integrierte Frontscheinwerfer, verlängerte Hinterradkotflügel und die Ege-Palettengabel samt Frontlader wie bei anderen Obstbau-Spezialschleppern im Angebot erhältlich. Die Gesamtstückzahl war zwar sehr gering, aber er gehörte in das Traktorenprogramm der Firma Lanz und wird deshalb hier aufgeführt. Beispielbild: Typ D 260 Obst – Auslieferungsdatum September 1971 – Fahrgestellnummer 260 002.

Typenbezeichnung:	D 260 Obst	
Motorisierung:	MWM D 225-4 (wk)	MWM D 226-4 (wk)
Leistung:	60 PS bei 2300 U/min	70 PS bei 2400 U/min
Technische Daten:	3400 cm³; Bohrung 95 mm; Hub 120 mm	4156 cm³; Bohrung 105 mm; Hub 120 mm
Auslieferungszeitraum:	09/71 – 07/76	03/76 – 01/80
Gesamtstückzahl:	5	1
Exportanteil:	-	-
Exportländer:	-	-
Fahrgestellnummern:	260 002 – 260 114	260 115 – 260 163
Getriebeausführung:	Steyr-Gruppenschaltgetriebe (16/8) ab 260 148 synchronisiert	
Getriebeabweichungen:	-	
Farbgebung:	unter D 260	
Ehem. Grundpreis:	23.040 DM (Stand 01/72)	31.160 DM (Stand 01/76)
Prospektblatt Typ D 260 Seite 262		

D 260 Allrad

Da der Typ D 254 gleichzeitig in Allradausführung angeboten wurde, gab es den D 260 natürlich auch als Allradmaschine Typ D 260 A. Die äußerliche Form war identisch zum D 260, allerdings kam zu dem Gruppenschaltgetriebe von Steyr nun auch die passende Allradachse, ebenfalls von Steyr, hinzu. Mit dem gleichen Motorwechsel wie zuvor kam das „Flaggschiff" aus dem Hause Hermann Lanz Aulendorf mit der Bezeichnung D 260 A nun mit 70 PS Leistung. Optisch war dieser Großschlepper mit seinem Vorgänger gleich. Die Kombination 70-PS-Motor mit einem starken Drehmoment bei groß dimensionierter Bereifung machten diesen Schlepper sehr zugkräftig und daher für sämtliche Arbeiten gleich geeignet. Durch den Anbau einer Seilwinde waren auch Waldarbeiten problemlos ausführbar. Bis zur Fertigungseinstellung im Jahre 1979 blieb der D 260 A der größte Schlepper aus Aulendorf. Beispielbild: Typ D 260 A – Auslieferungsdatum September 1976 – Fahrgestellnummer 260 121 A.

Typenbezeichnung:	D 260 A	
Motorisierung:	MWM D 225-4 (wk)	MWM D 226-4 (wk)
Leistung:	60 PS bei 2300 U/min	70 PS bei 2400 U/min
Technische Daten:	3400 cm³; Bohrung 95 mm; Hub 120 mm	4156 cm³; Bohrung 105 mm; Hub 120 mm
Auslieferungszeitraum:	07/71 – 03/76	07/76 – 04/79
Gesamtstückzahl:	33	13
Exportanteil:	3	-
Exportländer:	(B), (F)	-
Fahrgestellnummern:	260 001 A – 260 110 A	260 117 A – 260 158 A
Getriebeausführung:	Steyr-Gruppenschaltgetriebe (16/8) ab 260 147 A synchronisiert	
Getriebeabweichungen:	-	
Farbgebung:	Grün (16), Rot (5), Grün/Grau (10), Rot/Grau (17)	
Ehem. Grundpreis:	25.960 DM (Stand 02/70)	41.600 DM (Stand 01/76)
Prospektblatt Typ D 260 A Seite 266		

D 260 Allrad Spezial

Dieser abgebildete D 260 A in der Obstbau-Spezialausführung ist vergleichbar mit der dreifach gefertigten Sonderausführung des Forstbau-Spezialschleppers mit Seilwinde, Hydraulikschild, Rammschutz und Sicherheitsgitter der Kabine. Die Spezialausführung für den Obstbaubetrieb war wiederum so konzipiert, dass ein Obstbau Klapp- oder Steckbügel die Äste durch seine schmale Ausführung beim Durchfahren nicht abreißen konnte, sowie durch den Anbau des filigran gefertigten Obstbaufrontladers. Der oben abgebildete D 260 A Obst Spezial wurde direkt bei der Arbeit im Obstanbau fotografiert, weshalb er auch nicht geschönt dargestellt ist, schließlich wird er noch im Vollerwerb eingesetzt. Bleibt noch die Hoffnung, dass er in Zukunft auch als Youngtimer erhalten bleibt und eines Tages vielleicht komplett restauriert zu den Oldtimern zählen darf. Beispielbild: Typ D 260 A Spezial – Auslieferungsdatum Dezember 1974 – Fahrgestellnummer 260 060 A.

Typenbezeichnung:	D 260 A Obst Spezial
Motorisierung:	MWM D 225-4 (wk)
Leistung:	60 PS bei 2300 U/min
Technische Daten:	3400 cm³; Bohrung 95 mm; Hub 120 mm
Auslieferungszeitraum:	07/71 – 03/76
Gesamtstückzahl:	2
Exportanteil:	-
Exportländer:	-
Fahrgestellnummern:	260 001 A – 260 110 A
Getriebeausführung:	Steyr-Gruppenschaltgetriebe (16/8) ab 260 147 A synchronisiert
Getriebeabweichungen:	-
Farbgebung:	unter D 260 A
Ehem. Grundpreis:	25.960 DM (02/70)
Prospektblatt Typ D 260 A Seite 266	

D 542 / D 546

Bis zur Einstellung der Traktorenfertigung gehörte der Typ D 542 zu den meistverkauften Traktoren in den 70er Jahren. Trotz der Bezeichnung D 542 hatte der Schlepper eine Leistung von 45 PS und war damit für sämtliche Betriebsgrößen gleichermaßen geeignet, was zu großer Beliebtheit führte. Die Motorisierung aus dem Programm der Mannheimer-Motorenwerke bot bewährte Technik, und so verwendete man zu Produktionsbeginn den D-225-3-Motor, der aber bereits 1975 vom D 226-3 bei gleicher Leistung ersetzt wurde. Im September 1970 wurden 2 Traktoren der D 542 Serie absolut identisch als D 546 mit einer Leistungsanhebung auf 50 PS nach Frankreich exportiert und sind unten der Vollständigkeit halber in Klammern aufgeführt. Viele Schlepper des Typs D 542 werden auch heute noch in der Landwirtschaft voll eingesetzt. Beispielbild: Typ D 542 – Auslieferungsdatum Juli 1975 – Fahrgestellnummer 542 157.

Typenbezeichnung:	**D 542 / D 546**	
Motorisierung:	MWM D 225-3 (wk)	MWM D 226 – 3 (wk)
Leistung:	45 PS bei 2300 U/min	45 PS bei 2400 U/min
Technische Daten:	2550 cm³; Bohrung 95; Hub 120 mm	3117 cm³; Bohrung 105 mm; Hub 120 mm
Auslieferungszeitraum:	05/72 – 03/75 (09/70)	01/75 – 02/80
Gesamtstückzahl:	107 (2x D 546)	254
Exportanteil:	9 (2x D 546 nach F)	14
Exportländer:	(FL), (F), (NL), (CH)	(FL), (F), (NL), (A), (B)
Fahrgestellnummern:	542 001 – 542 127 (546 001 – 546 002)	542 128 – 542 395
Getriebeausführung:	HELA-Gruppenschaltgetriebe D 542 (10/2)	
Getriebeabweichungen:	-	
Farbgebung:	Grün (121), Grün/Grau (150), Rot (41), Rot/Grau (64), Orange/Grau (18), Wunsch (3)	
Ehem. Grundpreis:	20.700 DM (Stand 01/72)	
Prospektblatt Typ D 542 Seite 268		

D 542 Obst

Eine Erweiterung der Traktorenpalette aus Aulendorf wurde mit dem D 542 in der Obst- und Plantagenbauausführung realisiert. Bei unveränderter Technik zum Basismodell D 542 bot die Obstbauvariante nun optimale Bedingungen für Reihenkulturen, da die Gesamtbreite individuell von 944 mm bis 1144 mm Spurweiten variiert werden konnte. Die Erfahrungen mit den unmittelbaren Vorgängern D 538 S als Schmalspurschlepper und D 548 S in der Obstbauausführung flossen direkt in die Entwicklung des D 542 Obst mit ein, weshalb er die Nachfolge dieser Typen angetreten hatte und eine kurzzeitig vorhandene Lücke wieder geschlossen werden konnte. Praxisorientierte Versuche wurden dennoch regelmäßig beibehalten und auch bei der DLG zur Prüfung vorgestellt. Weitere Lösungen für den Plantagenbetrieb sind unter dem D 542 Obst Spezial beschrieben. Beispielbild: Typ D 542 Obst – Auslieferungsdatum Dezember 1976 – Fahrgestellnummer 542 260.

Typenbezeichnung:	D 542 Obst	
Motorisierung:	MWM D 225-3 (wk)	MWM D 226-3 (wk)
Leistung:	45 PS bei 2300 U/min	45/50 PS bei 2400 U/min
Technische Daten:	2550 cm³; Bohrung 95; Hub 120 mm	3117 cm³; Bohrung 105 mm; Hub 120 mm
Auslieferungszeitraum:	03/73 – 08/74	01/75 – 04/79
Gesamtstückzahl:	15	7
Exportanteil:	1	-
Exportländer:	(NL)	-
Fahrgestellnummern:	542 001 – 542 395	
Getriebeausführung:	HELA-Gruppenschaltgetriebe D 542 (10/2)	
Getriebeabweichungen:	-	
Farbgebung:	unter D 542	
Ehem. Grundpreis:	19.500 DM (Stand 04/74)	
Prospektblatt Typ D 542 Seite 268		

D 542 Spezial

Zu der Modellserie des D 542 gesellte sich natürlich ebenfalls eine Obstbauausführung D 542 Obst sowie eine Sonderausführung D 542 Obst Spezial, eine Kombination aus speziellem Frontlader mit Palettengabel und einer höheren Leistung von nunmehr 50 PS. Mit den Spurweiten 944 mm, 1044 mm, 1106 mm und 1144 mm durch die verstellbare Vorderachse und die Verstellfelgen auf der Hinterachse waren für jede Plantage und Reihenkultur individuelle Durchfahrbreiten möglich. Als Überschlagschutz diente wiederum ein Obstbau-Steck- oder Klappbügel. Die Frontscheinwerfer konnten auf Wunsch in die Haube integriert werden, und zusätzlich war es ab Werk möglich in Fahrtrichtung geschlossene Hinterradkotflügel zu montieren. Lediglich der Obstbaubügel sowie die Palettengabel für den Obstkistentransport der Fa. Ege (Langenargen-Oberdorf) weisen auf die Spezialausführung hin. Beispielbild: Typ D 542 Obst Spezial – Auslieferungsdatum April 1975 – Fahrgestellnummer 542 120 S.

Typenbezeichnung:	D 542 Obst Spezial	
Motorisierung:	MWM D 225-3 (wk)	MWM D 226-3 (wk)
Leistung:	45 PS bei 2300 U/min	50 PS bei 2500 U/min
Technische Daten:	2550 cm³; Bohrung 95; Hub 120 mm	3117 cm³; Bohrung 105 mm; Hub 120 mm
Auslieferungszeitraum:	08/73 – 04/75	06/75 – 12/76
Gesamtstückzahl:	4	8
Exportanteil:	-	
Exportländer:	-	
Fahrgestellnummern:	542 001 – 542 395 (Endung S für Spezial)	
Getriebeausführung:	HELA-Gruppenschaltgetriebe D 542 (10/2)	
Getriebeabweichungen:	-	
Farbgebung:	unter D 542	
Ehem. Grundpreis:	21.820 DM (Stand 01/76)	
Prospektblatt Typ D 542 Spezial Seite 270		

D 648 Allrad

Nach den ersten Erfolgen im Allradsegment mit den Typen D 254 A und D 340 A folgte ein weiterer Allradschlepper in der Leistungsklasse zwischen 40 und 54 PS, der Typ D 648 A. Hier wurde wiederum auf einen wassergekühlten Dreizylinder-Motor von MWM zurückgegriffen, zu Anfang noch mit dem MWM D 225-3, und später dem D 226-3. Da ZF die Fertigung der vorher verwendeten Getriebe und Allradkomponenten eingestellt hatte, wurde das Gruppenschaltgetriebe und die Allradachse von Steyr/Österreich aus dem Typ Steyr 540a verwendet. Dieses Getriebe bot ausreichend Robustheit und Funktionalität und passte daher optimal zur werkseigenen Technik, um weiterhin Qualität zu gewährleisten. Das Erscheinungsbild war wie beim D 340 A etwas niedriger, was den D 648 A sehr massiv erscheinen ließ. Da bereits Hinterradschlepper bis 50 PS im Programm waren, blieb es beim D 648 A nur in der Allradausführung. Beispielbild: Typ D 648 A – Auslieferungsdatum August 1975 – Fahrgestellnummer 648 011 A.

Typenbezeichnung:	D 648 A	
Motorisierung:	MWM D 225-3 (wk)	MWM D 226-3 (wk)
Leistung:	48 PS bei 2400 U/min	
Technische Daten:	2550 cm³; Bohrung 95; Hub 120 mm	3117 cm³; Bohrung 105; Hub 120 mm
Auslieferungszeitraum:	10/73 – 12/74	05/75 – 09/78
Gesamtstückzahl:	9	19
Exportanteil:	-	
Exportländer:	-	
Fahrgestellnummern:	648 001 A – 648 009 A	648 010 A – 648 028 A
Getriebeausführung:	Steyr-Gruppenschaltgetriebe (16/8)	
Getriebeabweichungen:	-	
Farbgebung:	Grün (3), Grün/Grau (16), Rot/Grau (9)	
Ehem. Grundpreis:	26.400 DM (Stand 07/73)	
Prospektblatt Typ D 648 A Seite 272		

D 634

Der Typ D 634 wurde ab 1974 als vielseitiger Traktor mit allen Vorteilen modernster Landtechnik zur Verwendung in mittleren Betrieben oder als Zweitschlepper im Großbetrieb beworben. Nachdem vergleichbare Vorgänger wie z.B. der D 534 mit einem wassergekühlten Dreizylinder-MWM-Motor Typ D 208-3 und dem Gruppenschaltgetriebe bestückt wurden, ging man beim D 634 andere Wege. Ein modifiziertes HELA-Gruppenschaltgetriebe mit acht Vorwärts- und zwei Rückwärtsgängen ermöglichte in Verbindung mit dem Zweizylinder-MWM-Motor bei einer Leistung von 34 PS bei 2080 cm^3 Hubraum eine Höchstgeschwindigkeit von nunmehr 28 km/h. Rationalisierungen im Arbeitsablauf sowie ein schneller Wechsel von Anhänger und Anbaugeräten erforderten leicht bedienbare Technik und schnellere Geschwindigkeiten für die Wege zwischen Hof und Feldern. Beispielbild: Typ D 634 – Auslieferungsdatum April 1976 – Fahrgestellnummer 634 059.

Typenbezeichnung:	D 634
Motorisierung:	MWM D 226-2 (wk)
Leistung:	34 PS bei 2400 U/min
Technische Daten:	2078 cm^3; Bohrung 105; Hub 120 mm
Auslieferungszeitraum:	05/74 – 09/78
Gesamtstückzahl:	132
Exportanteil:	2
Exportländer:	(F)
Fahrgestellnummern:	634 001 – 634 132
Getriebeausführung:	HELA-Gruppenschaltgetriebe D 634 (8/2)
Getriebeabweichungen:	-
Farbgebung:	Grün (41), Grün/Grau (45), Rot (12), Rot/Grau (34), Wunsch (2)
Ehem. Grundpreis:	16.300 DM (Stand 04/74)
Prospektblatt Typ D 634 Seite 274	

D 634 L / D 635 L

Die Typen D 634 L und D 635 L wurden ausschließlich mit der luftgekühlten Motorisierung angeboten und waren zwar nicht direkt eine Neukonstruktion, da beide auf dem D 634 aufgebaut wurden, dennoch rundeten sie eine 50jährige Traktorentradition ab. Da MWM die Produktion des Vorgängermotors D 226-2 des wassergekühlten D 634 eingestellt hatte, war dies gleichzeitig die Chance, den schwächeren Traktor mit dem Zweizylinder-Motor auf den luftgekühlten Dreizylinder Typ D 325-3 aufzustocken. Für den Verbraucher war es naheliegend den Dreizylinder-Motor mit nahezu gleicher Leistung zu bevorzugen. Das Anbaumaschinenangebot verlangte mittlerweile Mehrzylindermotoren, zumal man gegen die Deutz- und Fendt-Dreizylinder-Konkurrenz unbedingt nachlegen musste. Die ersten luftgekühlten D 635 L wurden noch als D 634 L geführt, was aus der bisherigen Leistungsangabe des D 634 resultierte. Beispielbild: Typ D 634 L – Auslieferungsdatum Dezember 1977 – Fahrgestellnummer 634 136 L.

Typenbezeichnung:	D 634 L	D 635 L
Motorisierung:	MWM D 325-3 (lk)	
Leistung:	35 PS bei 2300 U/min	
Technische Daten:	2826 cm³; Bohrung 100, Hub 120 mm	
Auslieferungszeitraum:	12/77 – 06/79	12/78 – 01/80
Gesamtstückzahl:	23	20
Exportanteil:	1	
Exportländer:	(F)	
Fahrgestellnummern:	634 133 L – 634 155 L	635 156 L – 635 175 L
Getriebeausführung:	Gruppenschaltgetriebe (8/2)	Gruppenschaltgetriebe (10/2)
Getriebeabweichungen:	-	
Farbgebung:	Grün (8), Grün/Grau (23), Rot (1), Rot/Grau (11)	
Ehem. Grundpreis:	20.660 DM (Stand 01/78)	22.780 DM (Stand 01/79)
Prospektblatt Typ D 635 L Seite 276		

D 424

Der Traktorenmarkt wurde in den Jahren nach 1970 durch die Fertigungseinstellung einiger Hersteller sowie die Anforderungen der Landwirtschaft auf leistungsstarke Traktoren umgestellt. Dennoch gab es auch kleinere Betriebe, die ihre Arbeiten noch mit „schwächeren“ Traktoren bewältigen konnten. Genau aus diesen Reihen gab es immer wieder Anfragen nach modern ausgerüsteten Traktoren unter 30 PS, was bei der Firma Lanz dazu geführt hat, dass bereits Ende 1976 ein weiterer Schlepper in diesem Segment in das Programm aufgenommen wurde. Aus der Getriebefertigung konnte direkt ein robustes und zuverlässiges Kriechganggetriebe übernommen werden, und je nach Bereifung konnte auch eine Geschwindigkeit von knapp 25 km/h erreicht werden. Dieser luftgekühlte HELA erhielt die Typenbezeichnung D 424. Beispielbild: Typ D 424 – Auslieferungsdatum November 1978 – Fahrgestellnummer 424 057.

Typenbezeichnung:	D 424
Motorisierung:	MWM D 302-2 (lk)
Leistung:	24 PS bei 2500 U/min
Technische Daten:	1490 cm³; Bohrung 95; Hub 105 mm
Auslieferungszeitraum:	06/77 – 02/80
Gesamtstückzahl:	96
Exportanteil:	3
Exportländer:	(F), (FL)
Fahrgestellnummern:	424 001 – 424 096
Getriebeausführung:	HELA-Kriechganggetriebe (6/2)
Getriebeabweichungen:	-
Farbgebung:	Grün (15), Grün/Grau (35), Rot (14), Rot/Grau (32)
Ehem. Grundpreis:	15.600 DM (Stand 01/77)
Prospektblatt Typ D 424 Seite 278	

D 255

Der D 255 ist die zuletzt entwickelte und gebaute Traktorenbaureihe aus dem Werk Hermann Lanz Aulendorf, und hatte als modernste Ausführung bereits ein synchronisiertes Getriebe. Die Getriebeausführung wurde ebenfalls von Steyr/Österreich bezogen und bot sechzehn Vorwärts- und acht Rückwärtsgänge bei drei Schalthebeln. Zeitgleich wurde auch die Allradmaschine des D 255 in geringer Stückzahl angeboten. Aufgrund bisheriger Obstbauschlepper-Varianten der älteren Baureihen D 542 und D 548, wurde der D 255 auf Kundenwunsch auch als plantagentauglich ausgeliefert, allerdings war dies tatsächlich nur bei einem Exemplar der Fall. Moderne Konzepte und gesteigerte Anforderungen führten zur bevorzugten Verwendung von Verdeckkabinen wie oben abgebildet, wobei weiterhin ein einfaches Verdeck System Fritzmeier mit Planenstoffen erhältlich war. Beispielbild: Typ D 255 – Auslieferungsdatum Oktober 1978 – Fahrgestellnummer 255 106.

Typenbezeichnung:	D 255
Motorisierung:	MWM D 226-3 (wk)
Leistung:	55 PS bei 2500 U/min
Technische Daten:	3120 cm³; Bohrung 105 mm; Hub 120 mm
Auslieferungszeitraum:	03/78 – 10/79
Gesamtstückzahl:	33
Exportanteil:	2
Exportländer:	(B), (F)
Fahrgestellnummern:	255 101 – 255 137
Getriebeausführung:	Steyr-Gruppenschaltgetriebe (16/8)
Getriebeabweichungen:	-
Farbgebung:	Grün (2), Grün/Grau (18), Rot (1), Rot/Grau (11), Orange/Grau (1)
Ehem. Grundpreis:	29.600 DM (Stand 01/78)
Prospektblatt Typ D 255 Seite 280	

D 255 Allrad

Die Allradausführung des D 255 erzielte die geringste Stückzahl der Allrad-Traktoren aus dem Hause Lanz Aulendorf, allerdings lag das weniger an der Qualität, denn viele dieser Großschlepper werden auch heute noch in der Land- und Forstwirtschaft eingesetzt, sondern an der Fertigungseinstellung der Traktorenfertigung in Aulendorf. Nachdem die Firma mittlerweile der IBH-Baumaschinen-Holding angehörte, aber dennoch Lanz Maschinenfabrik AG & Co genannt wurde, stand es im Vordergrund des Gesamtkonzernes, die Bau- und Kommunalmaschinenproduktion der Varimot, Friedhofsbagger und Zetcat Kompaktlader erfolgreich voranzutreiben, zumal das Traktorengeschäft immer schwieriger wurde. Diese letzten Großschlepper, als Hinterrad- oder Allradmaschine, wurden mit sehr hohen Rabatten verkauft, um sich gänzlich auf das Kerngeschäft konzentrieren zu können. Beispielbild: Typ D 255 A – Auslieferungsdatum November 1979 – Fahrgestellnummer 255 143 A.

Typenbezeichnung:	D 255 A
Motorisierung:	MWM D 226-3 (wk)
Leistung:	55 PS bei 2500 U/min
Technische Daten:	3120 cm³; Bohrung 105 mm; Hub 120 mm
Auslieferungszeitraum:	03/79 – 02/80
Gesamtstückzahl:	12
Exportanteil:	-
Exportländer:	-
Fahrgestellnummern:	255 113 A – 255 145 A
Getriebeausführung:	Steyr-Gruppenschaltgetriebe (16/8)
Getriebeabweichungen:	-
Farbgebung:	Grün (2), Grün/Grau (1), Rot (1), Rot/Grau (8)
Ehem. Grundpreis:	40.680 DM (Stand 01/79)
Prospektblatt Typ D 255 Seite 280	

Prospektübersicht

Weshalb einen Samson?

Die Höhe der Löhne und Lasten, die sehr **hohen Gespannkosten** und die Notwendigkeit, gesteigerte Leistungen bei geringeren Unkosten zu erzielen, zwingen die Landwirtschaft, soviel wie möglich zur Maschinenarbeit überzugehen. Insbesondere ein kleinerer billig arbeitender Schlepper, als Universalmaschine ausgebildet, ist dazu berufen, der Landwirtschaft wertvolle Dienste zu leisten, und die Rentabilität der Betriebe zu erhöhen. Die bekannten Schlepper und Zugmaschinen arbeiten immer noch so teuer, daß es den meisten Bauern unmöglich ist, solche zu unterhalten. Auch besaßen diese bisher nicht die vielseitige Verwendungsmöglichkeit wie der „Samson", welcher alle in der Landwirtschaft vorkommenden Arbeiten leistet u. 3 bis 4 Pferde, sowie einen Arbeiter entbehrlich macht. „Samson" eignet sich gleich gut zum Pflügen als auch zum Mähen, sowie als Zugmaschine und als stationäre Antriebskraft für alle denkbaren Arbeiten. Der Schlepper „Samson" ist, mit Hochelastik-Gummibereifung ausgerüstet, sowohl auf dem Acker als auch auf der Wiese wie auf der Straße gleich gut verwendbar. „Samson" hat 30 cm breite Hinterräder mit Gummistollen und bequem herausstellbaren Greifern, welche in einer Minute in Arbeitsstellung gebracht werden können und das Gleiten auch auf ungünstigem Boden sicher verhindern.

„Samson" ist die seit langem gewünschte, wirklich billig arbeitende Universal-Maschine für Mittel-, Klein- und Großbetriebe, welche allen übrigen Schleppern an Wirtschaftlichkeit und Einfachkeit weit überlegen ist.

Mehrere In- und Auslandspatente angemeldet und erteilt.

Geprüft von der Deutschen Landwirtschafts-Gesellschaft Hannover 1931.

Der 16 PS-Samson Klein-Schlepper

hat hervorragende Eigenschaften:

1. **Er pflügt** zweischarig und schält vierscharig, **zieht** den Bindemäher und Lasten von 5 Tonnen
2. **Er mäht** Gras und Getreide und leistet in 3 Stunden 5 Morgen (150 ar).
3. **Er treibt** Dreschmaschinen mit Strohpressen, Schrotmühlen, Häckselmaschinen, Holzsägen, Steinbrecher, Pumpwerke usw.
4. **Er ersetzt** 3–4 Pferde und einen Arbeiter und **schaltet das Pferderisiko aus.**
5. **Er arbeitet unerreicht billig,** leistet alle schweren Arbeiten und spart viel Zeit und Geld.

Schlepper und Motormäher

SAMSON

H. Lanz
Schlepper- und Landmaschinenfabrik
Aulendorf (Württ.)

Neuheiten und Vorzüge des Schleppers „Samson"

Die Konstruktion und Bauart des „Samson" ist so einfach und übersichtlich wie bei keinem anderen Schlepper, sodaß jeder Käufer die Funktionen leicht verstehen kann.

Hochwertiges, erprobtes **Material** und reichliche Bemessung aller Teile gewährleisten eine lange Lebensdauer.

Der Anschaffungspreis ist sehr niedrig gehalten. „Samson" ist der billigste deutsche Schlepper.

Sehr geringe Unterhaltungskosten. „Samson" kommt in Betrieb und Unterhaltung wesentlich billiger wie andere Schlepper.

„Samson" gleitet nicht. Die Gummistollen und die leicht herausstellbaren Greifer an den Hinterrädern verhindern das Gleiten auf jedem Grund und erhöhen die Zugleistung ganz bedeutend.

Weiches Fahren wird erzielt durch Hochelastik-Gummibereifung und durch die Abfederung des Vorderwagens. Kugellager und Rollenlager verringern die Kraftverluste und erhöhen die Leistung.

Zugänglichkeit zum Getriebe. Durch große, in wenigen Minuten abnehmbare Getriebedeckel und Schutzhauben ist der Zustand der Maschine jederzeit leicht zu kontrollieren, eine wertvolle Neuerung, die kein anderer Schlepper in dieser Einfachheit besitzt.

Kein Radwechsel. Das zeitraubende Auswechseln der Hinterräder kommt in Wegfall. Nur wenn sehr große Flächen geflügt werden, empfiehlt es sich, das rechte Hinterrad gegen ein Ackerrad zu vertauschen.

„Samson" als Motorpflug. „Samson" arbeitet **als Motorpflug** mit 1 Mann Bedienung zweischarig beim Tiefpflügen und vierscharig beim Schälen und leistet mit 15/16 PS beim Tiefpflügen in 2 Stunden 1 Morgen (31 $^{1}/_{2}$ ar), beim Schälen 1 Morgen in 1 Stunde.

„Samson" als Motormäher. Das Schneidwerk ist abnehmbar eingebaut. Dessen Einschaltung geschieht selbsttätig durch Herablassen des Messerbalkens. Beim Heben des Balkens schaltet sich das Messer automatisch wieder aus. Der Messerbalken kann auch beim Stillstehen der Maschine in Betrieb gesetzt werden. Die Mähleistung beträgt 45—60 ar stündlich.

Eine wertvolle Neuerung beim „Samson" besteht darin, daß der Messerbalken zurückweicht und die Maschine plötzlich stehen bleibt, wenn auf Hindernisse, Marksteine, Hügel oder Gräben angefahren wird. Jn diesem Störungsfall wird automatisch die Kupplung ausgelöst und die Getriebebremse in Tätigkeit gesezt. Dadurch werden gewaltsame Beschädigungen am Messerbalken verhütet.

Das niedere Eigengewicht von 1500 kg erlaubt ein Arbeiten auch dann noch, wenn die schweren Schlepper bereits versagen.

Die Bedienung ist sehr einfach und kann in wenigen Stunden erlernt werden.

„Samson" ist **führerscheinfrei** und **steuerfrei** für die Landwirtschaft.

Ein großer Vorzug des Samson-Traktors

ist der einfache, liegende Einzylinder-Deutz-Motor. Dieser kann von jedem Laien zerlegt werden. Spätere Reparaturen kommen beim Einzylindermotor viel billiger als bei den komplizierten Vierzylindermotoren. Alle Einzelteile sind viel größer und von längerer Lebensdauer. Die Zylinderbüchse ist auswechselbar.

TECHNISCHE EINZELHEITEN:

Motor-Bauart: Liegender Einzylinder-Deutz-Dieselmotor 11 PS oder liegender 15|16 PS Deutz-Motor für Gasölbetrieb.

Drehzahl: 900 Touren pro Minute.

Zylinderbohrung: bei 15|16 PS 140 mm, beim 11 PS Diesel 120 mm

Kolbenhub: 160 mm

Hubraum-Inhalt: 2640 ccm

Dauerleistung: Beim Dieselmotor 11 PS, beim Gasölmotor 15 PS

Getriebe: Dreigängiges Wechselgetriebe mit Kegelraddifferential.

Fahrgeschwindigkeiten: 2,75, 5 und 8 km|Std., Rückwärtsgang 3 km|Std.

Brennstoffverbrauch: Des Rohölmotors 11 PS ca. 2 kg Rohöl (ca. 30 Pfg. per Std.) des Gasölmotors 15|16 PS ca. 2 $^{1}|_{4}$ kg, Gasöl (ca. 50 Pfg. per Std.), Schmieröl etwa 0,9 kg je Arbeitstag.

Bremsen: 1 Getriebebremse, 1 Paar Hinterradbremsen.

Gewicht: betriebsfertig ca. 1500 kg.

Radgröße: Hinterräder Durchmesser 820 mm, Breite 300 mm. Vorderräder Durchmesser 700 mm, Breite 120 mm.

Spurbreite: vorne 1100 mm, hinten 1250 mm.

Achsenabstand: 1,90 mtr.

Größte Länge: 2,70 mtr.

Größte Breite: 1,35 mtr., mit Gummibereifung 1,55 mtr.

Größte Höhe: bis oben Messerbalken 1,70 mtr., Wenderadius ca. 3.60 mtr.

Schnittbreite des Messerbalkens: 4 $^{1}|_{2}$ Fuß = 1,40 mtr.

Zugleistung ungefähr: 5 Tonnen auf ebenen Straßen, 3 Tonnen bei 10 % Steigung.

Größe der Riemenscheibe: ca. 250 mm Durchmesser, 200 mm Breite.

Leistung an der Riemenscheibe: 11 oder 15 PS.

Inhalt des Brennstoffbehälters: ca. 20 Ltr.

Wasserinhalt: ca. 30 Ltr.

Das **Gebot der Stunde** heißt: **Billiger produzieren.**

Wer bei gleichem Ertrag billiger produziert, ist der tüchtigere Landwirt.

Das Gespann- und Lohnkonto beträgt oft fast die Hälfte aller Gesamtunkosten in einem Betrieb. Diese Kosten können ganz bedeutend reduziert werden, und jeder Landwirt sollte dieser Frage die größte Aufmerksamkeit zuwenden, umsomehr als auf vielen Gütern dieses noch die einzige Möglichkeit ist, eine größere Herabsetzung der Produktionskosten zu erzielen.

Eine der prominentesten Persönlichkeiten auf dem Gebiete der Motorisierung der Zugkraft in der Landwirtschaft, Herr Ziviling. Zander Berlin kommt nach einer im Auftrag des Reichskuratoriums für Technik in der Landwirtschaft durchgeführten Rentabilitätsprüfung auf 83 Betrieben mit Kraftschleppern u. a. zu dem Ergebnis, daß in der größten Mehrzahl der Betriebe die Schlepper sich gut rentiert haben, und schreibt u. a.:

Die heute in weitestem Umfang unlohnende deutsche Landwirtschaft muß den größten aller Ausgabeposten, Löhne und Gespanne rücksichtslos vermindern; der vornehmste Weg hierzu ist eine vernünftige Motorisierung (Siehe Heft 17 der Schriften des Reichskuratoriums für Technik in der Landwirtschaft Beuth-Verlag Berlin S 14)

Kostenvergleich zwischen Pferdegespann und Samson-Schlepper

Jährliche Unterhaltungskosten:

Für 1 Pferd

35 Zentner Hafer	RM. 280.—
80 Zentner Heu	200.—
Tierarzt	5.—
Hufbeschlag	45.—
Geschirr	20.—
Tilgung des Kaufpreises	80.—
Verzinsung bei durchschnittlich 8 Jahre jetzigem Alter	40.—
Pferdeverlustrisiko oder Pferdeversicherung	80.—
	RM. 750.—
Für 2 Pferde zus.	RM. 1500.—

für den Schlepper Samson

Verzinsung	RM. 216.—
Amortisation 12,5%	450.—
Brennstoff mit Oel und Fett für 300 Betriebsstunden	165.—
Reparaturen	110.—
Sonstiges	59 —
Ungefähre Jahreskosten bei ca. 40 ha	RM. 1000.—

Bei 30 ha werden sich Jahreskosten mit ca. RM. 850.— und bei 60 ha mit ca. RM. 1200.— ergeben.

Die Erparnis beträgt beispielsweise auf einem Hofgut von 100 Morgen bei Abschaffung von 2 Pferden und Einsparung einer Arbeitskraft **RM. 1300.— jährlich.** Auch fallen die bisherigen Kosten für die Mähmaschinen weg. Hierzu kommt der große Wert der viel leichteren Ueberwindung der Spitzenleistungen in der Ernte und im Herbst, sowie der Umstand, daß öfters neben dem Traktor leichtere billigere Pferde genügen. Der Besitzer bezw. Betriebsleiter gewinnt durch die sehr schnelle Arbeit des Traktors wertvolle Zeit für Lohnarbeiten oder andere Aufgaben, welche beim Pferdebetrieb infolge Zeitmangels nicht bewältigt werden können. Der Samson-Schlepper macht sich auf Gütern von beispielsweise 40 ha in weniger als 3 Jahren und auf solchen von 50 ha aufwärts in spätestens 2 Jahren bezahlt. Wer von 5—6 Pferden 3—4 Pferde absetzt, kann mit dem Erlös einen Samson-Schlepper mit Mähapparat und Gummibereifung anschaffen, schaltet das Risiko von Pferdeverlusten aus, schont die noch vorhandenen Pferde und arbeitet schneller und viel billiger als vorher. Es dürfte sonst auf Gütern kaum Möglichkeiten geben, 1000 bis 1500 Mark jährlichen Nutzen aus der Anschaffung einer Maschine zu erzielen.

Deshalb stellt die Anschaffung eines „Samson"-Schleppers eine einzigartige Möglichkeit zur Senkung der Betriebskosten und zur Erhöhung des Einkommens dar. Auch eine Anzahl von ganz kleinen Besitzern haben „Samson"-Maschinen angeschafft und sind mit denselben sehr zufrieden.

Wie urteilen die Besitzer?

3 Pferde und 1 Arbeiter erspart . . die richtige Maschine gefunden.

Michelberg OA. Waldsee, den 9. Dezember 1932.

Firma H. Lanz, Maschinenfabrik, Aulendorf.

Ihrem früheren Wunsche, Ihnen nach Beendigung der Saison die von mir mit der von Ihnen bezogenen Zugmaschine „Samson I" mit Deutz-Motor für Gasölbetrieb 16 PS gemachten Erfahrungen mitzuteilen, komme ich heute gerne nach und kann Ihnen folgende Angaben machen:

Mein Hofgut von 110 Morgen (35 ha) bewirtschaftete ich früher mit 4 guten Pferden. Aber durch jahrelanges Unglück im Pferdestall sah ich mich genötigt, meinen Betrieb, wovon die Hälfte unter dem Pflug, die andere Hälfte Futterwachs ist, zu motorisieren bezw. die Pferdearbeit durch eine Zugmaschine zu ersetzen. Nach langem Ueberlegen habe ich mich zu der von Ihnen konstruierten Zugmaschine „Samson I" mit 16 PS Deutzer Motor entschlossen und nach jetzt halbjährigem Gebrauch, in dem sämtliche Arbeiten vorkamen, kann ich bestätigen, daß ich die richtige Maschine gefunden habe, welche die Pferde zum größten Teil ersetzt. Seit ich im Besitz Ihrer Zugmaschine bin, habe ich nur noch ein Pferd und 3 Ochsen, wovon letztere nur wenn nötig abwechslungsweise eingespannt werden. In der Heu- und Oehmdernte wurde sämtliches Futter bei starker Lagerung mit dem „Samson" gemäht bei einer ungefähren Leistung von 5 Morgen in 3 Stunden. Auch wurden mit dem Schwadenrechen, der angehängt wurde, sämtliche Arbeiten ausgeführt. Beim Lastenziehen auf der Straße leistet „Samson" Großartiges. Habe schon öfters zwei zusammengehängte große Wagen mit Torfmull beladen mit einem Gewicht von ca. 80 Ztr. gefahren, wobei Steigungen von 8—10 Prozent vorhanden waren. In der Getreideernte wurde mittels angehängtem Getreidemäher sämtliche Frucht mit Ausnahme der Gerste mit dem „Samson" ohne jede Hemmung gemäht. Als die Feldarbeiten begannen, war ich mißtrauisch, ob „Samson" auch beim Pflügen sich bewährt. Aber auch hierin hat die Maschine eine große Leistung, denn mit einem Vierscharpflug schälte ich pro Stunde einen Morgen Feld. Zum Tiefackern 20 cm bei schwerem Boden brauchte ich mit dem Zweischarpflug zum Ackern eines Morgens (31½ ar) 2 Stunden. Auch zieht Samson leicht auf schwerem Feld 2 siebenzinkige Kultivatoren. Durch die ausgiebigen Leistungen beim Mähen wie beim Ackern habe ich seit Juni einen Knecht eingespart. Was die Betriebskosten anbelangt, so braucht „Samson" pro Stunde 3 Ltr. Traktorenöl, das mich bei einem Preis von 21,4 Pfg. p. kg zirka 50 Pfg. die Stunde kostet. Durch die große Arbeitsleistung des Samson braucht er viele Tage nicht benützt werden und somit werden die Betriebskosten billiger. In der Heuernte habe ich für 25 RM. Betriebsstoff gebraucht, während mich früher allein der Hafer für meine 4 Pferde teurer zu stehen kam.

Alles in Allem kann gesagt werden, daß der Samson I die richtige schon lang gesuchte Zugmaschine für Betriebe von 50—300 Morgen ist. Ich bin mit der Maschine aufs Beste zufrieden, hatte noch keinerlei Reparaturkosten und kann daher den „Samson" aufs Beste empfehlen.

gez. Hans Oberhofer.

„Samson" „Das Mädchen für Alles" auf kleinen Gütern.

Den 10. Dezember 1932.

Firma H. Lanz, Landmaschinenfabrik, Aulendorf.

Nach Beendigung der diesjährigen Arbeitsperiode gebe ich Ihnen gerne meine Erfahrungen mit dem von Ihnen gelieferten „Samson I" Kleinschlepper 10 PS mit Deutz-Dieselmotor bekannt: Mein Hof ist 66 württ. Morgen (22 ha) groß, wovon die eine Hälfte Ackerland, die andere Hälfte Wiese u. Weide ist. Ich habe die Zugmaschine im Sommer dieses Jahres gekauft und alle anfallenden Arbeiten damit verrichtet. Ich habe keine Pferde mehr, nur noch ein Paar Ochsen und komme mit dieser Anspannung sehr gut aus, da ich die Zugmaschine regelmäßig und streng gebrauche, weil sie wirtschaftlicher, d. h. billiger und schneller arbeitet als Pferde.

Nach eingehender Prüfung und Befragung bei anderen Zugmaschinenbesitzern entschloß ich mich zum Kauf des Samson I und zwar hauptsächlich deshalb, weil er erstens im Betrieb die denkbar billigste Arbeitsweise darstellt. Er wird nämlich mit reinem Rohöl angetrieben und erfordert als Dieselmotor nur ein wirklich geringes Maß von Pflege und Sachkenntnis und weil er ein sehr starkes und gut gebautes Getriebe besitzt und zweitens weil der Schlepper nicht zuletzt durch seine eigenartigen Hinterräder, die eine recht gelungene Kombination von Straßen- und Geländegängigkeit in einer Ausführung darstellen, eine ganz außerordentliche Vielseitigkeit besitzt. Diese Vielseitigkeit ist ganz besonders in kleineren Betrieben notwendig, wo er „das Mädchen für Alles" sein muß und zwar in ganz kurzer zeitlicher Aufeinanderfolge. Gerade auch in dieser Richtung hat er mich vollauf befriedigt.

Ich erledige nahezu sämtliche Arbeiten auf meinem Hof mit dem Samson: Gras- und Getreidemähen, Schwadenrechen ziehen, einfahren, walzen, Mist fahren, stürzen, tief ackern und Straßenfuhren aller Art, und dabei ist der Brennstoffverbrauch bei 10stündiger Arbeitszeit bei Tiefackern (ca. 18 cm) in ziemlich schwerem Lehmboden nicht über 20 kg Rohöl, bei anderen Arbeiten ca. 16 kg (Rohöl hat z. Zt. einen Preis von 14 Pfg. pro kg).

Mit der Feld- wie Straßenarbeit bin ich vollauf zufrieden, zuzugeben ist, daß die Maschine bei nassem Boden an Tagen, wo eben noch mit einem Gespann auf dem Acker gearbeitet werden könnte, noch nicht zu gebrauchen ist. Dieser verhältnismäßig kleine Ausfall, der ja nebenbei dem Acker zugute kommt, kann aber durch die wesentlich größere Arbeitsleistung bei genügend abgetrocknetem Acker wieder leicht ausgeglichen werden.

Zu allen in Frage kommenden stationären Arbeiten ist der Samson auch infolge seiner Wirtschaftlichkeit bestens geeignet und gegenüber der elektrischen Kraft billiger.

Mit dem Samson-Schlepper scheint endlich eine billig arbeitende, betriebssichere und vor allem vielseitige Zugmaschine für den Klein- und Mittelbetrieb geschaffen zu sein, und kann ich dieselbe auf Grund meiner Erfahrungen nur bestens empfehlen. Auch stehe ich Berufskameraden jederzeit mit weiterer Auskunft gerne zur Verfügung.

gez. Albert Scharpff, Gutsbesitzer
Obstgut Hähnlehof Post Weingarten Württ.

Samson auf einem Rittergut mit schwierigem Gelände.

Schloß Amerang (Oberbayern), den 24. Dezember 1932.

Firma H. Lanz, Maschinenfabrik, Aulendorf Württ.

Im Besitze Ihrer Anfrage über die mit meinem Schlepper Samson I gemachten Erfahrungen teile ich Ihnen folgendes mit: Mein Hofgut, welches 80 ha Wiesen und Weiden, 270 ha Wald und nur wenig Ackerland umfaßt, weist fast durchweg ein sehr schwieriges Terrain auf, wobei die Zufahrtsstraßen und Wege sowie das ganze Gelände sehr viele Steigungen mit 6—10 Prozent, aber auch mehrere solche bis 13 Prozent haben. Bekanntlich sind im letzten Jahre einige Störungen aufgetreten. Nachdem diese aber behoben sind, bin ich jetzt mit der Maschine zufrieden, und diese hat mir in der heurigen Ernteperiode sehr wertvolle Dienste geleistet. Ich habe fast alles damit gemäht, den Schwadenrechen gezogen, gedroschen, Holzgeschnitten und so fort ohne wesentliche Störungen.

Der 10 PS Dieselmotor dürfte allerdings in meinem besonders bergigen Gelände stärker sein. Alles in Allem kann aber die Maschine als sehr gut und billig bezeichnet werden. Diese wird sich nach meiner Ansicht auch in andern Betrieben, welche kein so schwieriges Gelände aufweisen, gut bewähren.

gez. Krafft, Freiherr von Crailsheim
Rittergutsbesitzer.

Ein Arbeitsloser gründet sich mit dem Samson eine Existenz.

Sindelfingen Württ., den 13. Jan. 1932.

Firma H. Lanz, Maschinenfabrik, Aulendorf.

Ueber den vor 1½ Jahren von Ihnen gekauften Kleinschlepper und Motormäher Samson I mit 10/11 PS Deutzer Rohölmotor kann ich Ihnen nur Günstiges berichten.

Wie Sie wissen, war ich damals arbeitslos und habe mir mit Hilfe Ihrer Maschine eine eigene Existenz gegründet. Ich habe auch eine Dreschgarnitur angeschafft und habe jetzt das ganze Jahr über mit der Maschine schön zu tun. In der Zeit der Heu- und Oehmdernte habe ich es sehr strenge mit dem Lohnmähen. Alsdann kommt ebenfalls sehr streng die Lohndreschperiode. Im Herbst habe ich mit dem Samson auch für eine große Mosterei jeden Tag große Mengen Most transportiert. Im Winter säge ich Brennholz von Haus zu Haus mit einer angebauten Bandsäge. Auch habe ich eine schöne Kundschaft für den Lastentransport. Mit Samson ziehe ich oft 2 Rübenwagen oder 2 Dungwagen auf einmal. Meine Dreschgarnitur wiegt 70 Zentner und ich führe diese viele Steigungen hinauf, ohne die Strohpresse abzuhängen. Beim Dreschen in Feldscheunen konnte früher bei nassem Wetter der Transport der Dreschmaschine nur mit Pferden erfolgen. Weil aber Samson besonders praktische, breite Hinterräder mit Gummistollen und leicht herausstellbaren Greifern besitzt, die ein Rutschen der Räder selbst in aufgeweichtem Boden verhindern, konnte ich meine Dreschgarnitur auch auf Feldwegen anstandslos transportieren. Beim Lastenziehen und Mähen ist Samson durch seine Schnelligkeit den besten Pferden weit überlegen. Beim Dreschen mußte der Motor unter starker Belastung fast jeden Tag 20 Stunden ununterbrochen laufen. Es gab aber nie einen Anstand.

Samson arbeitet sehr billig und braucht durchschnittlich 2 kg Treiböl in der Stunde a ca. 15 Pfennig. Ich bin mit dem Samson in jeder Beziehung aufs Beste zufrieden, und die Maschine steht einzig da in ihrer vielseitigen Verwendbarkeit auf Aeckern, Wiesen, Feldwegen und Straßen. Auch das Mähen geht sehr schnell und sauber. Durch das selbsttätige Ausschalten der Maschine beim Anfahren an Hindernisse mit dem Messerbalken hatte ich beim Mähen noch nie einen Schaden. Die Maschine erfüllt bei mir ihren Zweck voll und ganz, und ich kann daher Ihren Samson jederzeit aufs Beste empfehlen.

Hochachtungsvoll
Ernst Hornikel

Weitere Zeugnisse und Referenzen auf Wunsch. Prospekte über Motormäher und Kleinschlepper Samson II stehen zu Diensten.

Der Diesel-Kleinschlepper

Unaufhaltsam schreitet die Umstellung vom Pferdebetrieb auf Diesel-Schlepper fort. Die sehr hohen Pferdepreise und die Notwendigkeit, die Erzeugungskosten zu senken, zwingen Industrie und Landwirtschaft, zur billigeren und schnelleren Maschinenarbeit überzugehen. **Der Dieselkleinschlepper** hat sich bereits 5 Jahre lang gut bewährt und in den letzten Jahren zu einer wirklich brauchbaren, empfehlenswerten und beliebten Maschine entwickelt, die man in der Landwirtschaft und im Straßentransport **überhaupt nicht mehr entbehren kann.** Die geleistete Pionierarbeit vieler Fabriken und insbesondere die intensive Tätigkeit des Schlepper-Prüffeldes Bornim bei Potsdam haben es ermöglicht, auch der Landwirtschaft heute Kleinschlepper zu bieten, welche auf Straße, Acker und Wiese gleich gut arbeiten und zeitraubende Umstellungen überflüssig machen. Am empfehlenswertesten hat sich auch für landwirtschaftliche Kleinschlepper die Luftbereifung erwiesen. Diese paßt sich weich und schmiegsam allen Bodenverhältnissen an und ermöglicht erstaunlich hohe Zugleistungen.

Samson-Diesel-Kleinschlepper entsprechen den zu stellenden Anforderungen in hohem Maße und stellen wirklich praktisch, billig arbeitende Universalmaschinen für landwirtschaftliche Klein-, Mittel- und Großbetriebe dar.

Mehrere In- und Auslandspatente angemeldet und erteilt.

Geprüft: Deutsche Landwirtschafts-Gesellschaft Hannover 1931.

Der 16 PS
Diesel-Samson I

Pflügt zweischarig und schält vierscharig,

Mäht Gras und Getreide und leistet in der **Stunde** bis zu 60 ar,

Zieht Dünger- und Heuwagen, den Bindemäher und Lasten bis 8 Tonnen,

Treibt Dreschmaschinen mit Strohpressen, Schrotmühlen, Häckselmaschinen, Dynamos, Steinbrecher, Pumpen usw.,

Ersetzt 3—4 Pferde und einen Arbeiter,

Schaltet das Pferderisiko aus,

Arbeitet viel billiger und schneller als Pferde.

SAMSON I, Schlepper luftbereift, mit Mäheinrichtung

H. LANZ
Schlepper & Landmaschinenfabrik
Aulendorf (Württ.)

Der Diesel-Samson-Kleinschlepper

ist nicht der billigste, aber einer der besten und am längsten lebenden Kleinschlepper.

Alle Teile sind überdimensioniert und dadurch strengsten Beanspruchungen und Überlastungen gewachsen.

Beim Bau der Samson-Kleinschlepper werden die im Auto- und Lastwagenbau, sowie die seit 6 Jahren im eigenen Kleinschlepperbau gemachten reichen Erfahrungen ausgewertet und zur Nutzanwendung gebracht.

Zahnräder und Triebswellen sind aus hochwertigem Stahl gefertigt und laufen in Kugellagern und im Ölbad.

Das Spezial-Getriebe des Samson I eigener Konstruktion ist schwerer als bei vielen Lastwagen.

Die Vorderräder laufen in Kegelrollen-Kugellagern. Die Vorderachsen sind aus Stahl und aus einem Stück geschmiedet. Die Steuerung ist staubdicht gekapselt und nachstellbar.

Die Super-Elastik-Einscheibentrockenkupplung ist sehr weich und völlig geschlossen.

Die Konstruktion und Bauart des „Samson" ist so einfach und übersichtlich, wie kaum bei einem anderen Schlepper, sodaß jedermann die Funktionen verstehen kann.

Durch große, in wenigen Minuten abnehmbare Getriebedeckel ist der Zustand der Maschinen jederzeit leicht zu kontrollieren.

Kein Radwechsel nötig. Nur in ganz besonderen Ausnahmefällen werden an den Hinterrädern Zusatzgreiferräder oder Greiferketten angebracht, eine Arbeit von 10 Minuten. Dadurch arbeitet die Maschine selbst bei schmierigsten Böden das ganze Jahr über hervorragend.

SAMSON I

Bauart 1931-1934, hinten mit Gummistollen und Hochelastikreifen auf den Vorderrädern. Heute werden fast nur noch Luftreifen verwendet, weil diese eine wesentlich größere Zugleistung und ein weicheres Fahren ermöglichen.

Bei allen Samson-Maschinen mit Mähwerk sind Ratschkupplungen eingebaut, welche eine Beschädigung der Messer verhindern.

Samson I mit Mähwerk steht wie vom Blitz getroffen still, sobald der Mähbalken auf ein Hindernis stößt. (Deutsch. Patent und Schweiz. Patent erteilt.) In diesem Störungsfall wird automatisch die Kupplung ausgelöst und die Getriebebremse angezogen. Dadurch werden gewaltsame Beschädigungen am Messerbalken verhindert.

Das niedere Eigengewicht erlaubt ein Arbeiten auf nassen Wiesen und weichem Grund auch dann noch, wenn andere Schlepper längst versagen.

Die Bedienung ist sehr einfach und kann in wenigen Stunden erlernt werden.

Samson-Schlepper sind führerscheinfrei und auch steuerfrei bei überwiegend landwirtschaftlicher Verwendung. Bei gewerblicher Verwendung beträgt die Jahressteuer beim Samson I ca. RM 150.—, beim Samson II RM 126.—.

Die technischen Angaben und Abbildungen sind unverbindlich und Änderungen jederzeit vorbehalten.

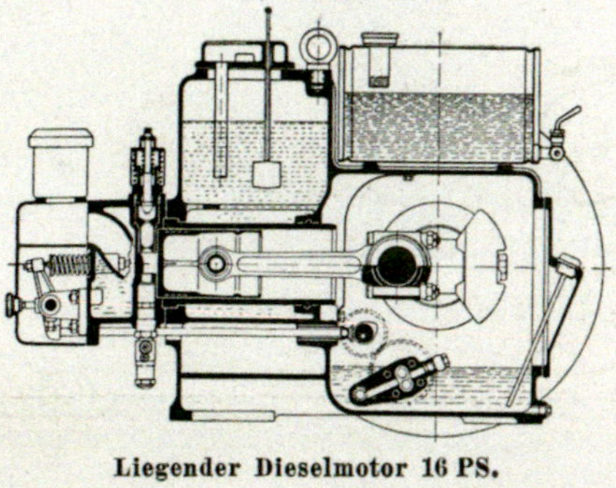

Liegender Dieselmotor 16 PS.

Die verwendeten Dieselmotoren bedürfen kaum einer Wartung. Sie können von jedem Laien zerlegt werden. Dank ihrer besonders stabilen Bauart sind diese fast unverwüstlich. Das Anlassen der liegenden Motoren kann ohne jedes Hilfsmittel erfolgen.

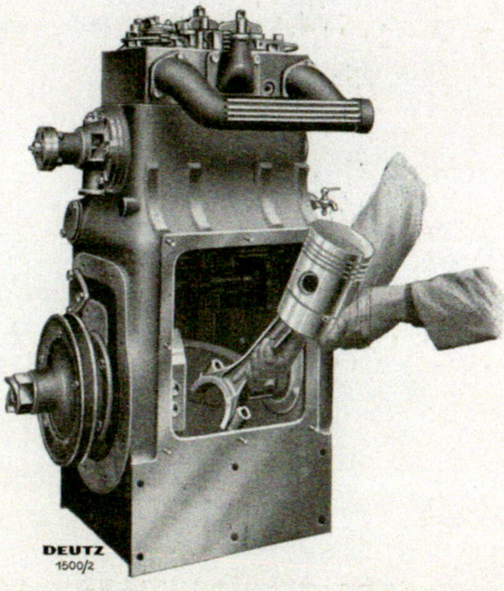

Stehender Dieselmotor 11 PS.

SAMSON

Motormäher und Kleintraktor

Endlich die
zuverlässige, billige
Qualitäts-Universalmaschine
für Kleinbetriebe in der Landwirtschaft!

Sie mäht (Gras und Getreide)
Sie treibt (Holzsäge, Schrotmühle, Häckselmaschine Dreschmaschine usw.
Sie zieht (Wender, Rechen, Pflug usw.)

Welches sind die besonderen Vorzüge und Eigenschaften?

1. Material Die meisten Bestandteile sind hergestellt aus unzerbrechlichem Material wie: Schmiedeeisen, Stahl, Stahlguß, Temperguß, Chromnickelstahl, wodurch eine jahrzentelange Lebensdauer gewährleistet wird.

2. Differential Die Maschine hat Differential und geschlossenes Getriebegehäuse mit im Oelbad laufenden, gehärteten, Stahlrädern, deren Zähne aus dem vollen Material geschnitten sind.

3. Getriebe Die Maschine besitzt ein übernormal starkes Dreiganggetriebe, um Stöße, und Ueberlastungen, welche bei Zugmaschinen unvermeidlich sind, aufnehmen zu können, ohne Schaden zu erleiden.

4. Kugel-Lagerung Sämtliche Lagerstellen, welche über 60 Touren in der Minute machen, laufen in schweren Kugellagern, sodaß die Maschine spielend leicht geht.

5. Schmierung Die Schmierung des Motors, sowie des gesamten Seiten- und Hinterantriebes erfolgt automatisch, und es braucht nur selten Oel nachgefüllt werden.

6. Federung Um die Erschütterungen der Maschine möglichst zu beschränken, wird die Vorderachse federnd eingebaut. Auch nach rückwärts ist die Vorderachse doppelt gefedert, um beim Aufprallen auf harte Gegenstände Beschädigungen zu vermeiden. Die Federung des Hinterwagens geschieht auf Wunsch durch Elastik-Gummistollen, welche gleichzeitig als wirksame Greifer arbeiten (siehe Bild auf der Rückseite).

7. Stationärer Antrieb Die Riemenscheibe zum Antrieb von stationären Maschinen ist derart solid kugelgelagert, daß auch tatsächlich eine Kraft von 12 PS und mehr abgenommen werden kann, ohne daß die Gefahr besteht, daß die Kugel-Lagerung der Welle nicht standhalten könnte.

8. Bedienung Die Bedienung ist sehr einfach, fast wie beim Auto und kann in wenigen Stunden erlernt werden. Die Maschine ist führerscheinfrei und steuerfrei für die Landwirtschaft.

Der Kauf einer Motormähmaschine ist Vertrauenssache.

Der kluge Landwirt erkundigt sich und wählt **SAMSON**
den besten, stärksten und preiswertesten seiner Art.

TECHNISCHE EINZELHEITEN

Motorart	Jlo-Benzinmotor Zweizylinder, Zweitakter mit Luftkühlung, 12—14 PS oder: DKW-Benzinmotor, Zweizylinder, Zweitakter mit Wasserkühlung u. ca. 14—20 PS mit Autokühler
Tourenzahl des Motors	ca. 2500 per Minute
Brennstoffverbrauch	Benzin, welchem ca. 10% Oel beigemischt wird, ca. 3 Liter pro Stunde
Geschwindigkeiten	3 Vorwärtsgänge 2,5, 5 und 8 km — 1 Rückwärtsgang 3 km
Gewicht der Maschine	mit Eisenrädern ca. 900 kg, mit Gummistollen ca. 1000 kg
Raddurchmesser	hinten ca. 820 mm, vorne ca. 700 mm
Gesamtlänge der Maschine	ca. 2,40 Meter
Breite der Maschine	ca. 1.50 Meter
Schnittbreite des Messerbalkens	ca. 1,40 m = 4½ Fuß
Mähleistung pro Stunde	ca. 45—60 ar
Zugleistung bei 10% Steigung	ungefähr 1600 kg
Pflugleistung	1 ha in 6—10 Stunden je nach Grund beim Tiefpflügen. Beim Schälen 1 ha in 3—5 Stunden
Durchmesser der Riemenscheibe	100 mm
Drehzahl der Riemenscheibe für stationären Betrieb	500, 1000 und 2000
Leistung an der Riemenscheibe	12 bis 16 PS
Kleinster Wenderadius	ca. 3 Meter
Inhalt des Brennstoffbehälters	ca. 20 Liter

Preis kompl. mit Jlo-Motor 12—14 PS Mähapparat und Eisenrädern 2000,-

Preis mit wassergekühltem DKW-Motor 14—20 PS 2100,-

Mehrpreis für Gummistollen auf den Hinterrädern 250,-

Mehrpreis für Gummivorderräder 150,-

Verlangen Sie bitte Spezial-Prospekt über die schwerere Maschine S a m s o n I mit Diesel- oder Benzinmotor.

SAMSON

Der 11 PS Diesel-Samson II

Pflügt
ein- bis zweischarig und schält dreischarig

Mäht
Gras und Getreide bis zu 60 ar pro Stunde

Zieht
Dünger- und Heuwagen und Lasten bis zu 6 Tonnen

Treibt
alle stationären Maschinen und leistet an der Riemenscheibe 11 PS

Ersetzt
2 — 3 Pferde und eine Arbeitskraft

Schaltet
das Pferderisiko aus

Arbeitet
viel billiger und schneller als Pferde

Der Diesel-„Samson II"

ist nach dem Urteil erster Sachverständiger des Reiches auf der Reichsnährstands-Ausstellung in Frankfurt als die schönste und vollkommenste Lösung der Kleinschlepperfrage in dieser PS-Stärke und Preislage bezeichnet worden. Der erstklassige Deutz-Spezial-Einbau-Dieselmotor ist mit dem Getriebe zu einem Block direkt gekuppelt und besitzt das bewährteste Wasser-Umlauf-Kühlungssystem mit Ventilator wie alle Autos und Lastwagen. Keine schnellaufende Kette mehr. Alle Lagerstellen sind geschlossen und kugelgelagert. Der Diesel-„Samson II" ist zu den haltbarsten und langlebigsten Kleinschleppern zu rechnen. Dessen moderne Bauart bietet Gewähr dafür, daß diese Maschine auch nach vielen Jahren nicht veraltet.

H. Lanz, Aulendorf (Württ.)

Schlepper- und Landmaschinen-Fabrik

Nr. 66

Technische Beschreibung des Schleppers Samson II, Modell 1936

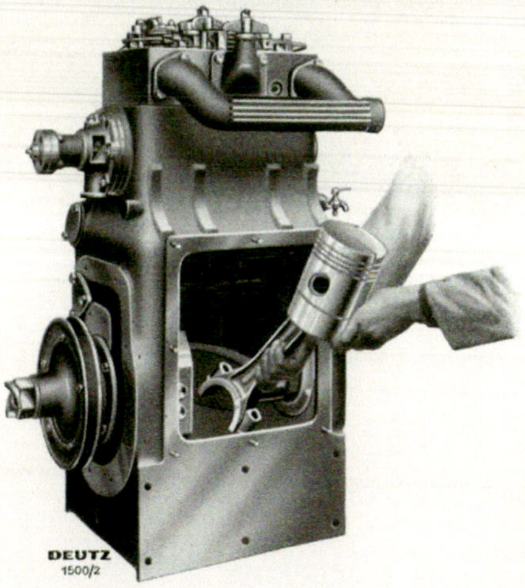

Motor: Stehender Einzylinder-Spezial-Einbau-Deutz-Dieselmotor Viertakter 11 PS, 1500 Touren mit Kühler und Ventilator.

Riemenscheibe: Größe 150 mm Durchm., 125 mm Breite, Leistung 11 PS, Touren 1500.

Getriebe: Erstklassiges Viergang-Präzisionsgetriebe mit im Oelbad und in Kugellagern laufenden Chromnickelstahlrädern und schwerem Differential.

Geschwindigkeiten: 1. Gang 2,75 km, 2. Gang 5 km, 3. Gang 8 km, 4. Gang 12 km, Rückwärtsgang 3 km.

Kupplung: Einscheiben-Spezial-Elastik-Trocken-Kupplung.

Gewicht: ca. 1350 kg.

Lenkung: Erstklassige nachstellbare Schneckensteuerung.

Bremsen: Fuß und Handbremse, beide doppelt geschlossene große Innenbackenbremsen, eine davon feststellbar.

Räder und Bereifung: Stahlscheibenräder, vorne Luftreifen 5,25—16, hinten Geländereifen 6.00—20, auf Wunsch 8.00—20, Spurweite 1050 mm, Radstand 1,70 m.

Mähwerk: Kugelgelagert, im Oelbad laufend, Mittelschnitt oder Tiefschnitt, 1,40 m Messerlänge, Sicherungsratschkupplung.

Zapfwelle: Zapfwellen-Antrieb gegen Mehrpreis.

Größe: Länge 2,50 m, Breite ohne Mäher 1,30 m, mit Mäher 1,50 m. Höhe ohne Mäher 1,56 m, mit Mäher ca. 1,75 m.

Zugleistung: Bis 6 Tonnen auf ebener fester und trockener Fahrstraße; bei 10 % Steigung $2^1/_2$—3 Tonnen.

Brennstoffverbrauch: 180—200 gr. Rohöl pro PS und Stunde, durchschnittlich ca. 20 Pfg. pro Stunde.

Blitzgreiferrad D. R. P. a.
Gewicht pro Paar ca. 240 kg

Man liefert heute nur noch Kleinschlepper mit Luftreifen, weil diese eine wesentlich größere Zugleistung und ein weicheres Fahren ermöglichen. In Sonderfällen, bei schlüpfrigen und nassen Böden, weichem Grund usw. und wenn ein Schlepper das ganze Jahr über auch bei ungünstigen Verhältnissen arbeiten muß, ist die Anschaffung einer Zusatzeinrichtung für die Hinterräder zu empfehlen, bzw. erforderlich. Manchmal genügen Auflageketten.

Die vollkommenste u. empfehlenswerteste Lösung dieses Problems ist aber das

Blitzgreiferrad.

Dieses kann in wenigen Sekunden in Arbeitsstellung gebracht werden.

Das Blitzrad erhöht das Hinterachsgewicht und dadurch das Zugvermögen des Schleppers sehr erheblich. Es kann in wenigen Augenblicken vom Schlepper entfernt werden. Es verhindert jeden Schlupf und versagt nie. Kein Verstopfen von Rad und Greifern durch sinnvolle Konstruktion, kein Verbiegen der Greiferschaufeln, weil kräftige Stahlausführung. Das Blitzrad ist schön geformt und völlig geschlossen.

Rentabilitäts-Vergleich zwischen Pferden und Kleinschlepper

Der Kleinschlepper »Samson II« arbeitet im allgemeinen soviel wie 2—3 Pferde.

Die Unterhaltungskosten für ein Pferd: Hafer, Heu, Hufbeschlag, Geschirr, Tierarzt, Versicherung sowie Tilgung und Verzinsung des Kaufpreises wird man nicht unter RM. 750.— jährlich annehmen können, das sind für 2 Pferde RM. 1500.— und für 3 Pferde RM. 2250.—.

Die Gesamtkosten eines Samson-Schleppers: Tilgung und Verzinsung des Kaufpreises, Betriebsstoff und Oelverbrauch, Reifenverschleiß und Reparaturen sind zu veranschlagen für eine Leistung von 2 Pferden auf jährlich ca. RM. 800.— und für eine Leistung von 3 Pferden auf ca. RM. 1000.—.

Es kommt noch dazu, daß der Kleinschlepper nur bei der Arbeit bedient wird, während Pferde tagtäglich gefüttert und gepflegt werden müssen. Die sonst bei den Pferden beschäftigte Person wird also bei Schlepperbetrieb für andere nützliche und notwendige Arbeiten frei.

Lanz-Diesel-Schlepper 20 PS

Modell 1937

Einer der schönsten, langlebigsten und praktischsten deutschen Bauernschlepper

Zugleich rentabelster, am billigsten arbeitender mittelschwerer Trekker

Mit Riesenschritten vollzieht sich die Umstellung vom Pferde- und Gespannbetrieb auf Dieselschlepper, denn der Mangel an Arbeitskräften, die hohen Pferdepreise und die Notwendigkeit, auch bei Witterungsschwierigkeiten die Ernte rasch zu bergen, sind hiefür zwingende Gründe. Der landwirtschaftliche Ackerschlepper und insbesondere der Kleinschlepper ist daher im Rahmen der Erzeugungsschlacht zur wichtigsten aller landw. Maschinen erklärt worden. Er allein gibt Deutschland die Möglichkeit, in verhältnismäßig kurzer Zeit zusätzlich etwa 100000 ha Ackerland für Getreidebau, sowie für den Anbau von Spinn- und Faserstoffen freizumachen. Ein mächtiger Ansporn seitens des Reichsnährstandes und der maßgebenden Regierungsstellen, hauptsächlich aber die Anregungen des Schlepperprüffeldes Bornim haben bereits zu erstaunlichen Fortschritten im Schlepperbau geführt. Einer der zweckmäßigsten und schönsten kleineren Schlepper dürfte der neue LANZ-DIESEL-SCHLEPPER 20 PS sein. Dieser vereinigt in sich alle Vorzüge, welche man von einem modernen landwirtschaftlichen Schlepper heute fordern muß, wie:

Rahmenlose und kettenlose Blockbauart, stehender besonders ruhig laufender Viertakt Zweizylinder-Volldieselmotor, Umlaufkühlung mit Ventilator, besonders stabiles Getriebe, Differentialsperre, Zapfwelle, abstellbare Riemenscheibe in Fahrtrichtung, Mähwerk zwischen den Rädern mit Ratschkupplung, mäßiges Gewicht, hohes Hinterachsgewicht, große Lebensdauer, rassige, modernste Bauart. Sämtliche Zahnräder und Wellen des Getriebes sind überdimensioniert, aus Spezialstählen hergestellt und im Einsatz gehärtet, damit diese gegen die bekanntlich im landw. Betrieb oft vorkommenden Ueberbelastungen unempfindlich sind. Der Verschleiß ist daher fast gleich Null. Getriebe, Differential und Mähantrieb laufen im Oelbad.

Lanz-Diesel-Schlepper 20 PS

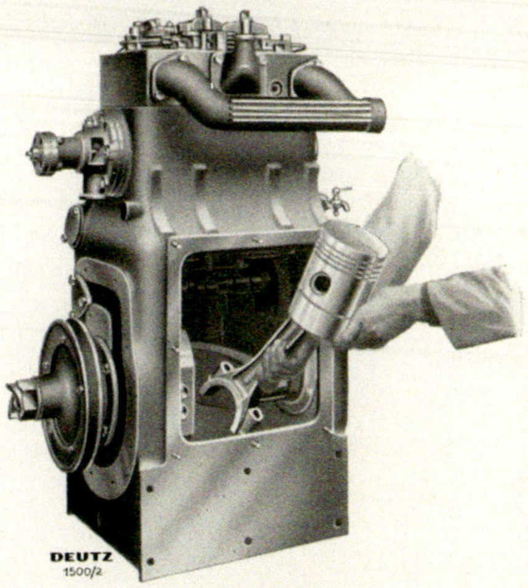

Motorinneres leicht zugänglich, Ausbau der Kolben- und Pleuelstangen ohne abschrauben des Motors.

Die besondere Güte des Lanz-Dieselschleppers kommt auch besonders dadurch zum Ausdruck, daß zur Wellenlagerung 32 ein- und zweireihige Kugel-Rollen- und Kegelrollenlager eingebaut sind. - **Vollkommenste Oel-, Luft- und Brennstoff-Filterung.**

Lanz-Diesel 20 PS

ausgerüstet mit $4^1/_2$ Fuß-Mähbalken und Ratschkupplung, welche automatisch ausschaltet, sobald ein Fremdkörper ins Messer kommt.

Technische Daten:

Motor: stehender Deutz-Zweizylinder-Spezial-Fahrzeugmotor, Viertakter, mit auswechselbaren Zylinderbüchsen und Druckumlaufschmierung — Kurbelwelle rollengelagert.

Zylinder: ∅ 100 mm, **Hub:** 130, **Hubraum:** 2042 ccm.

Motordrehzahl: regulierbar 600 — 1500 Umdrehungen.

Kühlung des Motors: Umlaufkühlung durch Wabenkühler, Ventilator und Umwälzpumpe.

Lenkung: Kräftige, staub- und öldicht gekapselte nachstellbare, selbsteinstellende Schneckenlenkung.

Wechselgetriebe: besonders schwere Spezial-Konstruktion mit spiralverzahnten Kegelrädern.

Kupplung: Einscheibentrockenkupplung und Kugelschaltung.

Fahrgeschwindigkeiten: 4 Vorwärtsgänge 4 — 7 — 12 und 20 km. 1 Rückwärtsgang 4 km.

Bremsen: doppelte Hinterrad-Innenfußbremse und feststellbare Getriebehandbremse.

Bereifung: vorne 5,25 — 16, hinten Niederdruck-Geländereifen 8,00 — 20 Spezial-Traktor.

Beleuchtung: Boschlicht und Boschhorn 40 Watt Lichtmaschine, Akkumulator 50 Amp. Stunden.

Spurweite: vorne und hinten 1,20 m

Radstand: 1,75 m

Wenderadius: außen 3,80 m

Länge: 2,56 m — **Breite:** 1,50 m — **Höhe:** 1,60 m wenn mit Mähapparat 1,75 m.

Bodenfreiheit: 260 mm

Gewicht: mit Mähwerk 1600 kg ohne Zusatzgewichte, wenn mit Blitzgreiferrädern ca. 1825 kg.

Riemenscheibe: in Fahrtrichtung, abstellbar, 280 × 180 mm, 800 Umdrehungen pro Minute. Keine Behinderung des Riemens, kein Schleifen desselben.

Zapfwelle: abstellbar, 600 Umdrehungen pro Minute für rechts- und linksschneidende Binder.

Gezogene Last: 1. Gang: 22 to, 2. Gang: 15 to, 3. Gang: 9 to, 4. Gang: 6 to auf ebener, trockener Straße.

Tankinhalt: 38 Liter.

Differential-Sperre: Wenn der Boden glitschig ist, kann durch einfachen Handgriff das Differential gesperrt werden. Dadurch wird das einseitige Gleiten der Hinterräder vermieden. Zwei Anhängekupplungen für Ackergeräte und Wagen, die letztere ist drehbar und gefedert, der Stecknagel gegen ungewolltes Herausgehen gesichert.

Lanz-Diesel-Schlepper 20 PS

Modell 1937

Lanz-Diesel 20 PS als Ackermaschine mit Zweischarpflug
Geschwindigkeit 6,3 km

Der neue 20 PS-Diesel

Pflügt beim Tiefpflügen zweischarig 1 ha in 3 Stunden, schält vierscharig 1 ha in 2 Std.

Mäht 60 ar Gras u. Getreide pro Std.

Zieht Lasten bis zu 22 to auf ebener Straße

Treibt alle stationären Maschinen und leistet an der Riemenscheibe 18 PS

Ersetzt 4—6 Pferde u. 1 Arbeitskraft

Schaltet das Pferderisiko aus

Arbeitet 50 % billiger u. viel schneller als Pferde.

Der **Brennstoffverbrauch** beträgt 200 Gramm Rohöl pro PS und Stunde bei Vollast. Im landw. Betrieb entspricht dies höchstens 30 — 40 Pfg pro Stunde. einschl. Schmieröl. An Schmieröl allein braucht der Schlepper ca. 3/4 kg in 10 Std.

Rentabilitäts-Vergleich zwischen Pferden und Kleinschlepper

Der Lanz-Diesel-Schlepper 20 PS arbeitet im Allgemeinen soviel wie 4 — 6 Pferde. Die Unterhaltungskosten für ein Pferd: Hafer, Heu, Hufbeschlag, Geschirr, Tierarzt, Versicherung, sowie Tilgung und Verzinsung des Kaufpreises wird man nicht unter RM. 750.— jährlich annehmen können, das sind für 4 Pferde RM. 3 000.—.

Die Gesamtkosten des Lanz-Diesel-Schleppers: Tilgung und Verzinsung des Kaufpreises, Betriebsstoff und Oelverbrauch, Reifenverschleiß und Reparaturen sind zu veranschlagen für eine Leistung von 4 Pferden auf ca. RM. 1200.—. Es kommt noch dazu, daß der Schlepper nur bei der Arbeit bedient wird, während Pferde tagtäglich gefüttert und gepflegt werden müssen. Die sonst bei den Pferden beschäftigte Person wird bei Schlepperbetrieb für andere nützliche und notwendige Arbeiten frei. Erst durch den Schlepper kann günstiges Erntewetter voll ausgenützt werden, was sich im nassen Jahr 1936 besonders deutlich gezeigt hat.

Je weniger Ersatzteile und Reparaturen nötig werden, desto billiger ist eine Maschine. Nicht der Kaufpreis ist entscheidend, sondern die Geeignetheit der Konstruktion und die zu erwartende Lebensdauer. Diesen Grundsätzen entspricht der 20 PS Lanz-Diesel-Schlepper in hohem Maße, denn bei dieser robusten Maschine ist nur ein geringer Verschleiß und je nach der Beanspruchung eine Lebensdauer von mindestens 12—20 Jahren anzunehmen. In der glücklichen Vereinigung aller wünschenswerten Eigenschaften und Vorzüge eines leichten landw. Ackerschleppers steht der Lanz-Diesel 20 PS heute einzig da und bildet eine Qualitätsklasse für sich, bei der jahrzehntelange Erfahrungen im Fahrzeug- und Schlepperbau ausgewertet worden sind.

„Blitz"-Greiferräder D. R. P. a.

Kleinschlepper werden heute nur noch mit Luftbereifung verwendet, um ein weiches Fahren zu ermöglichen und die Leistungen zu steigern. In besonderen Fällen, bei nassen schlüpfrigen Böden, sumpfigem Gelände, Ackerarbeit bei nasser Witterung sind Zusatzgeräte zu den Luftreifen erforderlich, um ein Durchrutschen der Hinterräder zu verhindern. Es werden in verschiedenen Fällen Auflageketten verwendet, die ihren Zweck aber nur zum Teil erfüllen.

Die **vollkommenste Lösung** dieses Problems ist das nebenstehend abgebildete

Blitzgreiferrad D. R. P. a.

Die Anbringung ist an jedem Lanz-Schlepper in kurzer Zeit möglich und es können die Greiferschaufeln mittels Handkurbel innerhalb weniger Sekunden in Arbeitsstellung gebracht werden. Auch erhöhen die Blitzräder das Hinterachsgewicht und damit die Zugleistung des Schleppers ganz erheblich. Das Schlepper-Greiferrad braucht auf der Straße nicht entfernt werden, da die Greiferschaufeln durch eine Hebeldrehung vollständig zurückgestellt werden können.

Blitzgreiferrad D. R. P. a.

Lanz-Diesel-Schlepper

Serien-Fertigung.

Der **Lanz-Diesel-Schlepper** ist steuerfrei, wenn vorwiegend landwirtschaftlich benützt u. führerscheinfrei, weil er eine Geschwindigkeit von 20 km nicht überschreitet. Jedem Schlepper wird ein Kraftfahrzeugbrief beigegeben und darf damit der Schlepper sofort in Betrieb genommen werden, ohne Einzelzulassung.

Maße, Gewichte, techn. Angaben und Bilder sind unverbindlich.

Aenderungen vorbehalten.

H. LANZ **Schlepperfabrik AULENDORF (Württ.)**

Der neue 5 Gang

Diesel-Bauern- und Verkehrs-Schlepper

22 PS

Ein Produkt 20-jähriger Erfahrung im Schlepperbau ist unerreicht in seinen Eigenschaften und in seiner Lebensdauer.

Schlepper-Fabrik

HERMANN LANZ

AULENDORF (WÜRTTBG.)

Eine 20-jährige Erfahrung im Schlepperbau

sichert dem Besitzer **alle wünschenswerten Eigenschaften** und **folgende Vorzüge**:

Getriebe und Aufbau zeigen nach 10jährigem Gebrauch fast keine Abnützung, weil alle Teile übermäßig stark und kräftig gebaut und daher fast unzerstörbar sind.

Das Schleppergewicht ist das denkbar geeignetste für die Landwirtschaft.

Der Schlepper geht vorne nicht hoch.

Formschöne Schutzgitter vor dem Kühler.

Gefederte, schön profilierte Vorderachse.

Weich gefederter Sitz, Rutschkupplung, Messerverstellung ohne Absteigen, Einzelradbremse, daher denkbar kleinster Wenderadius.

Sehr leicht gehender Messerbalkenaufzug.

Einige Tausend 10-jährige Besitzer von LANZ-Aulendorf Schleppern werden die Eigenschaften meiner Schlepper gerne bekanntgeben.

Der Verkaufspreis ist durch hohe Produktions-Stückzahlen **niedriger** als bei allen anderen Schleppern mit vergleichbaren Eigenschaften.

Kraftheber ab Frühjahr 1950.

Auf Wunsch 8-Gang-Getriebe bis 28 km gegen geringen Mehrpreis.

Technische Daten:

Motor: Stehender 22 PS Zweizylinder-MWM- oder Deutzer-Fahrzeugmotor, Viertakter, mit auswechselbaren Zylinderbüchsen und Druckumlaufschmierung Kurbelwelle rollengelagert.

Zylinder: ⌀ 100 mm, **Hub:** 150, **Hubraum:** 2356 ccm

Motordrehzahl: 600 – 1500 Umdrehungen, regulierbar durch Handgas- und Fußgaßhebel

Kühlung des Motors: Umlaufkühlung durch Wabenkühler, Ventilator und Umwälzpumpe

Lenkung: Kräftige, staub- und öldicht gekapselte, bequem nachstellbare Schneckenlenkung

Wechselgetriebe: Besonders schwere, 26fach kugelgelagerte eigene Konstruktion mit spiralverzahnten Palloid-Kegelrädern und Kugelschaltung mit 5 Vorwärtsgängen

Kupplung: Einscheibentrockenkupplung. Keine Wartung

Fahrgeschwindigkeiten: 5 Vorwärtsgänge 3,6 – 5,1 – 6,9 – 11,2 und 20 km – 1 Rückwärtsgang 3,6 km

Bremsen: Doppelte Hinterrad-Innen-Backen-Einzelrad-Fußbremse und feststellbare Getriebehandbremse

Bereifung: Vorne 5,50 – 6,00 – 16, hinten 9,00 – 24

Beleuchtung: Boschlichtanlage und Boschhorn

Spurweite: Verstellbar 1,28 u. 1,46 m, **Radstand:** 1,80 m

Innerer Wenderadius: 1,25 m

Länge: 2,90 m, **Breite:** 1,54 m mit Mähwerk 1,66 m

Höhe: 1,55 m mit Messerbalken 1,80 m

Bodenfreiheit: 360 mm, später 450 mm

Anhängehöhen: Für Wagen 700 mm, für Ackergeräte 400 mm

Gewicht: Mit Mähwerk ca. 1700 kg, ohne Mähwerk ca. 1600 kg

Riemenscheibe: Abstellbar, 200 x 140 mm, 1500 Umdrehungen p. Min.

Zapfwelle: Abstellbar, 550 Umdrehungen pro Minute

Differential-Sperre: Wenn der Boden glitschig ist, kann durch Fußhebeldruck das Differential gesperrt werden. Dadurch wird das einseitige Gleiten der Hinterräder vermieden.

Größte Zugkraft am Haken: ca. 900 kg

Gezogene Bruttoanhängelast: Auf ebener, trockener Straße ca. 12,5 to., bei 10% Steigung 5,5 to. im 1. Gang

GEBR. EDEL, SAULGAU

11 PS Voll-Diesel Bauern-Schlepper

In diesem neuen Schlepper sind die letzten Erfahrungen im Motoren-, Triebwerks- und Schlepperbau verkörpert. Die Vereinigung aller wünschenswerten Eigenschaften ist in zäher Aufbauarbeit erstmals vollkommen geglückt und erreicht worden.

Enorme Zugleistung

Zieht 80 Zentner bei 10 % Steigung

Mähleistung 80 ar p. Std.

15 km Geschwindigkeit

4 Vorwärtsgänge

Unerreicht niedere Betriebskosten 15–25 Pfg. pro Std.

Zuverlässig

Unverwüstlich

Leichte Bedienung

Rahmenlose, kettenlose Blockbauart

Für Acker, Straße, Wald- und Feldwege gleich geeignet

Für die Landwirtschaft steuerfrei

Hermann Lanz, Aulendorf

S 75

Vorzüge und technische Einzelheiten

des neuen 11 PS Bauernschleppers

Motor: Deutz F 1 M 414, Höchstdauerleistung 11 PS mit verbesserter Brennstoffpumpe, auswechselbarer Zylinderbüchse, Umlaufölung, Boschdüsen, Zylinder 100 mm ∅, Hub 140, Hubraum 1100 ccm.

Kühlung des Motors: Umlaufkühlung mit Wabenkühler, Ventilator und Umwälzpumpe.

Motordrehzahl: 600 — 1500, regulierbar durch Moment-Gasverstellhebel.

Bosch-Brennstoff-Filter, daher beste Brennstoffreinigung.

Oel-Luftfilter bietet Gewähr für lange Lebensdauer des Motors.

Getriebe: Besonders schwere, eigene Spezialkonstruktion aus Edelstahl, alle Gänge für strengen Dauerbetrieb bemessen, mit spiral verzahnten Kegelrädern, direkt angeflanscht am Motorgehäuse mit Kugelschaltung.

Rückansicht mit Aufsattelpunkt
Zapfwelle und Differentialsperre

Fahrgeschwindigkeiten: 4 Vorwärtsgänge mit 3,1, 4,9, 8,8 und 15 km, 1 Rückwärtsgang 3 km, Auto-Kugelschaltung.

Kupplung: Einscheiben-Trockenkupplung Fichtel & Sachs K 12 V, Keine Wartung, stoßfreies Anfahren.

Lenkung: Kräftige, staub- und öldicht gekapselte, leicht nachstellbare Schneckenlenkung. Großes Lenkrad.

Bremsen: Sehr wirksame, geschlossene Handgetriebebremse, von außen nachstellbar.
Erstklassige Fußbremse, auf die großen Trommeln beider Hinterräder wirkend.

Bereifung: vorne 5.25 — 16, 700 × 135 mm, hinten Niederdruck-Geländereifen 8.00 — 20 Spezial Traktor 935 × 210 Millimeter.

Maße: Länge 2,30 m, Breite 1,50 m, Höhe 1,50 m, Radstand 1,50 m.

Gewichte: betriebsfertig ohne Mähwerk 1200 kg, mit Mähwerk 1300 kg.

Wagenanhängung gefedert zur Schonung von Getriebe und Wagen, 610 mm hoch, Durchsteckbolzen 30 mm stark.

Lange Anhängeschiene für Ackergeräte, 340 mm hoch.

Aufsattelpunkt für Spezialgeräte und Einachsanhänger 720 mm hoch.

Zugkraft: am Haken auf dem Acker 400 kg, Anhängelast auf trockener, ebener Straße 130 bis 170 Zentner, bei 10% Steigung 80 Zentner.

Spurbreite: verstellbar 1,28 m und 1,42 m.

Wendehalbmesser: außen 2,90 m.

Leistung beim Pflügen: 1 Schar bis 27 cm tief, 2 Schar bis 15 cm tief bei trockenem, mittelschwerem Boden.

Mähbalken: 4½ Fuß Mittel- oder Tiefschnitt (1,40 m) Mähwelle 900 Umdrehungen pro Minute.

Ratschkupplung am Mähwerk, von außen nachstellbar.

Kurbelscheibe mit Zapfen, aus einem Stück geschmiedet, Drehung von hinten gesehen im Uhrzeigersinn.

Bodenfreiheit: Mitte 260 mm, neben den Rädern 360 mm.

Beleuchtung: Bosch-Lichtanlage, Lichtmaschine 60 Watt, Akkubatterie 50 Amp. Std., 2 Scheinwerfer, Schlußlicht und Bosch-Horn.

Riemenscheibe mit Rand: 230 × 145 mm, 1100 Umdrehungen, im Uhrzeigersinn treibend, abstellbar, Riemengeschwindigkeit 13 m/sek.

Differentialsperre, vom Sitz aus bedienbar, dadurch Vermeidung jeden Radschlupfes, bruchsicher auch bei Ueberbelastung.

Sehr wirksamer Schalldämpfer, Motor läuft sehr ruhig.

Vorderachse besonders kräftig und überdimensioniert.

Hinterachse: Geräuschloser Schneckenantrieb.

Spurstange und Stoßstange besonders kräftig.

Leichte Getriebekontrolle, da oben bequem abnehmbare Verschlußdeckel vorhanden sind.

Unerreicht leichte Zugänglichkeit, Uebersicht und Kontrolle aller Funktionen des Schleppers.

Dreipunktlagerung durch Pendel-Vorderachse, vollkommene Anpassung an alle Bodenunebenheiten.

Wirksame Schonung der Getrieberäder durch elastische Verbindung der Kardanwelle (Juridscheibe).

Ringöse vorne am Schlepper für Rückwärtszug.

Bequemer großer Polstersitz mit gepolsterter Rückenlehne.

Greiferkränze oder Blitzgreiferräder können jederzeit nachbezogen werden.

Brennstoffverbrauch: in 10 Std. bei Vollast auf der Straße 10 — 12 kg, beim Pflügen: 14 — 16 kg Rohöl (215 gr. p. PS und Std.)

Schmierölverbrauch: in 10 Stunden rund 0,5 kg.

Tankinhalt: 28 Liter.

Der neue
BAUERN
SCHLEPPER
22 PS
Modell
1939
20 Km
Eine Spitzenleistung im Schlepperbau
Hoher Stand der Technik
Ackerschlepper-Fabrik
Hermann Lanz
AULENDORF (Württ.)
3976

Der Vierjahresplan verlangt hohe Leistungen

Die im Rahmen des Vierjahresplanes geforderte Steigerung der landwirtschaftlichen Leistungsfähigkeit und der große Mangel an landwirtschaftl. Hilfskräften erfordert dringend den Einsatz von Ackerschleppern. Der Bauer erhielt durch die Gesetzgebung wieder eine feste, sichere Grundlage. Die Industrie hat die hohe Aufgabe, dem Bauern die nötigen Maschinen zu liefern. In Erfüllung dieser Pflicht ist der heutige Bauern-Diesel-Schlepper entstanden, welcher durch langjährige Erfahrungen u. infolge der großen Fortschritte der Technik eine hohe Qualität und eine sehr große Lebensdauer erreicht hat. Der heutige Ackerschlepper ist der wertvollste und überhaupt unentbehrliche Helfer des Bauern geworden.

Technische Daten:

Motor: Stehender Deutz-Zweizylinder-Spezial-Fahrzeugmotor, Viertakter, mit auswechselbaren Zylinderbüchsen und Druckumlaufschmierung — Kurbelwelle rollengelagert.

Zylinder: Ø 100 mm **Hub:** 140, **Hubraum:** 2199 ccm

Motordrehzahl: 600–1500 Umdrehungen, regulierbar durch Moment-Drehzahl-Verstellung

Kühlung des Motors: Umlaufkühlung durch Wabenkühler, Ventilator und Umwälzpumpe

Lenkung: Kräftige, staub- und öldicht gekapselte, bequem nachstellbare Schneckenlenkung

Wechselgetriebe: Besonders schwere, eigene Spezial-Konstruktion mit spiralverzahnten Kegelrädern und Kugelschaltung

Kupplung: Einscheibentrockenkupplung. Keine Wartung

Fahrgeschwindigkeiten: 4 Vorwärtsgänge 3,7 — 6,1 — 10 und 19,4 km — 1 Rückwärtsgang 3,7 km

Bremsen: Doppelte Hinterrad-Innen-Backen-Fußbremse und feststellbare Getriebehandbremse

Bereifung: Vorne 5,25—16, hinten Niederdruck-Geländereifen 8,00—20 Spezial-Traktor

Beleuchtung: Boschlicht und Boschhorn, 60 Watt Lichtmaschine, Akku-Batterie 50 Amp. Stunden, 6 Volt.

Spurweite: Verstellbar 1,28 u. 1,42 m **Radstand:** 1,75 m

Wenderadius: Außen 3,00 m

Länge: 2,56 m **Breite:** 1,50 m **Höhe:** 1,60 m wenn mit Mähapparat 1,65

Bodenfreiheit: Mitte 260 mm, neben den Rädern 360 mm

Anhängehöhen: Wagen 600 mm, Ackergeräte 350 mm, Steckbolzen 30 mm stark, Aufsattelpunkt 720 mm

Gewicht: Mit Mähwerk ca. 1500 kg, ohne Mähwerk ca. 1400 kg.

Riemenscheibe: In Fahrtrichtung, abstellbar, 240 mm × 150 mm, 1300 Umdrehungen p. Min., Drehrichtung im Uhrzeigersinn.

Zapfwelle: Abstellbar, 540 Umdrehungen pro Minute.

Differential-Sperre: Wenn der Boden glitschig ist, kann durch einfachen Handgriff das Differential gesperrt werden. Dadurch wird das einseitige Gleiten der Hinterräder vermieden. — Sehr wichtig!

Zugkraft am Haken: Auf ebenem, haftfähigem Gelände auf dem Acker 540 kg, auf der Straße 800 kg

Gezogene Last: 1. Gang: 22 to — 2. Gang: 15 to 3. Gang: 9 to — 4. Gang: 6 to auf ebener, trockener Straße, bei 10 % Steigung 5,5 to im 1. Gang

Tankinhalt: 38 Liter

Der neue 22 PS-Diesel

Pflügt beim Tiefpflügen zweischarig 1 ha in 3 Stunden, Schält vierscharig 1 ha in $1^1/_2$ — 2 Stunden

Mäht 60 ar Gras oder Getreide pro Stunde

Zieht Lasten bis zu 22 to auf ebener Straße

Treibt alle stationären Maschinen und leistet an der Riemenscheibe 20 PS

Ersetzt 4—6 Pferde und 1—2 Arbeitskräfte

Arbeitet viel schneller u. dreimal billiger als Pferde.

Schaltet das Pferderisiko aus

Bauern-Diesel-Schlepper mit Zweischarpflug

Der **Brennstoffverbrauch** beträgt 200 Gramm Rohöl pro PS und Stunde bei Vollast. Im landw. Betrieb entspricht dies höchstens 30—40 Pfg. pro Stunde einschl. Schmieröl. An Schmieröl allein braucht der Schlepper ca. 0,7 kg in 10 Std.

Rentabilitäts-Vergleich

Der Bauern-Diesel-Schlepper 22 PS arbeitet im allgemeinen soviel wie 4—6 Pferde. Die Unterhaltungskosten für ein Pferd: Hafer, Heu, Hufbeschlag, Geschirr, Tierarzt, Versicherung, sowie Tilgung und Verzinsung des Kaufpreises wird man nicht unter RM. 750.— jährlich annehmen können, das sind für 4 Pferde RM. 3 000.—.

Die Gesamtkosten des 22 PS-Schleppers: Tilgung und Verzinsung des Kaufpreises, Betriebsstoff und Oelverbrauch, Reifenverschleiß und Reparaturen sind zu veranschlagen für eine Leistung von 4 Pferden auf ca. RM. 1 200.—. Es kommt noch dazu, daß der Schlepper nur bei der Arbeit bedient wird, während Pferde tagtäglich gefüttert und gepflegt werden müssen. Die sonst bei den Pferden beschäftigten Personen werden bei Schlepperbetrieb für andere nützliche und notwendige Arbeiten frei. Erst durch den Schlepper kann günstiges Erntewetter voll ausgenützt werden, was sich in nassen Jahren besonders deutlich gezeigt hat.

Je weniger Ersatzteile und Reparaturen nötig werden, desto billiger ist eine Maschine im Betrieb. Nicht der Kaufpreis ist entscheidend, sondern die Geeignetheit der Konstruktion und die zu erwartende Lebensdauer. Diesen Grundsätzen entspricht der 22 PS Bauern-Schlepper in hohem Maße, denn bei dieser robusten Maschine ist nur ein geringer Verschleiß und je nach der Beanspruchung eine Lebensdauer von mindestens 12—20 Jahren anzunehmen. In der glücklichen Vereinigung aller wünschenswerten Eigenschaften und Vorzüge eines leichten landw. Ackerschleppers steht dieser 22 PS Trekker heute einzig da und bildet eine Qualitätsklasse für sich, bei der jahrzehntelange Erfahrungen im Fahrzeug- und Schlepperbau ausgewertet worden sind.

Aufbau des Schleppers

Der zweckmäßigste **Zweizylinder - Volldiesel - motor** modernst. Konstruktion mit der vollkommensten Umlaufkühlung und Ventilator arbeitet weitaus am billigsten und ist mit dem Getriebe rahmenlos zu einem Block vereinigt.

Die Bodenunebenheiten werden durch die **pendelnde Vorderachse** mit großer Bodenfreiheit (350 mm) völlig ausgeglichen.

Die **großen Niederdruck-Luftreifen** erlauben eine geradezu enorme Kraftübertragung auf die Hinterräder und eine sehr große Leistung des Schleppers auf Acker, Wiese und Straße.

Der bequeme, gut gefederte **Polster-Sitz mit hoher Rückenlehne** verhindert eine Ermüdung des Fahrers.

Die **Lenkung mit kugelgelagertem, nachstellbarem Schneckengetriebe** erlaubt ein sehr leichtes Steuern bei kleinstem Wenderadius.

4 verschiedene Geräte- u. Wagen-Anhängeinrichtungen ermöglichen eine bequeme und leichte Anbringung von Geräten, Wagen u. auch von Sattelwagen.

Die **Riemenscheibe** ist links seitlich schön und in geschützter Lage abstellbar untergebracht.

Durch den **Klappdeckel auf der Motorhaube** kann eine besonders bequeme und leichte Bedienung des Motors erfolgen.

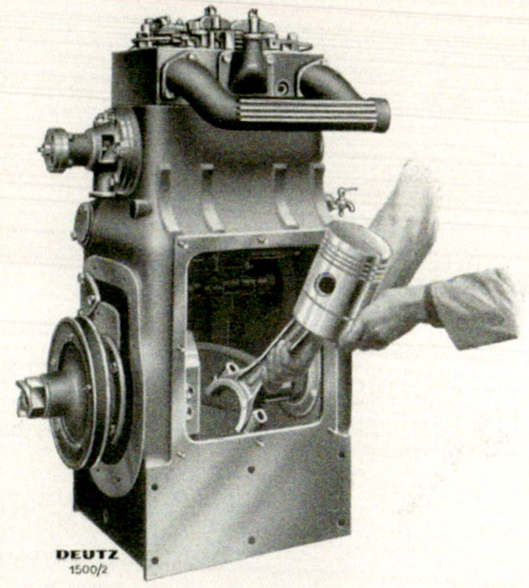

Motorinneres leicht zugänglich, Ausbau der Kolben- und Pleuelstangen ohne Abschrauben des Motors.

Vollkommenste Oel-, Luft- und Brennstoff-Filterung

Das **Spezial-Getriebe** eigener Konstruktion ist in sämtlichen Dimensionen besonders stark gebaut, sodaß dieses eine besonders große, übernormale Lebensdauer erwarten läßt. Sämtliche Zahnräder und Wellen des Getriebes sind aus legierten Edelstählen hergestellt, im Einsatz gehärtet, im Kern weich und daher bruchsicher, damit diese auch gegen die bekanntlich im landw. Betrieb oft vorkommenden Stöße und Ueberlastungen so gut wie unempfindlich sind. Der Verschleiß ist daher sehr gering.

Mehr als 30 Kugellager und die Ölbadschmierung sind Kennzeichen hoher Qualität.

Ein **Schalldämpfer** sorgt für besonders geräuscharmen Lauf.

Einen großen Vorteil bedeutet die **bequeme Zugänglichkeit** aller Teile sowie die damit verbundene **leichte Prüfung und Kontrolle aller Funktionen.**

Dieser Ackerschlepper vereinigt in sich alle wünschenswerten Eigenschaften und Vorzüge in unerreichter Weise.

Der Diesel 22 P.S

ausgerüstet mit 4 1/2 Fuß-Mähbalken und Ratschkupplung, welche automatisch ausschaltet, sobald ein Fremdkörper ins Messer kommt.

Modell 1940
Der neueste
22 PS
Hermann Lanz • Aulendorf
SCHLEPPERFABRIK
Siehe Rückseite!

Fahrgeschwindigkeiten

bei Hinterradluftbereifung 9.00–24:

4 Vorwärtsgänge: 1. Gang 3,6 km, 2. Gang 6,10 km, 3. Gang 10 km, 4. Gang 19,30 km, Rückwärtsgang 3,6 km.

Bei Bereifung der Hinterräder mit Luftreifen 8.00–20:

4 Vorwärtsgänge: 1. Gang 3,2 km, 2. Gang 5,20 km, 3. Gang 9,10 km, 4. Gang 16,50 km, Rückwärtsgang 3,2 km.

Bei Ausrüstung mit eisernen Ackerrädern und Straßen-Laufringen:

Durchmesser 1100 mm, beträgt die zulässige Höchstgeschwindigkeit 8 km.
Benützt werden: 1. Gang 3,9 km, 2. Gang 6,80 km.
Der 3. und 4. Gang sind gesperrt, aber vorhanden und bei späterer Luftreifen-Verwendung leicht einschaltbar.

Fahrgeschwindigkeit bei Ackerrädern ohne Straßenlaufringe (im Gelände)

1. Gang 3,3 km, 2. Gang 5,60 km pro Stunde.

Richtige Größe der Luftbereifungen:

vorne 5.25—16, oder 5.50—16 hinten 9.00—24, oder 8.00—20

Bei eisernen Ackerrädern:

vorne Luftreifen 5.25—16 oder 5.50—16,
hinten Straßen-Laufring 1100 mm Durchmesser. Ohne Straßen-Laufringe zum Fahren im Gelände 900 mm Durchmesser des Rades ohne Greifer.
Für Eisenradschlepper ist später nur die Luftreifengröße 9.00—24 vorgesehen.

Differentialsperre:

Durch Niedertreten eines auf der rechten Seite am Getriebekasten befindlichen Fußhebels wird das Differential gesperrt. Dann können sich beide Hinterräder nur noch gleichzeitig drehen. Wird der Fußhebel wieder locker gelassen oder der Fuß weggenommen, so löst sich die Differentialsperre selbsttätig wieder aus. Die Sperrung soll nur bei Geradeausfahrt und solange es nötig ist, benützt werden. Die Einschaltung soll möglichst beim Stillstand des Schleppers oder beim Durchrutschen eines der beiden Hinterräder im ersten Gang feinfühlig vorgenommen werden.

Zapfwelle:

Von der Vorgelegewelle im Wechselgetriebe wird die abstellbare Zapfwelle für Bindemäher und andere Geräte angetrieben. Das Keilwellenprofil für den Anschluß ist DIN Land 29×35 mm. Das Ein- und Ausrücken geschieht wie bei der Riemenscheibe durch Schwenken des Kupplungshandhebels um 90 Grad.

Beim Anschluß des Zapfwellenbinders ist darauf zu achten, daß die Anschlußwelle am Binder bei Geradeausfahrt in der Richtung der Zapfwelle des Schleppers liegt, also wenig links von der Fahrzeugmitte. Der Anhängepunkt am Binder muß sich etwa in der Mitte zwischen den beiden Kreuzgelenken der Gelenkwelle befinden. Um dies zu erreichen, wird eine Anhängeschiene für Zapfwellenbinder auf Bestellung gegen Berechnung mitgeliefert.

Der neue Holzgas-Bauernschlepper

L 25

Ein Produkt langjähriger Erfahrungen im Gaserzeuger- und Schlepperbau

D 432

Der Gaserzeuger (Generator)

Offene Bauweise

Dieser darf für alle 25-PS-Schlepper nur in der einen Größe EG 60 (Leistung 60 cbm Gas pro Stunde) und ausgestattet mit den vorgeschriebenen Grundelementen, verwendet werden. Der Gaserzeuger wird in unserem Werk in Lizenz hergestellt und findet in der sogenannten **offenen Bauweise** Anwendung.

Beim Generator EG 60 **Blockbauart** ist der Feinreiniger vorne unter der Haube untergebracht. Beide Bauarten werden in unserem Werk Aulendorf nebeneinander hergestellt und geliefert.

Besondere Vorzüge des Generators EG 60 offen Lanz Aulendorf:

1. Der Doppelmantel des Tanks ist innen und außen gasdicht geschweißt; dadurch ist eine doppelte Lebensdauer zu erwarten.
2. Der Feinreiniger ist auf dem linken Hinterrad untergebracht und sehr bequem zu bedienen.
3. Der Wärmeaustauscher mit Entstauber und Aschenkasten befindet sich vorne unter der Haube.
4. Durch Verlegung des Feinreinigers nach hinten (und des Wärmeaustauschers nach vorne ist der Schlepper kürzer geworden.

Der neue 25-PS-Holzgas-Schlepper ist mit Kurz-Getriebe und Palloid-Spiral-Kegelrädern ausgestattet.

Das Differential kann nach Herausziehen der Steckachsen ganz herausgenommen werden. Die Lenkung ist kugelgelagert, staubdicht verkapselt und nachstellbar im Getriebe-Gehäuse untergebracht. Die Fußbremse wirkt auf beide Hinterräder. Die Differentialsperre verhindert das Durchrutschen eines einzelnen Hinterrads, was für Ackerarbeiten und bei Fahrten auf nicht festem Grund von großer Wichtigkeit ist.

Jeder Bauernschlepper ist mit dem bewährten Mähwerk eigener Konstruktion, sowie mit Zapfwelle und Riemenscheibe ausgerüstet. Eine langjährige Erfahrung im Schlepperbau und die große Beliebtheit der zahlreichen im Gebrauch befindlichen Allzweck-Bauernschlepper unseres Fabrikats bieten Gewähr dafür, daß auch der neue Holzgas-Schlepper L 25 der Land- und Forstwirtschaft wertvolle Dienste leisten wird.

Der Gas-Schlepper erobert den europäischen Markt

Nachdem die nordischen Länder bei der Verwendung von Holz als Kraftstoff für Fahrzeuge vorangegangen sind und gute Erfahrungen gemacht haben, ist nun auch bei uns ein hochwertiger Holzgas-Schlepper entwickelt worden, der in kurzer Zeit nicht nur Deutschland, sondern ganz Europa als Absatzgebiet, insbesondere für die Land- und Forstwirtschaft, erobern wird.

Offene Bauweise

Der neue Holzgas-Schlepper L 25 erfüllt die Forderungen der Landwirtschaft weitgehend und wertet die langjährigen technischen Erfahrungen aus, sodaß eine gefällige Maschine entstanden ist, bei welcher auf eine möglichst einfache Bedienung und leichte Zugänglichkeit und Kontrolle der einzelnen Elemente größter Wert gelegt wurde. Eine Rostrüttelvorrichtung kann später nachgeliefert werden. Diese ermöglicht die Verwendung von aschearmem Torf und von Braunkohle.

Blockbauart

Technische Daten des L 25

Art des Verfahrens: Holzgas.
Gaserzeuger: Einheitsgenerator EG 60.
Holzverbrauch: kg/PS/st 0,8.
Schmierölverbrauch des Motors: g/PS/st 5.
Holzfüllung des Gaserzeugers: 60 kg.
Betriebsdauer bei einer Füllung: ca. 4–5 Stunden.
Tankinhalt für Benzin: 7 Liter.
Motor: Otto-Gasmotor GF 2 M 115.
Bremsdauerleistung (bei 1500 U/min.) 25 PS.
2-Zylinder: 130 mm
Hub: 150 mm
Zylinderinhalt 4 Liter.
Kühlung: Wabenkühler, Umwälzpumpe und Ventilator.
Lenkung: Nachstellbare, kugelgelagerte Schneckenlenkung.
Getriebe: Besonders schwere, eigene Bauart mit Kugelschaltung, 4 Vorwärtsgängen, Leerlauf und Rückwärtsgang.
Fahrgeschwindigkeiten: ca. 3,5, 6,1, 10 und 19,4 km, Rückwärtsgang 3,5 km.
Kupplung: Fichtel & Sachs-Einscheiben-Trockenkupplung.
Bremsen: Feststellbare Getriebe-Handbremse, Innenbacken-Fußbremse auf beide Hinterräder wirkend.
Differentialsperre: Bedienung durch Fußhebel.
Hinterachse: Steckachsen mit Keilprofil aus Spezialedelstahl.

Vorderachse: mit altbewährter Blattfederung und profiliertem Achskörper.
Höhe der Anhängepunkte: Ackerschiene 400 mm,
Anhängemaul für Wagen 800 mm,
Anhängebolzen für Sattel-Anhänger 850 mm.
Bodenfreiheit: 300 mm.
Spurbreite: verstellbar, 1,27 und 1,42 m.
Radstand: 2050 mm beim L 25 offen, 2140 mm beim L 25 Block.
Äußerer Wende-Radius: 3,50 m.
Bereifung: vorne 5.50×16 oder 6,00×16.
hinten 9.00×24, Ackerluft- oder Eisenräder.
Länge: 2950 mm, Breite 1560 mm, Höhe 1640 mm bis oben Haube.
Gewicht: leer 2200 kg, betriebsfertig 2330 kg.
Mähwerk: 4½ oder 5 Fuß Messerbalken rechts.
Riemenscheibe: 240 mm ∅, 150 mm breit, 1300 U/min., abstellbar.
Zapfwelle: 540 U/min., abstellbar, 35/29 Din Land.
Beleuchtung: Boschlichtanlage, 12 Volt, Boschhorn, Fern-Abblend-Standlicht und Schlußlicht,
Dynamo 130 Watt, Aku-Batterie 75 Amp./Std.
Gezogene Last auf ebener, trockener Straße:
1. Gang 22 Tonnen, 2. Gang 15 Tonnen,
3. Gang 10 Tonnen, 4. Gang 8 Tonnen,
bei 10 % Steigung 7 Tonnen im 1. Gang.
Größte Zughakenkraft: 1100 kg.

Hermann Lanz, Aulendorf / Württbg.

Ackerschlepperfabrik

GEBR. EDEL, SAULGAU

Der Lanz-Aulendorf Holzgas-Schlepper

HG 25

Der Holzgasschlepper wurde in Deutschland 1942 eingeführt, nachdem mehrere europäische Länder schon viel früher mit Holz als Kraftstoff für Fahrzeuge mit gutem Erfolg vorangegangen waren. Die Erfahrungen der ersten 3 Jahre im deutschen Holzgasschlepper-Einsatz sind durchaus gut und zeigen, daß der 25 PS Schlepper in Arbeit und Einsatz absolut zuverlässig ist, wenn Pflege und Wartung vorschriftsmäßig durchgeführt werden.

Dieser Schlepper erfüllt die Forderungen der Landwirtschaft und des Verkehrs in hohem Maße. Er ist in der Bedienung einfach, betriebssicher und dem bisherigen Dieselschlepper in der Leistung weitaus überlegen. Auf einfache Bedienung, leichte Zugänglichkeit und Kontrolle der einzelnen Elemente der Maschine wurde besonders geachtet.

Der Gaserzeuger (Generator)

Dieser wurde von Anfang an nur in der einen Größe EG 60 verwendet, Leistung 60 cbm Gas pro Stunde mit den einheitlichen bewährten Grundelementen, wobei größten Wert darauf gelegt wurde, daß z. B. auch mit Fichtenholz bei einem Wassergehalt bis 40 und 45% noch befriedigend gearbeitet werden kann. Der Schlepper arbeitet natürlich viel besser und billiger, je trockener das Tankholz ist.

Eine Erfahrung von über 1½ Jahrzehnten im Schlepperbau und die große Beliebtheit tausender im Gebrauch befindlicher Lanz-Aulendorf Schlepper bieten Gewähr für hohe Qualität und lange Lebensdauer.

Alle Zahnräder, Getriebe, Lenkungen und sonstigen wesentlichen Bauelemente mit Ausnahme des Motors werden im eigenen Werk hergestellt.

Wenn wieder genügend Rohöl zur Verfügung steht, so kann der Motor mit mäßigen Kosten auf Rohölbetrieb umgebaut werden.

Ackerschlepper - Fabrik

HERMANN LANZ

Aulendorf - Wttbg.

Technische Daten

des Lanz-Gengas-Schleppers HG 25

Gas-Erzeuger:		EG 60 Block
Holzfüllung des Tanks	kg.	75
Holzverbrauch	kg./Std.	15
eine Füllung reicht	Std.	4-5
Brikettfüllung des Gaserzg.	kg.	150
Brikettverbrauch	kg./Std.	10
eine Füllung reicht	Std.	15
Tankinhalt für Benzin	Liter	5
Motor:		MWM
Type		2-Zylinder-4takt-Gasmotor
Zylinderbohrung	mm	130
Hub	mm	150
Zylinderinhalt	Liter	3,98
Motordrehzahl	Min.	1500
Bremsleistung	PS	25
Anfachverfahren		Handanfacher
Fahrzeug:		
Reifengröße	hinten	9.00-24
Reifengröße	vorn	6.00-16
Länge über alles	mm	3400
Breite über alles	mm	1520
Höhe über alles	mm	1900
Spurweite (verstellbar)	mm	1270/1420
Bodenfreiheit	mm	300
Radstand	mm	2190
Schneckenlenkung kugelgelagert (nachstellbar)		
Palloid-Spiralkegelräder		
Anzahl der Gänge		5 vorw. 1 rückw.
Fahrgeschwindigkeiten	km/Std.	3,6 5,1 6,9, 11,2 20, rückw. 3,6
Größte Anhängelast auf ebener Straße	to.	20
Größte Zughakenkraft	kg.	1200
Differentialsperre m. Fußbetätigung		
Vorderachse mit altbewährter Blattfederung und profiliertem Achskörper		
Höhe der Anhängevorrichtung für Wagen	mm	750
Höhe der Anhängevorrichtung für Ackergeräte	mm	400
Wenderadius innen	m	3,50
Beleuchtung	Bosch	6-Volt
Zapfwelle:		
Durchmesser	mm	35/29 Keilprofil
Genormte Ausführung		Din Land 31
Drehzahl	Min.	540
Sonderausrüstung:		
Mähwerk bewährte Eigenkonstruktion	Fuß	5
Seilwinde, Drahtseillänge	m	75
Drahtseildicke	mm	10
Höchstzulässige Belastung	kg	2500

Der neueste
HE LA
DIESEL
22/25 PS
Bauern- und Verkehrs-Schlepper
20 Km
5 Vorwärtsgänge
Ein Produkt 20-jähriger Erfahrung im Schlepperbau
Unerreicht in seinen Eigenschaften und in seiner Lebensdauer. – Dieser Schlepper hat die wünschenswerte Kraftreserve und die geringsten Betriebskosten seiner Klasse.
Hermann Lanz
Aulendorf
Weitere Auskünfte durch Vertretung:

HELA DIESEL

Normal-Ausrüstung:

mit Mähantrieb, Riemenscheibe, Zapfwelle,
gefederter Vorderachse, Differentialsperre
6 Volt Bosch-Licht-, -Horn und Glühkerzenanlage
Zahnkranz für Anlasser

Technische Daten:

Die angegebenen Daten sind ungefähre, Änderungen vorbehalten.

Motor: Stehender Zweizylinder-Spezial-Fahrzeug-Dieselmotor, Viertakter, mit auswechselbaren Zylinderlaufbüchsen, Druckumlaufschmierung, Zahnradölpumpe, rollengelagerte Kurbelwelle. Leistung 22/25 PS, Fabrikat MWM oder Deutz. Der MWM-Motor mit 22/25 PS wird mit verchromter Zylinderlaufbüchse geliefert. Dadurch wesentliche Erhöhung der Verschleißfestigkeit. Automatische Kipphebelschmierung.

Zylinder: Ø 100 mm, Hub: 150, Hubraum: 2356 ccm.

Motordrehzahl: 600 – 1500 Umdrehungen, regulierbar durch Handgas- und Fußgashebel.

Kühlung des Motors: Umlaufkühlung durch Wabenkühler, Ventilator und Umwälzpumpe.

Lenkung: Kräftige, staub- und öldicht gekapselte, bequem nachstellbare Schneckenlenkung.

Wechselgetriebe: Besonders schwere, 26-fach kugelgelagerte eigene Konstruktion mit spiralverzahnten Palloid-Kegelrädern und Kugelschaltung mit 5 Vorwärtsgängen.

Kupplung: Einscheibentrockenkupplung Fichtel & Sachs. Keine Wartung.

Fahrgeschwindigkeiten: 5 Vorwärtsgänge 3,5 – 5,1 – 6,9 – 11,2 und 20 km.
1 Rückwärtsgang 3,5 km.

Bremsen: Dopp. Hinterrad-Innen-Backen-Einzelrad-Fußbremse u. feststellb. Getriebehandbremse.

Bereifung: vorne 5.50×16, hinten 9.00×24.

Beleuchtung: Boschlichtanlage und Boschhorn.

Spurweite: Verstellbar 1,27 und 1,45 m.

Radstand: 1,80 m.

Kleinster äußerer Wenderadius: 2,75 m.

Länge: 2,90 m.

Breite: 1,54 m, mit Mähwerk 1,66 m.

Höhe: 1,45 m bis oben Haube.

Bodenfreiheit: 360 mm.

Anhängehöhen: Für Wagen 700 mm, für Ackergeräte 400 mm.

Gewicht: mit Mähwerk ca. 1700 kg,
ohne Mähwerk ca. 1600 kg.

Mähwerk: Zum Patent angemeldete Eigen-Konstruktion, sehr leicht hochziehbar.

Riemenscheibe: Abstellbar, 200×140 mm, 1500 Umdrehungen p. Min.

Zapfwelle: genormt 29/34 mm, abstellbar 540 Umdrehungen p. Min.

Differentialsperre: Wenn der Boden glitschig ist, kann durch Fußhebeldruck das Differential gesperrt werden. Dadurch wird das einseitige Gleiten der Hinterräder vermieden.

Gezogene Bruttoanhängelast auf ebener, trockener Straße: ca. 12,5 to.

Brennstoffverbrauch im Durchschnitt: 1,5 – 2,0 Liter Rohöl pro Stunde.

Tankinhalt: 37 Liter.

Sonder-Ausrüstung:

Kpl. Anlasseranlage 12 V. mit schwerer Akku-Batterie
94,5 Ah bei MWM-, 122 Ah bei Deutz-Motor
Mähwerk 5 Fuß
Seilwinde
Kraftheber, ölhydraulisch
Reifenfüll-Kompressor
Stahl-Schutzdach
Vordere Kotflügel
Verlängerte Ackerschiene
Kotflügel-Sitz
Anbaupflüge und -Geräte

Der neue 5 Gang
Diesel-Bauern- und
Verkehrs-Schlepper
28 PS
ist aus 20-jähriger Ackerschlepperbau-Erfahrung heraus entstanden. Er hat die wünschenswerte Kraftreserve und die geringsten Betriebskosten in seiner Klasse.
Schlepper-Fabrik
HERMANN LANZ
AULENDORF (WÜRTTBG.)

Eine 20-jährige Erfahrung im Schlepperbau

sichert dem Besitzer **alle wünschenswerten Eigenschaften** und **folgende Vorzüge:**

Getriebe und Aufbau zeigen nach 10jährigem Gebrauch fast keine Abnützung, weil alle Teile übermäßig stark und kräftig gebaut und daher fast unzerstörbar sind.

Das Schleppergewicht ist das denkbar geeignetste für die Landwirtschaft.

Der Schlepper geht vorne nicht hoch.

Formschöne Schutzgitter vor dem Kühler.

Gefederte, schön profilierte Vorderachse.

Weich gefederter Sitz, Rutschkupplung, Messerverstellung ohne Absteigen, Einzelradbremse, daher denkbar kleinster Wenderadius.

Sehr leicht gehender Messerbalkenaufzug.

Einige Tausend 10-jährige Besitzer von LANZ-Aulendorf Schleppern werden die Eigenschaften meiner Schlepper gerne bekanntgeben.

Der Verkaufspreis ist durch hohe Produktions-Stückzahlen **niedriger** als bei allen anderen Schleppern mit vergleichbaren Eigenschaften.

Kraftheber ab Frühjahr 1950.

Auf Wunsch 8-Gang-Getriebe bis 28 km gegen geringen Mehrpreis.

Technische Daten:

Motor: Stehender Zweizylinder-Spezial-Fahrzeugmotor, M W M 28 PS Viertakter, mit auswechselbaren Zylinderbüchsen und Druckumlaufschmierung Kurbelwelle rollengelagert.

Zylinder: ⌀ 110 mm, **Hub:** 150, **Hubraum:** 2850 ccm

Motordrehzahl: 600 – 1500 Umdrehungen, regulierbar durch Handgas- und Fußgaßhebel

Kühlung des Motors: Umlaufkühlung durch Wabenkühler, Ventilator und Umwälzpumpe

Lenkung: Kräftige, staub- und öldicht gekapselte, bequem nachstellbare Schneckenlenkung

Wechselgetriebe: Besonders schwere, durchweg kugelgelagerte eigene Konstruktion mit spiralverzahnten Palloid-Kegelrädern und Kugelschaltung mit 5 Vorwärtsgängen

Kupplung: Einscheibentrockenkupplung. Keine Wartung

Fahrgeschwindigkeiten: 5 Vorwärtsgänge 3,6 – 5,1 – 6,9 – 11,2 und 20 km – 1 Rückwärtsgang 3,6 km

Bremsen: Doppelte Hinterrad-Innen-Backen-Einzelrad-Fußbremse und feststellbare Getriebehandbremse

Bereifung: Vorne 5,50 – 6,00 – 16, hinten 9,00 – 24

Beleuchtung: Boschlichtanlage und Boschhorn

Spurweite: Verstellbar 1,28 u. 1,46 m, **Radstand:** 1,76 m

Innerer Wenderadius: 1,25 m

Länge: 2,83 m, **Breite:** 1,54 m mit Mähwerk 1,66 m

Höhe: 1,50 m mit Messerbalken 1,80 m

Bodenfreiheit: 375 mm

Anhängehöhen: Für Wagen 700 mm, für Ackergeräte 400 mm

Gewicht: Mit Mähwerk 1900 kg, ohne Mähwerk 1750 kg

Riemenscheibe: Abstellbar, 200 x 140 mm, 1500 Umdrehungen p. Min.

Zapfwelle: Abstellbar, 550 Umdrehungen pro Minute

Differential-Sperre: Wenn der Boden glitschig ist, kann durch Fußhebeldruck das Differential gesperrt werden. Dadurch wird das einseitige Gleiten der Hinterräder vermieden.

Größte Zugkraft am Haken: ca. 1100 kg

Gezogene Bruttoanhängelast: Auf ebener, trockener Straße ca. 15,0 to., bei 10% Steigung 6,5 to. im 1. Gang

GEBR. EDEL, SAULGAU

Die neuen 5 Gang-

Diesel-Bauern- und Verkehrs-Schlepper

22/24 PS

28/32 PS

Ein Produkt 20-jähriger Erfahrung im Schlepperbau.

Unerreicht in seinen Eigenschaften und in seiner Lebensdauer. - Diese Schlepper haben die wünschenswerte Kraftreserve und die geringsten Betriebskosten ihrer Klasse.

Schlepper-Fabrik

HERMANN LANZ

AULENDORF (WÜRTTBG.)

Normal-Ausrüstung:

22/24 PS **28/32 PS**

mit Mähwerk 5 Fuß
mit Riemenscheibe
mit Zapfwelle
mit Differentialsperre
mit gefederter Vorderachse
6 Volt – Licht- und Glühkerzen-Anlage – 12 Volt
mit Batterie ohne Batterie

Technische Daten:

Die angegebenen Daten sind ungefähre, Änderungen vorbehalten.

Motor: Stehender Zweizylinder-Spezial-Fahrzeug-Dieselmotor, Viertakter, mit auswechselbaren Zylinderlaufbüchsen, Druckumlaufschmierung, rollengelagerte Kurbelwelle.
Leistung 22/24 PS, Fabrikat MWM oder Deutz
Leistung 28/32 PS, Fabrikat MWM.
Der MWM-Motor mit 22/24 PS wird mit verchromten Zylinderlaufbüchsen geliefert. Dadurch wesentliche Erhöhung der Verschleißfestigkeit.

Zylinder:
22 PS, ⌀ 100 mm, Hub: 150, Hubraum: 2356 ccm
28 PS, ⌀ 110 mm, Hub: 150, Hubraum: 2850 ccm

Motordrehzahl: 600–1500 Umdrehungen, regulierbar durch Handgas- und Fußgashebel.

Kühlung des Motors: Umlaufkühlung durch Wabenkühler, Ventilator und Umwälzpumpe.

Lenkung: Kräftige, staub- und öldicht gekapselte, bequem nachstellbare Schneckenlenkung.

Wechselgetriebe: Besonders schwere, 26 fach kugelgelagerte eigene Konstruktion mit spiralverzahnten Palloid-Kegelrädern und Kugelschaltung mit 5 Vorwärtsgängen.

Kupplung: Einscheibentrockenkupplung. Keine Wartung.

Fahrgeschwindigkeiten: 5 Vorwärtsgänge 3,5–5,1–6,9–11,2 und 20 km – 1 Rückwärtsgang 3,5 km bei Bereifung 9.00×24.

Bremsen: Dopp. Hinterrad-Innen-Backen-Einzelrad-Fußbremse u. feststellb. Getriebehandbremse.

Bereifung: 22 PS vorne 5.50×16, hinten 9.00×24
28 PS vorne 6.00×16, hinten 9.00×24 oder 11.25×24.

Beleuchtung: Boschlichtanlage und Boschhorn.

Spurweite: Verstellbar 1,27 und 1,45 m.

Radstand: 1,80 m.

Kleinster äußerer Wenderadius: 2,75 m.

Länge: 2,90 m.

Breite: 1,54 m, mit Mähwerk 1,66 m.

Höhe: 1,50 m, mit Messerbalken 5 Fuß 1,80 m.

Bodenfreiheit: 360 mm.

Anhängehöhen: Für Wagen 700 mm, für Ackergeräte 400 mm.

Gewicht: 22 PS mit Mähwerk 1700 kg, ohne Mähwerk 1600 kg. – 28 PS mit Mähwerk 1900 kg, ohne Mähwerk 1800 kg.

Riemenscheibe: Abstellbar, 200×140 mm, 1500 Umdrehungen p. Min.

Zapfwelle: genormt 29/34 mm, Abstellbar 540 Umdrehungen p. Min.

Differentialsperre: Wenn der Boden glitschig ist, kann durch Fußhebeldruck das Differential gesperrt werden. Dadurch wird das einseitige Gleiten der Hinterräder vermieden.

Gezogene Bruttoanhängelast auf ebener, trock. Straße: 22 PS ca. 11 to., 28 PS ca. 15 to.

Brennstoffverbrauch im Durchschnitt:
22 PS 1,5–2,0 Liter Rohöl pro Stunde
28 PS 2,0–2,5 Liter Rohöl pro Stunde.

Tankinhalt: 37 Liter.

Sonder-Ausrüstung:

Anlasser-Anlage
12 Volt mit schwererBatterie von 122 Ampere-Stunden

Seilwinde
mit Bergstütze

Führerdach

Der ideale
14 PS »Fünfgang«
Bauern-Diesel-Schlepper
DIESEL Lanz
hat trotz seines niedersten Preises alle Eigenschaften, die in der Landwirtschaft nötig und wertvoll sind. Dafür bietet meine 20-jährige Erfahrung im Schlepperbau Gewähr.
Schlepper-Fabrik
HERMANN LANZ
AULENDORF (WÜRTTBG.)

Technische Daten des Modells I / 1950

Die angegebenen Daten sind ungefähre – Änderungen vorbehalten.

Motor: Stehender Einzylinder-Spezial-Fahrzeugmotor MWM 14 PS bei 1500 U/Min. mit auswechselbaren verchromten Zylinderlaufbüchsen und Druckumlaufschmierung mittels Zahnradpumpe, Kurbelwelle rollengelagert.

Zylinder: 110 mm, Hub 150 mm.

Umdrehungen: 600 – 1500 regulierbar.

Kühlung: Wasser-Umlaufkühlung.

Lenkung: Schneckenlenkung, staubd., nachstellbar.

Wechselgetriebe: Kugelgelagerte, besonders stabile Eigenkonstruktion.

Fahrgeschwindigkeiten: 5 Vorwärtsgänge 3,2 – 5,6 – 7,8 – 12 und 20 km, 1 Rückwärtsgang 3,8 km.

Kupplung: Einscheibentrockenkupplung. – Keine Wartung.

Bremsen: Doppelte Hinterrad-Innen-Backen-Einzelrad-Fußbremse und feststellbare Handbremse.

Bereifung: Vorn 5.00 – 16, hinten 8.00 – 20 Ackerluft oder auf Wunsch 6.50—32.

Beleuchtung: Boschlicht und Boschhorn, 6 Volt Batterie, Glühkerzenanlage.

Spurweite: Verstellbar 1,25 m und 1,45 m.

Radstand: 1,70 m.

Kleinster äußerer Wenderadius: 2,25 m.

Länge: 2,65 m; **Breite:** 1,50 m, mit Mähwerk 1,64 m.

Höhe: 1,28 m bis oben Haube, m. Messerbalken 1,70 m.

Bodenfreiheit: 300 mm mit Bereifung 8.00 – 20.
410 mm mit Bereifung 6.50 – 32.

Eigengewicht: 1300 kg.

Anhängehöhen: 600 mm für Wagen
360 mm für Ackerschiene.

Mähwerk: Eigenkonstruktion mit 4 1/2 Fuß Messerbalken, leicht hochziehbar.

Riemenscheibe: Abstellb. 210 × 140 mm, 1450 U/Min.

Zapfwelle: genormt 540 U/Min.

Differentialsperre: Wirksam, solange Fußdruck auf dem Hebel lastet.

Gezogene Bruttoanhängelast auf ebener, trock. Straße: ca. 8 to, bei 10 % Steigung ca. 3,5 to.

Brennstoffverbrauch: ca. 195 g/PSh, durchschnittlich ca. 1 kg pro Stunde.

Tank-Inhalt: 25 Liter.

Sonder-Ausrüstung

Stahl-Führerdach - Komplette Anlasser-Anlage - Seilwinde

Der ideale
14/15 PS »Fünfgang«
Bauern-Diesel-Schlepper
hat trotz seines niedersten Preises alle Eigenschaften, die wünschenswert, nötig und wertvoll sind. Dafür bietet meine 20-jährige Erfahrung im Schlepperbau Gewähr.
SCHLEPPERFABRIK
HERMANN Lanz
AULENDORF (WÜRTTBG.)

Normal-Ausrüstung

mit Mähantrieb
Riemenschelbe
Zapfwelle
gefederter Vorderachse
Differentialsperre
6 Volt Bosch-Licht-, -Horn und Glühkerzenanlage
50 Ah-Akku-Batterie

Technische Einzelheiten:

Die angegebenen Daten sind ungefähre – Änderungen vorbehalten.

Motor: Stehender Einzylinder-Spezial-Fahrzeugmotor MWM 14/15 PS bei 1500/1600 U/Min. mit auswechselbaren verchromten Zylinderlaufbüchsen und Druckumlaufschmierung mittels Zahnradpumpe, Kurbelwelle rollengelagert.

Zylinder: 100 mm, Hub 150 mm.

Umdrehungen: 600 – 1500/1600 regulierbar.

Kühlung: Wasser-Umlaufkühlung.

Lenkung: Schneckenlenkung, staubd., nachstellbar.

Wechselgetriebe: Kugelgelagerte, besonders stabile, überdimensionierte Konstruktion.

Fahrgeschwindigkeiten: 5 Vorwärtsgänge 3,2 – 5,6 – 7,8 – 12 und 20 km, 1 Rückwärtsgang 3,8 km.

Kupplung: Einscheibentrockenkupplung Fichtel & Sachs – Keine Wartung.

Bremsen: Doppelte Hinterrad-Innen-Backen-Einzelrad-Fußbremse und feststellbare Handbremse.

Bereifung: Vorn 5.00 – 16, hinten 8.00 – 20 Ackerluft oder auf Wunsch 6.50 – 32.

Beleuchtung: Boschlicht und Boschhorn, 6 Volt-Batterie, Glühkerzenanlage.

Spurweite: Verstellbar 1,25 m und 1,45 m.

Radstand: 1,70 m.

Kleinster äußerer Wenderadius: 1,90 m.

Länge: 2,65 m; **Breite:** 1,50 m, mit Mähwerk 1,64 m.

Höhe: 1,28 m bis oben Haube, m. Messerbalken 1,70 m.

Bodenfreiheit: 300 mm mit Bereifung 8.00 – 20.
410 mm mit Bereifung 6.50 – 32.

Eigengewicht: 1220 kg ohne Mähwerk.

Anhängehöhen: 600 mm für Wagen
360 mm für Ackerschiene.

Mähwerk: Eigenkonstruktion mit 4½ Fuß Messerbalken, leicht hochziehbar.

Riemenscheibe: Abstellb. 210×140 mm, 1450 U/Min.

Zapfwelle: genormt 540 U/Min.

Differentialsperre: Wirksam, solange Fußdruck auf dem Hebel lastet.

Gezogene Bruttoanhängelast auf ebener, trock. Straße: ca. 8 to., bei 10% Steigung ca. 3,5 to.

Brennstoffverbrauch: ca 195 g/PSh, durchschnittlich ca. 1 kg pro Stunde.

Tank-Inhalt: 25 Liter.

Sonder-Ausrüstung

Anlasser-Zahnkranz
Kpl. Anlasseranlage 12 V mit 75 Ah-Batterie
Mähwerk 4½ Fuß
Bereifung 6.50 – 32
Seilwinde
Kraftheber
Stahlschutzdach
Vordere Kotflügel
Verlängerte Ackerschiene
Kotflügelsitz
Anbaupflüge etc.

Der 1000fach bewährte
HE LA
DIESEL
15 PS
Bauern-Schlepper
jetzt auch mit patentiertem 6-Gang-Portalgetriebe einschließlich Kriechgang lieferbar, hat trotz seines niederen Preises alle Eigenschaften, die wünschenswert, nötig und wertvoll sind. Dafür bietet unsere 25-jährige Erfahrung im Schlepperbau Gewähr.
Hermann Lanz
Aulendorf
Weitere Auskünfte durch Vertretung:

Normal-Ausrüstung

mit Mähantrieb
Riemenscheibe
Zapfwelle
gefederter Vorderachse
Differentialsperre
6 Volt Bosch-Licht-, -Horn und Glühkerzenanlage
50 Ah-Akku-Batterie

Technische Einzelheiten:

Die angegebenen Daten sind ungefähre – Änderungen vorbehalten.

Motor: Stehender Einzylinder-Spezial-Fahrzeugmotor MWM 14/15 PS bei 1500/1600 U/Min. mit auswechselbaren verchromten Zylinderlaufbüchsen und Druckumlaufschmierung mittels Zahnradpumpe, Kurbelwelle rollengelagert.

Zylinder: 100 mm, Hub 150 mm.

Umdrehungen: 600 – 1500/1600 regulierbar.

Kühlung: Wasser-Umlaufkühlung.

Lenkung: Schneckenlenkung, staubd., nachstellbar.

Wechselgetriebe: Kugelgelagerte, besonders stabile, überdimensionierte Konstruktion.

Fahrgeschwindigkeiten: 5 Vorwärtsgänge 3,2 – 5,6 – 7,8 – 12 und 20 km, 1 Rückwärtsgang 3,8 km.

Kupplung: Einscheibentrockenkupplung Fichtel & Sachs – Keine Wartung.

Bremsen: Doppelte Hinterrad-Innen-Backen-Einzelrad-Fußbremse und feststellbare Handbremse.

Bereifung: Vorn 5.00 – 16, hinten 8.00 – 20 Ackerluft oder auf Wunsch 6.50 – 32.

Beleuchtung: Boschlicht und Boschhorn, 6 Volt-Batterie, Glühkerzenanlage.

Spurweite: Verstellbar 1,25 m und 1,45 m.

Radstand: 1,70 m.

Kleinster äußerer Wenderadius: 1,90 m.

Länge: 2,65 m; **Breite:** 1,50 m, mit Mähwerk 1,64 m.

Höhe: 1,28 m bis oben Haube, m. Messerbalken 1,70 m.

Bodenfreiheit: 300 mm mit Bereifung 8.00 – 20.
410 mm mit Bereifung 6.50 – 32.

Eigengewicht: 1220 kg ohne Mähwerk.

Anhängehöhen: 600 mm für Wagen
360 mm für Ackerschiene.

Mähwerk: Eigenkonstruktion mit 4 1/2 Fuß Messerbalken, leicht hochziehbar.

Riemenscheibe: Abstellb. 210 × 140 mm, 1450 U/Min.

Zapfwelle: genormt 540 U/Min.

Differentialsperre: Wirksam, solange Fußdruck auf dem Hebel lastet.

Gezogene Bruttoanhängelast auf ebener, trock. Straße: ca. 8 to., bei 10% Steigung ca. 3,5 to.

Brennstoffverbrauch: ca 195 g/PSh, durchschnittlich ca. 1 kg pro Stunde.

Tank-Inhalt: 25 Liter.

Sonder-Ausrüstung

Anlasser-Zahnkranz
Kpl. Anlasseranlage 12 V mit 75 Ah-Batterie
Mähwerk 4 1/2 Fuß
Bereifung 6.50 – 32
Seilwinde
Kraftheber
Stahlschutzdach
Vordere Kotflügel
Verlängerte Ackerschiene
Kotflügelsitz
Anbaupflüge etc.

HE LA
DIESEL
30/32 PS
Hermann Lanz
Aulendorf

Der

30/32 PS Volldiesel-
Acker- und Verkehrs-Schlepper

● **Groß in der Leistung** ● **Gering im Verbrauch**

Technische Einzelheiten

Die angegebenen Daten sind ungefähre. – Änderungen vorbehalten.

Motor:
Stehender 2-Zylinder-Spezialfahrzeug-Dieselmotor, Viertakter, mit auswechselbaren verchromt. Zylinderlaufbüchsen, Druckumlaufschmierung, Spaltfilter, Zahnradölpumpe, rollengelagerter Kurbelwelle.

Leistung: normal 30 PS bei 1500 U/min. oder 32 PS bei 1600 U/min. mit MWM-Motor Type KDW 715 Z.

Zylinder: Ø 105 mm · Hub 150 mm · Hubraum 2603 ccm;

Motordrehzahl: 600 – 1500 oder 1600 U/min. regulierbar durch Hand- und Fußgashebel.

Kühlung des Motors: Umlaufkühlung durch Wabenkühler, Ventilator und Umwälzpumpe.

Lenkung: Kräftige, staub- und öldicht gekapselte Schneckenlenkung.

Wechselgetriebe: Besonders schwere, 26-fach kugelgelagerte, vieltausendfach bestens bewährte Eigenkonstruktion mit spiralverzahnten Palloid-Kegelrädern und Kugelschaltung mit 5 Vorwärtsgängen und 1 Rückwärtsgang.
Auf Wunsch zusätzlich:
Kriechgang (Mit- oder Nachlieferung).

Kupplung: Einscheiben-Trockenkupplung Fichtel & Sachs Keine Wartung.

Fahrgeschwindigkeit: 5 Vorwärtsgänge 3,5 – 5,1 – 6,9 – 11,2 und 20 km/h, 1 Rückwärtsgang 3,5 km/h. Kriechgang 1,8 km/h.

Bremsen: Doppelte Hinterrad-Innen-Backen-Einzelrad-Fußbremse und feststellbare Getriebehandbremse.

Bereifung: vorne 6.00 – 16, hinten 10 – 28
auf Wunsch: 11 – 28.

Beleuchtung: Boschlichtanlage und Boschhorn.

Spurweite: Verstellbar 1,25 m und 1,50 m.

Radstand: 1,84 m.

Kleinster äußerer Wenderadius: 2,75 m.

Länge: 2,90 m.

Breite: 1,54 m; mit Mähwerk 1,66 m.

Höhe: 1,48 m bis oben Haube.

Bodenfreiheit: 420 mm.

Anhängehöhen: Für Wagen, drehbares, gefedertes Anhängemaul 820 mm – für Ackergeräte 450 mm.

Gewicht: ohne Mähwerk ca. 1700 kg
mit Mähwerk ca. 1835 kg.

Mähantrieb: durch Zahnräder im Ölbad laufend mit nachstellbarer Konusrutschkupplung.

Mähwerk: Patentierte Eigenkonstruktion, spielend leicht hochzuziehen.

Riemenscheibe: Abstellbar 200 × 140 mm, 1500 U/min., schwenkbar für Rechts- und Linkslauf.

Zapfwelle: genormt 29/35 mm, abstellbar, 540 Umdrehungen p. min.

Differentialsperre: Wenn der Boden glitschig ist, kann durch Fußhebeldruck das Differential gesperrt werden. Dadurch wird das einseitige Gleiten der Hinterräder vermieden.

Gezogene Bruttoanhängelast auf ebener, trockener Straße: ca. 18 to.

Brennstoffverbrauch im Durchschnitt: ca. 2,5 Liter Rohöl pro Stunde.

Tankinhalt: 50 Liter.

Mindestlieferungsumfang

Fünfganggetriebe, kompl. Beleuchtung und Vorglüheinrichtung, Zahnkranz für Anlasser, Anlasseranlage 12 Volt mit schwerer Akku-Batterie 94,5 Ah. Fuß-Einzelradbremsen, Handbremse, gefederte Vorderachse, Differentialsperre, Zapfwelle, Riemenscheibe, Mähantrieb, Anhängeschiene, vorderes und hinteres Anhängemaul, gefederter Sitz, Andrehkurbel, Hand- und Fußgas, hintere Kotflügel als Sitzbänke ausgebildet, Werkzeug, Anhängersteckdose.

Sonder-Ausrüstung

Luftgekühlter Deutz-Motor F 2 L 514, Leistung 30 PS, Kriechgang, Mähwerk, Kraftheber ölhydraul. mit 3 Punkt- oder 4 Punkt-Aufhängung, Seilwinde, Reifenfüll-Kompressor, Stahlschutzdach, Vordere Kotflügel, Verlängerte Ackerschiene, Sitzpolster, Fernthermometer, Kühlerjalousie, Lenkradfeststell-Vorrichtung.

HELA
DIESEL
25/28 PS
Hermann Lanz
Aulendorf
RAIBLE

Der HELA DIESEL

25/28 PS Volldiesel-Acker- und Verkehrs-Schlepper

Enorme Zugleistung · Schnittige Bauform · Hohe Qualität

Technische Einzelheiten

Die angegebenen Daten sind ungefähre. – Änderungen vorbehalten.

Motor:
Stehender 2-Zylinder-Spezialfahrzeug-Dieselmotor, Viertakter, mit auswechselbaren verchromt. Zylinderlaufbüchsen, Druckumlaufschmierung, Spaltfilter, Zahnradölpumpe, rollengelagerter Kurbelwelle.

Leistung: normal 28 PS mit MWM-Motor KDW 415 Z, auf Wunsch: auf 25 PS gedrosselt.

Zylinder: Ø 100 mm · Hub 150 mm · Hubraum 2356 ccm;

Motordrehzahl: 600 – 1500, regulierbar durch Hand- und Fußgashebel.

Kühlung des Motors: Umlaufkühlung durch Wabenkühler, Ventilator und Umwälzpumpe.

Lenkung: Kräftige, staub- und öldicht gekapselte Schneckenlenkung.

Wechselgetriebe: Besonders schwere, 26-fach kugelgelagerte, vieltausendfach bestens bewährte Eigenkonstruktion mit spiralverzahnten Palloid-Kegelrädern und Kugelschaltung mit 5 Vorwärtsgängen und 1 Rückwärtsgang.
Auf Wunsch zusätzlich:
Kriechgang (Mit- oder Nachlieferung).

Kupplung: Einscheiben-Trockenkupplung Fichtel & Sachs Keine Wartung.

Fahrgeschwindigkeit: 5 Vorwärtsgänge 3,5 – 5,1 – 6,9 – 11,2 und 20 km/h, 1 Rückwärtsgang 3,5 km/h. Kriechgang 1,8 km/h.

Bremsen: Doppelte Hinterrad-Innen-Backen-Einzelrad-Fußbremse und feststellbare Getriebehandbremse.

Bereifung: vorne 5.50 – 16, hinten 10 – 28
auf Wunsch: 11 – 28 oder 8 – 36.

Beleuchtung: Boschlichtanlage und Boschhorn.

Spurweite: Verstellbar 1,25 m und 1,50 m.

Radstand: 1,84 m.

Kleinster äußerer Wenderadius: 2,75 m.

Länge: 2,86 m.

Breite: 1,52 m; mit Mähwerk 1,66 m.

Höhe: 1,47 m bis oben Haube.

Bodenfreiheit: 400 mm.

Anhängehöhen: Für Wagen, drehbares, gefedertes Anhängemaul 800 mm – für Ackergeräte 450 mm.

Gewicht: ohne Mähwerk ca. 1670 kg
mit Mähwerk ca. 1805 kg.

Mähantrieb: durch Zahnräder im Ölbad laufend mit nachstellbarer Konusrutschkupplung.

Mähwerk: Patentierte Eigenkonstruktion, spielend leicht hochzuziehen.

Riemenscheibe: Abstellbar 200 × 140 mm, 1500 U/min., schwenkbar für Rechts- und Linkslauf.

Zapfwelle: genormt 29/35 mm, abstellbar, 540 Umdrehungen p. min.

Differentialsperre: Wenn der Boden glitschig ist, kann durch Fußhebeldruck das Differential gesperrt werden. Dadurch wird das einseitige Gleiten der Hinterräder vermieden.

Gezogene Bruttoanhängelast auf ebener, trockener Straße: ca. 15 to.

Brennstoffverbrauch im Durchschnitt: ca. 2 Liter Rohöl pro Stunde.

Tankinhalt: 50 Liter.

Mindestlieferungsumfang

Fünfganggetriebe, kompl. Beleuchtung und Vorglüheinrichtung, Zahnkranz für Anlasser, Anlasseranlage 12 Volt mit schwerer Akku-Batterie 94,5 Ah. Fuß-Einzelradbremsen, Handbremse, gefederte Vorderachse, Differentialsperre, Zapfwelle, Riemenscheibe, Mähantrieb, Anhängeschiene, vorderes und hinteres Anhängemaul, gefederter Sitz, Andrehkurbel, Hand- und Fußgas, hintere Kotflügel als Sitzbänke ausgebildet, Werkzeug, Anhängersteckdose.

Sonder-Ausrüstung

Wassergekühlter Deutz-Motor F2M 414, Leistung 24 PS, Kriechgang, Mähwerk, Kraftheber ölhydraul. mit 3 Punkt- oder 4 Punkt-Aufhängung, Seilwinde, Reifenfüll-Kompressor, Stahlschutzdach, Vordere Kotflügel, Verlängerte Ackerschiene, Sitzpolster, Fernthermometer, Kühlerjalousie, Lenkradfeststell-Vorrichtung.

HE LA
DIESEL
Hermann Lanz
Aulendorf
18 PS HELA-Diesel
Universalschlepper - gediegene Bauform
Luftkühlung - Wasserkühlung
hohe Qualität - außergewöhnliche Lebensdauer

Der HELA DIESEL

18 PS Luft- oder wassergekühlte Volldiesel - Ackerschlepper

- Hohe Qualität
- Schnittige Bauform
- Kriechgang serienmäßig

Technische Einzelheiten

Motor: Stehender Zweizylinder-Fahrzeug-Viertakt-Dieselmotor, Druckumlaufschmierung mittels Zahnradölpumpe, Spaltfilter, autom. Kipphebelschmierung.

Leistung:
Wasserkühlung: 18 PS mit MWM-Motor KD 211 Z
Zylinder ∅ 85 mm, Hub: 110 mm, Hubraum: 1250 ccm
Luftkühlung: 18 PS mit MWM-Motor AKD 311 Z
Zylinder ∅ 90 mm, Hub: 110 mm, Hubraum: 1400 ccm

Motordrehzahl: Regulierbar durch Hand- und Fußgashebel bis 1980 U/min.

Wasserkühlung: Umlaufkühlung durch Wabenkühler, Ventilator und Umwälzpumpe.

Luftkühlung: Durch besonders geräuscharmes Kühlluftgebläse.

Lenkung: Kräftige, staub- u. öldicht gekapselte Schneckenlenkung im Ölbad laufend.

Getriebe: Patentiertes, besonders stark dimensioniertes HELA-Kriechganggetriebe, kugelgelagert, mit spiralverzahnten Kegelrädern, 6 Vorwärtsgänge einschl. Kriechgang und 1 Rückwärtsgang, mit einem Schalthebel durchschaltbar.

Fahrgeschwindigkeiten: 1,8 – 3,2 – 5,3 – 7,5 – 12,5 und 20 km/h. – Rückwärtsgang 4,0 km/h.

Kupplung: Einscheiben-Trockenkupplung Fichtel & Sachs. Keine Wartung.

Vorderachse: Gefederte, pendelnd aufgehängte, nach hinten sehr stabil abgestützte Stahlvorderachse.

Bremsen: Doppelte Hinterrad-Innen-Backen-Einzelrad-Fußbremse und feststellbare Handbremse.

Elektrische Ausrüstung: Boschlichtanlage und Boschhorn, 12 Volt-Batterie 84 Ah, Anlasser, Zahnkranz und Vorglühanlage bei wassergekühltem Motor.

Spurweite: Verstellbar 1,25 m und 1,50 m.

Wenderadius: Innen 1,50 m, 1,10 m bei Benutzung der Lenkbremse.

	normal	auf Wunsch		
Bereifung:				
vorne	5.00–16	5.00–16	5.00–16	5.00–16
hinten	8–24	9–24	8–32	10–28
Eigengewicht:				
ohne Mähwerk	1250 kg	1335 kg	1350 kg	1375 kg
mit Mähwerk	1380 kg	1465 kg	1480 kg	1500 kg
Länge:	2,70 m	2,73 m	2,80 m	2,80 m
Breite:	1,50 m	1,52 m	1,50 m	1,52 m
Radstand:	1,70 m	1,74 m	1,74 m	1,74 m
Höhe b. ob. Haube:	1,23 m	1,24 m	1,32 m	1,32 m
Bodenfreiheit:	330 mm	320 mm	400 mm	400 mm
Anhängehöhen:				
Anhängekupplung	600 mm	610 mm	680 mm	680 mm
Ackerschiene	350 mm	350 mm	350 mm	350 mm

(verlängerte Ackerschiene mit Bodenblech)

Mähantrieb: Durch Zahnräder im Ölbad laufend mit nachstellbarer Konus-Rutschkupplung.

Mähwerk: Patentierte Eigenkonstruktion, spielend leicht hochzuziehen.

Riemenscheibe: Hinten am Getriebegehäuse 200 x 140 mm 1520 U/min. abstellbar, schwenkbar für Rechts- und Linkslauf.

Zapfwelle: 29/34,9; 540 U/min. nach DIN 9611.

Differentialsperre: Das einseitige Gleiten der Hinterräder bei glitschigem Boden kann durch Sperren des Differentials vermieden werden. Betätigung durch Fußhebeldruck.

Größte Bruttoanhängelast: Auf ebener Straße ca. 11 to.

Max. Zugkraft am Haken: ca. 1270 kg (ohne Zusatzgewichte)

Brennstoffverbrauch: ca. 1,3 Liter im Jahresdurchschnitt.

Tankinhalt: 28 Liter.

Die angegebenen Daten sind ungefähre. – Änderungen vorbehalten.

Mindestlieferungsumfang:

Kriechgang, Zapfwelle, gefederte Vorderachse, kompl. Anlasser- und Beleuchtungsanlage mit schwerer Akku-Batterie, Signalhorn, gefederter Sitz, hintere Kotflügel mit Beifahrersitzen, Einzelrad-Fußbremse, feststellbare Handbremse, Differentialsperre, Hand- und Fußgas, verlängerte Ackerschiene, Öldruckmanometer, vorne starre, hinten drehbare, gefederte Anhängekupplung, Andrehkurbel, Anhängersteckdose, Werkzeug und Ölfüllung.

Sonderausrüstung:

Mähantrieb, Mähwerk mit 4½' Balken, Riemenscheibe, ölhydraulischer 3-Punkt-Kraftheber, Allwetterverdeck, Fernthermometer, Kühlerjalousie, Lenkradfeststellvorrichtung, vordere Kotflügel, Seilwinde, Frontlader, Plattform u. Seitenverkleidung, Reifenfüllkompressor mit Schlauch, Stopplichter.
Bereifung: 9–24, 10–24, 8–32, 10–28.

8.57 10 M.

Die neuen
HE LA
DIESEL
25 PS
28 PS
32 PS
Bauern- und Verkehrs-Schlepper
MWM
5 Vorwärtsgänge
Ein Produkt 20-jähriger Erfahrung im Schlepperbau
Unerreicht in ihren Eigenschaften und in ihrer Lebensdauer. – Diese Schlepper haben die wünschenswerte Kraftreserve und die geringsten Betriebskosten ihrer Klasse.
Hermann Lanz
Aulendorf
Weitere Auskünfte durch Vertretung:

Grund-Ausrüstung und Mindestlieferungsumfang:

HELA DIESEL

mit Fünfganggetriebe, komplette Beleuchtung und Vorglüheinrichtung, Fuß-Einzelradbremsen, Handbremse, gefederter Vorderachse, Differentialsperre, Zapfwelle, Riemenscheibe, Mähantrieb, Zahnkranz für Anlasser, beim 32 PS Anlasseranlage 12 Volt mit schwerer Akku-Batterie 94,5 Ah.

Technische Daten:

Die angegebenen Daten sind ungefähre. – Änderungen vorbehalten.

Motor: Stehender Zweizylinder-Spezial-Fahrzeug-Dieselmotor, Viertakter, mit auswechselbaren verchromten Zylinderlaufbüchsen, Druckumlaufschmierung, Zahnradölpumpe, rollengelagerte Kurbelwelle.

Leistung: 25/28 PS mit MWM-Motor KDW 415 Z
32 PS mit MWM-Motor KDW 515 Z

Zylinder: 25/28 PS Ø 100 mm, Hub: 150 mm, Hubraum: 2356 ccm; 32 PS Ø 105 mm, Hub: 150 mm, Hubraum: 2600 ccm.

Motordrehzahl: 25/28 PS 600 – 1500, 32 PS 600 – 1600 Umdrehungen, regulierbar durch Handgas- und Fußgashebel.

Kühlung des Motors: Umlaufkühlung durch Wabenkühler, Ventilator und Umwälzpumpe.

Lenkung: Kräftige, staub- und öldicht gekapselte, bequem nachstellbare Schneckenlenkung.

Wechselgetriebe: Besonders schwere, 26-fach kugelgelagerte eigene Konstruktion mit spiralverzahnten Palloid-Kegelrädern und Kugelschaltung mit 5 Vorwärtsgängen und 1 Rückwärtsgang.

Kupplung: Einscheiben-Trockenkupplung Fichtel & Sachs. – Keine Wartung.

Fahrgeschwindigkeiten: 5 Vorwärtsgänge 3,5–5,1 6,9 – 11,2 und 20 km, 1 Rückwärtsgang 3,5 km.

Bremsen: Dopp. Hinterrad-Innen-Backen-Einzelrad-Fußbremse und feststellb. Getriebehandbremse

Bereifung: 25/28 PS vorne 5.50 – 16, hinten 10 – 28, 32 PS vorne 6.00 – 16, hinten 10 – 28.

Beleuchtung: Boschlichtanlage und Boschhorn.

Spurweite: Verstellbar 1,27 m und 1,45 m.

Radstand: 1,80 m.

Kleinster äußerer Wenderadius: 2,75 m.

Länge: 2,90 m.

Breite: 1,56 m, mit Mähwerk 1,66 m.

Höhe: 1,45 m bis oben Haube.

Bodenfreiheit: 360 mm.

Anhängehöhen: für Wagen 700 mm, für Ackergeräte 400 mm.

Gewicht: mit Mähwerk ca. 1750 kg, ohne Mähwerk ca. 1620 kg.

Mähwerk: Zum Patent angemeldete Eigenkonstruktion, sehr leicht hochziehbar.

Riemenscheibe: Abstellbar 200 × 140 mm, 1500 Umdrehungen p. min.

Zapfwelle: genormt 29/34 mm, abstellbar, 540 Umdrehungen p. min.

Differentialsperre: Wenn der Boden glitschig ist, kann durch Fußhebeldruck das Differential gesperrt werden. Dadurch wird das einseitige Gleiten der Hinterräder vermieden.

Gezogene Bruttoanhängelast auf ebener, trockener Straße: 25/28 PS ca. 12,5 to, 32 PS ca. 15 to.

Brennstoffverbrauch im Durchschnitt: 25/28 PS 1,5 – 2 Liter Rohöl pro Stunde, 32 PS 2,0 – 2,5 Liter Rohöl pro Stunde.

Tankinhalt: 37 Liter.

Sonder-Ausrüstung:

Mähwerk 5 Fuß, Seilwinde, Kraftheber ölhydraulisch,
Reifenfüll-Kompressor, Stahlschutzdach,
Vordere Kotflügel, Verlängerte Ackerschiene,
Kotflügelsitz, Sitzpolster, Fernthermometer,
Kühlerjalousie.
Bei 25/28 PS komplette Anlasseranlage 12 Volt mit schwerer Akku-Batterie 94,5 Ah.

Der neueste

HE LA DIESEL

28/32 PS

Bauern- und Verkehrs-Schlepper

5 Vorwärtsgänge

Ein Produkt 20-jähriger Erfahrung im Schlepperbau

Unerreicht in seinen Eigenschaften und in seiner Lebensdauer. – Dieser Schlepper hat die wünschenswerte Kraftreserve und die geringsten Betriebskosten seiner Klasse.

Hermann Lanz
Aulendorf

Weitere Auskünfte
durch Vertretung:

HELA DIESEL

Normal-Ausrüstung:

mit Mähantrieb, Riemenscheibe und Zapfwelle
im Ölbad · Vorderachse und Sitz gefedert
Differentialsperre · Ölbad-Luftfilter
12 Volt Bosch-Licht-, -Horn und Glühkerzenanlage
Komplette Anlasseranlage mit schwerer Akku-Batterie 122 Ah

Technische Daten:

Die angegebenen Daten sind ungefähre, Änderungen vorbehalten.

Motor: Stehender Zweizylinder-Spezial-Fahrzeug-Dieselmotor, Viertakter, mit auswechselbaren Zylinderlaufbüchsen, Druckumlaufschmierung, rollengelagerte Kurbelwelle. – Automatische Kipphebelschmierung.
Leistung 28/32 PS, Fabrikat MWM.

Zylinder:
⌀ 110 mm, Hub: 150, Hubraum: 2850 ccm

Motordrehzahl: 600 – 1500 Umdrehungen, regulierbar durch Handgas- und Fußgashebel.

Kühlung des Motors: Umlaufkühlung durch Wabenkühler, Ventilator und Umwälzpumpe.

Lenkung: Kräftige, staub- und öldicht gekapselte, bequem nachstellbare Schneckenlenkung.

Wechselgetriebe: Besonders schwere, 26-fach kugelgelagerte eigene Konstruktion mit spiralverzahnten Palloid-Kegelrädern und Kugelschaltung mit 5 Vorwärtsgängen.

Kupplung: Einscheibentrockenkupplung Fichtel & Sachs. – Keine Wartung.

Fahrgeschwindigkeiten: 5 Vorwärtsgänge 3,5 – 5,1 – 6,9 – 11,2 und 20 km.
1 Rückwärtsgang 3,5 km.

Bremsen: Dopp. Hinterrad-Innen-Backen-Einzelrad-Fußbremse und feststellb. Getriebehandbremse.

Bereifung: vorne 6.00 × 16, hinten 11.25 × 24.

Beleuchtung: Boschlichtanlage und Boschhorn.

Spurweite: Verstellbar 1,27 und 1,45 m.

Radstand: 1,80 m.

Kleinster äußerer Wenderadius: 2,75 m.

Länge: 2,90 m.

Breite: 1,54 m, mit Mähwerk 1,66 m.

Höhe: 1,50 m, mit Messerbalken 5 Fuß 1,80 m.

Bodenfreiheit: 360 mm.

Anhängehöhen: Für Wagen 700 mm, gefedert, für Ackergeräte 400 mm.

Gewicht: mit Mähwerk ca. 1900 kg,
ohne Mähwerk ca. 1800 kg.

Mähwerk: Zum Patent angemeldete Eigenkonstruktion, leicht hochziehbar.

Riemenscheibe: Abstellbar, 200 × 140 mm, 1500 Umdrehungen p. Min.

Zapfwelle: Dinprofil 29/34 mm, abstellbar, genormt 540 Umdrehungen p. Min.

Differentialsperre: Wenn der Boden glitschig ist, kann durch Fußhebeldruck das Differential gesperrt werden. Dadurch wird das einseitige Gleiten der Hinterräder vermieden.

Gezogene Bruttoanhängelast auf ebener, trockener Straße: ca. 15 to.

Brennstoffverbrauch im Durchschnitt: 2,0 – 2,5 Liter Rohöl pro Stunde.

Tankinhalt: 37 Liter.

Sonder-Ausrüstung:

Mähwerk 5 Fuß
Seilwinde
Kraftheber
Stahl-Schutzdach
Vordere Kotflügel
Verlängerte Ackerschiene
Zusatzgewichte für zwei Hinterräder zus. 152 kg
Reifenfüll-Kompressor
Kotflügel-Sitz
Anbaupflüge und -Geräte

HELA DIESEL
40 PS
Hermann Lanz
Aulendorf

Der

HELA DIESEL

40 PS Volldiesel-

Acker- und Verkehrs-Schlepper

Enorme Zugleistung · Schnittige Bauform · Hohe Qualität

Technische Einzelheiten

Die angegebenen Daten sind ungefähre. – Änderungen vorbehalten.

Motor: Stehender 3-Zylinder-Spezialfahrzeug-Dieselmotor, Viertakter mit Wirbelkammer, mit auswechselbaren verchromt. Zylinderlaufbüchsen, Druckumlaufschmierung, Spaltfilter, Zahnradölpumpe, rollengelagerter Kurbelwelle

Leistung: 40 PS mit MWM-Motor KDW 415 D

Zylinder: ∅ 100 mm · Hub 150 mm · Hubraum 3540 ccm

Motordrehzahl: 600 – 1500 U/min. regulierbar durch Handgas und Fußgashebel

Kühlung: Umlaufkühlung durch Wabenkühler, Ventilator und Umwälzpumpe.

Lenkung: Kräftige staub- und öldicht gekapselte, bequem nachstellbare Schneckenlenkung

Wechselgetriebe: Besonders schwere, kugelgelagerte Konstruktion mit spiralverzahnten Kegelrädern und Kugelschaltung mit 6 Vorwärtsgängen und 1 Rückwärtsgang

Fahrgeschwindigkeit: 6 durchschaltbare Vorwärtsgänge, davon 1 Kriechgang 1,8 – 3,5 – 5,6 – 8,2 – 12,0 – 20 km 1 Rückwärtsgang 4,4 km

Kupplung: Einscheiben-Trockenkupplung Fichtel & Sachs Keine Wartung

Bremsen: Doppelte Hinterrad-Innen-Backen-Einzelrad-Fußbremse und feststellbare unabhängige Getriebe-handbremse

Bereifung: Vorne: 6.00 – 20 AS
Hinten: 13 – 30 AS, auf Wunsch 11 – 28

Beleuchtung: Boschlichtanlage und Boschhorn 12 V

Spurbreite: 1,50 Mtr.

Radstand: 2050 mm

Wenderadius: Außen: 4,00 Mtr. ohne Lenkbremse, 3,30 Mtr. mit Lenkbremse

Länge: 3,40 Mtr.

Breite: 1,87 Mtr.

Höhe: 1,56 Mtr. bis oben Haube

Bodenfreiheit: 450 mm

Anhängehöhen: Für Wagen drehbares, gefedertes Anhängemaul 880 mm – für Ackergeräte 450 mm

Eigengewicht: 2400 kg

Riemenscheibe: 300 mm ∅ abstellbar – 1400 U/min.

Diff.-Sperre: Wenn der Boden glitschig ist, kann durch Fußhebeldruck das Differential gesperrt werden. Dadurch wird das einseitige Gleiten der Hinterräder vermieden.

Zapfwelle: Genormt 29/35, abstellbar 550 U/min.

Gezogene Bruttoanhängelast auf ebener, trockener Straße: ca. 22 to

Brennstoffverbrauch: Im Durchschnitt 3,0 – 3,5 Liter Rohöl pro Stunde

Tankinhalt: 60 Liter

Normal-Ausrüstung

Kriechgang – Zapfwelle – gefederte Vorderachse
Komplette Anlasseranlage mit schwerer Akku-Batterie 122 Ah
Hinterrad- und Vorderrad-Kotflügel
Lange Ackerschiene – Stopplicht – Anhängersteckdose
Fernthermometer – Kühler-Jalousie – Öldruckmanometer

Sonder-Ausrüstung

Riemenscheibe – Kraftheber 3 Punkt oder 4 Punkt
Seilwinde – Stahlschutzdach – Reifenfüllanlage
Sonderbereifung 11 – 28 – Lenkrad-Feststellvorrichtung
Plattform und Seitenverkleidung

Klein-Schlepper
Type D 12 S
12 PS
HELA DIESEL
mit Portal-Getriebe
Wasser- oder Luftkühlung
Hermann Lanz
Aulendorf

HELA DIESEL

Dieser **12 PS**

KLEINSCHLEPPER

entstand auf Grund unserer fast 25jährigen Erfahrung

- Größte Zugleistung
- Sparsam im Verbrauch
- Robuste und schöne Bauart
- Der ideale Schlepper der 12 PS Klasse
- Je nach Wunsch: Wasser- oder Luftkühlung

"Der Schlepper für Klein-Bauern"

Eigene Zahnradfabrik

Die hohe Qualität und die enorme Lebensdauer unserer Vorkriegs-Getriebe hat ganz wesentlich zu gutem Ruf und großer Beliebtheit unserer seit 1930 gebauten Schlepper beigetragen.

Stirnräder
Präzisionsfertigung aller Stirnzahnräder auf automatisch arbeitenden Lorenz-Stoßmaschinen

Kegelräder
Auf Kegelrad-Vorfräs- und Kegelrad-Hobel-Automaten werden die Kegelräder gefertigt

Spiralförmig bogenverzahnte Tellerradpaare, hergestellt auf Klingelnberg-Maschinen, besitzen größte Laufruhe und eine nicht zu übertreffende Lebensdauer

Die bequem nach vorne aufklappbare Haube ermöglicht leichten Zugang zum Motor, zum Kühler und zum Werkzeug-kasten.

BEDIENUNGS

1 Ladekontrollampe
2 Zündschlüssel
3 Öldruckanzeiger
4 Glühkontroller (bei wassergekühltem Motor)
5 Anlaßschalter

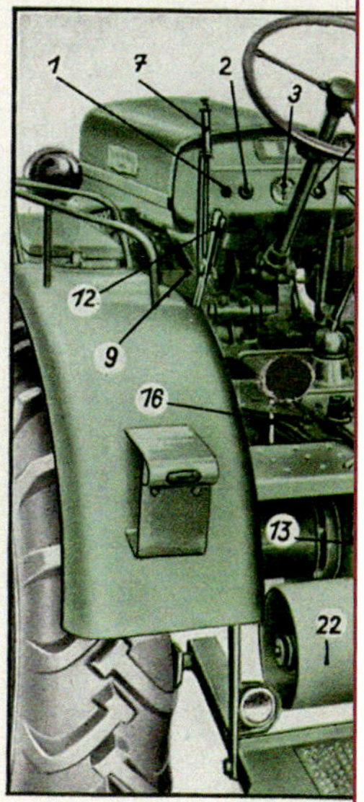

11 Geteilte Fußbremse
12 Mäheinrückhebel
13 2te Zapfwelle entfällt
14 Zapfwelle 540 U/min.
15 Einrückung entfällt
16 Zapfwelleneinrückung

Vorderachse: Unsere unzerbrechliche Stahlachse hat große Bodenfreiheit, eine Anhängekupplung und ist mit einer kräftigen Blattfeder pendelnd aufgehängt.

RRICHTUNGEN

- 6 Handgas
- 7 Handbremse
- 8 Schalthebel
- 9 Kupplungspedal
- 10 Fußgaspedal

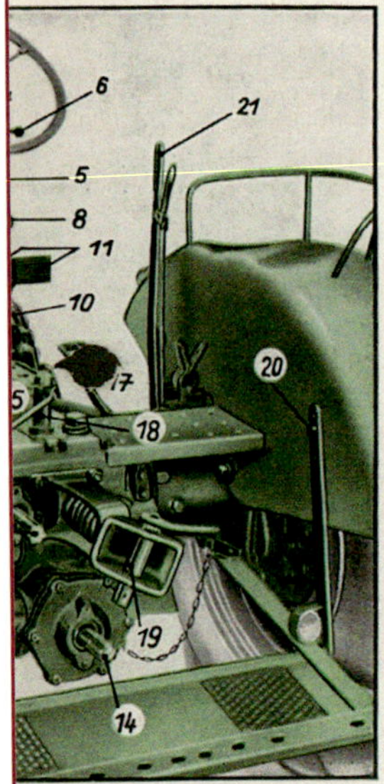

- 17 Differenzialsperre
- 18 Aufsattelbolzen
- 19 Gefed. drehbares Anhängemaul
- 20 Breite Anhängeschiene
- 21 Mähbalken-Verstellhebel
- 22 Riemenscheibe

Marksteine unserer Schlepperentwicklung

1929 Bau des ersten Kleinschleppers

1930 Vorführungen in Bayern und Oesterreich

1931 Schlepper »Samson« auf der DLG Hannover mit dem Prädikat »Neu und beachtenswert« ausgezeichnet

1935 Erster Kleinschlepper mit stehendem Motor

1937 Die rahmenlose und kettenlose Blockbauart wurde auf der DLG in München erstmals ausgestellt und hat sich seither nicht mehr wesentlich geändert

1938 Bau einer Großserie von 11 PS-Schleppern

1940 Neues, hervorragend bewährtes Modell: 22 PS F2 M414. Fast alle (über 2000) sind nach 14 Jahren noch mit guter Leistung im Einsatz

1949 Anlauf der beliebten 14/15 PS-Serie

1951 17 PS Zweizylinder mit Kriechgang

1952 Serienfertigung unseres 12 PS-Schleppers

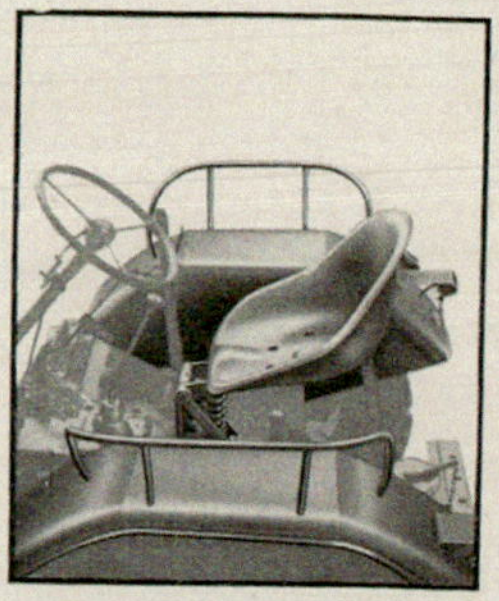

Sitz

Der weich gefederte, verstellbare, hohe Muschelsitz, nach vorne hochklappbar, wird allgemein von Schlepperfahrern sehr geschätzt. Die auf beiden Hinterrad-Kotflügeln vorhandenen Sitze mit Schutzgeländer bieten Platz für zwei Beifahrer

HELA-MÄHWERK

DBPa. UND AUSLANDSPATENTE

Eine langjährige Entwicklungsarbeit fand ihre Krönung in dieser verblüffenden Konstruktion

VORZÜGE:

1. Spielend leichte Handhabung. Die Kraft von 2 Fingern genügt zum Hochziehen und Ablassen des Messerbalkens, sodaß auch ein zehnjähriger Junge das Mähwerk bedienen kann.
2. Antrieb des Mähwerks erfolgt durch Zahnräder im Ölbad über Rutschkupplung, daher kein Verschleiß.
3. Tiefenverstellung des Messers vom Fahrersitz aus.

Die Zahnräder und Wellen des »HELA«-Getriebes sind aus chromlegiertem Edelstahl hergestellt und einsatzgehärtet. Deshalb sehr lange Lebensdauer.

HE LA DIESEL

Ein zu empfehlendes und preiswertes Zusatzgerät ist der **Zapfwellen-Reifenkompressor.** Er gestattet, in wenigen Minuten die Luftreifen auf den vorgeschriebenen Druck zu bringen.

NORMALAUSRÜSTUNG:

Einzelradfußbremse, Zapfwelle, gefederte Vorderachse, Differentialsperre, gefederte und drehbare Anhängekupplung, Hand- und Fuß-Gashebel, 50-Ah-Akku-Batterie 6 Volt, Bosch-Lichtanlage, Bosch-Horn, Vorglühanlage bei Wasserkühlung, Fernthermometer mit Warneinrichtung bei Luftkühlung, 2 Kotflügel mit je einem Beifahrersitz, lange Ackerschiene, Anhängersteckdose.

TECHNISCHE EINZELHEITEN:

Motor:
Stehender Einzylinder-Viertakt-Fahrzeugmotor MWM, 12 PS bei 1980 U/min.
Druckumlaufschmierung durch Zahnradpumpe.
Automatische Kipphebelschmierung.

Zylinder:
wassergekühlt:
Bohrung 95 mm, Hub 120 mm, Hubraum 850 cm³,
luftgekühlt:
Bohrung 98 mm, Hub 120 mm, Hubraum 905 cm³.

Motordrehzahl:
Regulierbar durch Hand- und Fußgas bis 1980 U/min.

Kühlung: Wasserumlaufkühlung oder Luftkühlung.

Lenkung: Schneckenlenkung, im Ölbad laufend.

Getriebe:
Patentiertes, besonders stark dimensioniertes »HELA«-Portalgetriebe, kugelgelagert, mit spiralverzahnten Kegelrädern.

Fahrgeschwindigkeiten:
5 durchschaltbare Vorwärtsgänge: 3,3 – 5,3 – 7,6 – 12,6 und 20 km.
1 Rückwärtsgang 4,3 km.
1 Kriechgang (1,8 km bei voller Drehzahl) kann sofort oder später jederzeit eingebaut werden.

Kupplung:
Einscheiben-Trockenkupplung Fichtel & Sachs.
Keine Wartung.

Bremsen:
Doppelte Hinterrad-Innenbacken-Einzelrad-Perrot-Fußbremse und feststellbare Handbremse.

Bereifung: Vorderräder 4.50—16, Hinterräder 8—24 AS.

Elektrische Ausrüstung:
Bosch-Lichtanlage, Bosch-Horn, 6-Volt-Akku-Batterie (Vorglühanlage beim wassergekülten Motor).

Spurweite: Verstellbar 1.25 und 1.50 m.

Radstand: 1.62 m.

Kleinster innerer Wenderadius:
mit Einzelrad-Fußbremse: 0.70 m,
ohne Einzelrad-Fußbremse: 1.20 m.

Länge: 2.50 m.

Breite: 1.50 m, mit Mähwerk 1.64 m.

Höhe: 1.22 m bis oben Motorhaube,
1.80 m bis oben Messerbalken.

Bodenfreiheit: 330 mm.

Eigengewicht: 1170 kg ohne Mähwerk.

Anhängehöhen: Für Wagen 575 mm,
Ackerschiene verstellbar 280 mm, 350 und 420 mm.

Mähwerk:
Mit »HELA«-Mähaufzug, DBPa. und Auslandspatente, spielend leicht hochzieh- und ablaßbar.

Riemenscheibe:
Abstellbar, 200×145 mm, 1520 U/min., schwenkbar für Rechts- und Linkslauf.

Zapfwelle: 540 U/min., genormt.

Differentialsperre:
Wirksam, solange Fußdruck auf dem Hebel lastet.

Größte Brutto-Anhängelast: Auf ebener Straße 8 to.

Zugkraft am Haken:
880 kg, bei voller Reifenauslastung 1200 kg.

Brennstoffverbrauch:
ca. 1 Liter pro Stunde im Jahresdurchschnitt.

Tankinhalt: 28 Liter.

SONDERAUSRÜSTUNG:

Zahnkranz auf Motor, Bosch-Anlasseranlage, Mähantrieb, Mähwerk 4½', Riemenscheibe, Kriechgang 0,9—1,8 km/h, Normschwingrahmen, vordere Kotflügel, ölhydraulischer Kraftheber mit 3-Punkt-Aufhängung, Reifenfüllkompressor, Anbaugeräte, Getreidehandablage. Bei Wasserkühlung: Fernthermometer, Kühlerjalousie.

Die angegebenen Daten sind ungefähre. – Änderungen vorbehalten.

955

Bauern-Schlepper
20 PS
HE LA
DIESEL
Hermann Lanz
Aulendorf

HELA DIESEL

Normal-Ausrüstung

mit Mähantrieb · Riemenscheibe · Zapfwelle
Gefederter Vorderachse · Differentialsperre
50 Ah-Akku-Batterie · Anlasser-Zahnkranz
6 Volt Bosch-Licht-, -Horn- und Glühkerzenanlage

Technische Einzelheiten

Die angegebenen Daten sind ungefähre. – Änderungen vorbehalten.

Motor: Stehender Einzylinder-Spezial-Fahrzeugmotor MWM 20 PS bei 1600 U/Min. mit auswechselbaren verchromten Zylinderlaufbüchsen und Druckumlaufschmierung mittels Zahnradpumpe, Kurbelwelle rollengelagert. Automatische Kipphebelschmierung.

Zylinder: 112 mm, Hub 150 mm.

Umdrehungen: 600 – 1600 regulierbar.

Kühlung: Wasser-Umlaufkühlung.

Lenkung: Schneckenlenkung, staubd., nachstellbar.

Wechselgetriebe: Kugelgelagerte, besonders stabile, überdimensionierte Konstruktion.

Fahrgeschwindigkeiten: 5 Vorwärtsgänge 3,4 – 5,6 – 7,9 – 12,1 u. 20,9 km. 1 Rückwärtsgang 3,9 km.

Kupplung: Einscheibentrockenkupplung Fichtel & Sachs. – Keine Wartung.

Bremsen: Dopp. Hinterrad-Innenbacken-Einzelrad-Fußbremse und feststellbare Handbremse.

Bereifung: Vorn 5.00 – 16, hinten 8 – 24 Ackerluft oder auf Wunsch 8 – 32.

Beleuchtung: Bosch-Licht und Bosch-Horn, 6 Volt-Batterie, Glühkerzenanlage.

Spurweite: Verstellbar 1,25 m und 1,45 m.

Radstand: 1,62 m.

Kleinster äußerer Wenderadius: 1,90 m.

Länge: 2,50 m; **Breite:** 1,50 m, mit Mähwerk 1,64 m.

Höhe: 1,30 m bis oben Haube, m. Messerbalken 1,70 m.

Bodenfreiheit: 325 mm mit Bereifung 8 – 24
410 mm mit Bereifung 8 – 32.

Eigengewicht: 1350 kg ohne Mähwerk.

Anhängehöhen: 600 mm für Wagen
360 mm für Ackerschiene.

Mähwerk: Patentierte Eigen-Konstruktion, spielend leicht hochziehbar.

Riemenscheibe: Abstellb. 210 × 140 mm, 1450 U/Min.

Zapfwelle: genormt 540 U/Min.

Differentialsperre: Wirksam, solange Fußdruck auf dem Hebel lastet.

Gezogene Bruttoanhängelast auf ebener, trock. Straße: ca. 10 to., bei 10% Steigung ca. 4 to.

Brennstoffverbrauch: ca. 195 g/PSh, durchschnittlich ca. 1¼ Liter pro Stunde.

Tank-Inhalt: 25 Liter.

Sonder-Ausrüstung

Komplette Anlasseranlage 12 V mit 75 Ah-Batterie
Mähwerk 4½ Fuß
Bereifung 8 – 32
Seilwinde
Kraftheber, ölhydraulisch
Reifenfüll-Kompressor
Stahlschutzdach
Vordere Kotflügel
Verlängerte Ackerschiene
Anbaupflüge etc.

E 847 / 52

Der überall
bewährte
HE LA
DIESEL
20 PS
Bauern-Schlepper
20
(Abbildung mit Allzweck-Bereifung)
jetzt auch mit patentiertem 6-Gang Portalgetriebe einschließlich Kriechgang lieferbar,
besonders bevorzugt wegen seiner geringen Betriebskosten.
Hermann Lanz
Aulendorf
Weitere Auskünfte
durch Vertretung:

Normal-Bereifung

Der

20 PS

HELA DIESEL

Volldiesel - Ackerschlepper

- Hohe Qualität
- Schnittige Bauform
- Geringe Betriebskosten
- 3 versch. Reifengrößen

Technische Einzelheiten

Die angegebenen Daten sind ungefähre. – Änderungen vorbehalten.

Motor: Stehender Einzylinder-Spezial-Fahrzeug-Viertakt-Diesel-Motor mit auswechselbarer, verchromter Zylinderlaufbüchse, Druckumlaufschmierung mittels Zahnradpumpe, automatischer Kipphebelschmierung und rollengelagerter Kurbelwelle.

Leistung: 20 PS mit MWM-Motor KDW 615 E.

Zylinder: ∅ 112 mm; Hub 150 mm; Hubraum 1480 ccm.

Drehzahl: 600 – 1580 regulierbar durch Hand- und Fußgashebel.

Kühlung des Motors: Wasser-Umlaufkühlung durch Wabenkühler, Ventilator und Umwälzpumpe.

Lenkung: Kräftige, staub- und öldicht gekapselte Schneckenlenkung.

Wechselgetriebe: Besonders stark dimensioniertes HELA-Portalgetriebe aus hochwertigem Einsatzstahl, gehärtet, kugelgelagert, mit spiralverzahnten Kegelrädern.
Bei Bereifung 8 – 24: 6 Vorwärtsgänge mit Kriechgang serienmäßig.
Bei Bereifung 9 – 24 und 8 – 32 ohne Portal vorerst nur 5 Vorwärtsgänge ohne Kriechgang.

Fahrgeschwindigkeiten: Kriechgang 1,8 – 3,4 – 5,6 – 7,9 – 12,1 und 20 km/h, Rückwärtsgang 3,9 km/h.

Kupplung: Einscheibentrockenkupplung Fichtel & Sachs. Keine Wartung.

Bremsen: Doppelte Hinterrad-Innen-Backen-Servo-Einzelrad-Fußbremse und feststellbare Handbremse.

Bereifung: Vorn 5.00 – 16,
hinten 8 – 24 auf Wunsch 9 – 24 oder 8 – 32.

Elektrische Ausrüstung: Bosch-Anlasser, Lichtanlage, Signalhorn, 12 Volt Akku-Batterie 75 Ah und Vorglühanlage.

Spurweite: Verstellbar 1,25 m und 1,50 m.

Wenderadius: Außen 2,45 m ohne Lenkbremse
1,90 m mit Lenkbremse.

Radstand: 1,70 m.

Länge: 2,73 m.

Breite: 1,50 m.

Bodenfreiheit: 345 mm bei Bereifung 8 – 24
300 mm „ „ 9 – 24
375 mm „ „ 8 – 32.

Höhe bis oben Haube: 1,33 m.

Eigengewicht: 1375 kg.

Anhängehöhen: Für Wagen drehbares, gefedertes Anhängemaul 650 mm; für Ackergeräte 350 mm.

Mähwerk: Patentierte Eigen-Konstruktion, spielend leicht hochziehbar.

iele

Riemenscheibe: Hinten am Getriebegehäuse 200 × 140 mm; 1520 U/min. abstellbar.

Zapfwelle: Genormt 29/35 mm; 540 U/min.

Differentialsperre: Das einseitige Gleiten der Hinterräder bei glitschigem Boden kann durch Sperren des Differentials vermieden werden. Betätigung durch Fußhebel.

Größte Bruttoanhängelast: Auf ebener Straße ca. 12 to.

Max. Zugkraft am Haken: ca. 1100 kg.

Brennstoffverbrauch: ca. 1,5 Ltr. im Jahresdurchschnitt.

Tank-Inhalt: 28 Liter.

Mindestlieferungsumfang:

Kriechgang bei Bereifung 8 – 24, Zapfwelle, gefederte Vorderachse, kompl. Anlasser- und Beleuchtungsanlage mit schwerer Akku-Batterie, Signalhorn, gefederter Sitz, hintere Kotflügel mit Beifahrersitzen, Einzelradfußbremse, feststellbare Handbremse, Differentialsperre, Hand- und Fußgas, Ackerschiene, Öldruckmanometer, vorne starre, hinten drehbare, gefederte Anhängekupplung, Andrehkurbel, Werkzeug und Ölfüllung.

Sonderausrüstung:

Mähantrieb, Mähwerk mit $4^{1}/_{2}$' Balken, Riemenscheibe, ölhydraul. Kraftheber mit 3- oder 4-Punkt Aufhängung, Bereifung 9 – 24 oder 8 – 32, Fernthermometer, Kühlerjalousie, Lenkradfeststell-Vorrichtung, vordere Kotflügel, Seilwinde, Stahlschutzdach, Plattform u. Seitenverkleidung, Reifenfüll-Kompressor mit Schlauch.

HE LA
DIESEL
22 PS
Volldiesel-Schlepper
mit Wasser- oder Luftkühlung
22
mit 6 durchschaltbaren Vorwärtsgängen, davon 1 Kriechgang 1 – 1,8 km/h, 1 Rückwärtsgang;
Stabile, besonders ansprechende Konstruktion nach modernsten, technischen Gesichtspunkten
Hermann Lanz
Aulendorf
Weitere Auskünfte
durch Vertretung:

HELA DIESEL

22 PS Der ideale Schlepper für Mittelbetriebe

- Moderne, schnittige Bauform
- Kühlung nach Wahl
- Kriechgang serienmäßig
- und besonders preiswert

Technische Einzelheiten:

Die angegebenen Daten sind ungefähre. – Änderungen vorbehalten.

Motor: Stehender Zweizylinder-Viertakt-Diesel-Motor Fabrikat MWM oder HELA

	luftgekühlt	wassergek.	wassergek.
Type	AKD 112 Z	KD 12 Z	AZ
Fabrikat	MWM	MWM	HELA
Leistung	22 PS	22 PS	24 PS
Drehzahl	1800	1800	1750 U/min.
Hubraum	1810	1700	2164 cm³
Zylinder-∅	98	95	105 mm
Hub	120	120	125 mm

Wasserkühlung: Umlaufkühlung durch Wabenkühler, Ventilator und Umwälzpumpe.

Luftkühlung: Durch Kühlgebläse mit Keilriemenantrieb.

Lenkung: Kräftige, staub- u. öldicht gekapselte Schnekkenlenkung, im Ölbad laufend.

Getriebe: Besonders stark dimensionierte HELA-Eigen-Konstruktion, 17-fach kugelgelagert, mit spiralverzahnten Palloid-Kegelrädern und Kugelschaltung mit 6 Vorwärtsgängen und 1 Rückwärtsgang.

Fahrgeschwindigkeiten: 6 durchschaltb. Vorwärtsgänge, davon 1 Kriechgang, 1,8–3,2–5,2–7,4–12,2–20 km/h. Rückwärtsgang 4,2 km/h.

Kupplung: Einscheiben-Trockenkupplung: Fichtel & Sachs. Keine Wartung.

Vorderachse: Aus Stahl, gefedert, pendelnd aufgehängt.

Bremsen: Doppelte Hinterrad-Innen-Backen-Einzelrad-Fußbremse und unabhängige, feststellbare Getriebehandbremse.

Elektrische Ausrüstung: Boschlichtanlage und Boschhorn, 12 Volt-Batterie 84 Ah, Anlasser mit Zahnkranz am Motor (Vorglühanlage bei wassergekühltem Motor).

Spurweite: Verstellbar 1,25 bis 1,50 Meter.

Wenderadius: Außen: 3 m ohne Lenkbremse
2,75 m mit Lenkbremse

	normal	auf Wunsch		
Bereifung:				
vorne	5.00 – 16	5.00 – 16	5.00 – 16	5.00 – 16
hinten	9 – 24	10 – 24	8 – 32	10 – 28
Eigengewicht:				
ohne Mähwerk	1420 kg	1460 kg	1455 kg	1470 kg
mit Mähwerk	1550 kg	1590 kg	1585 kg	1600 kg
Länge:	2,82 m	2,82 m	2,86 m	2,86 m
Breite:	1,49 m	1,52 m	1,46 m	1,52 m
Höhe b. ob. Haube:	1,24 m	1,25 m	1,32 m	1,32 m
Bodenfreiheit:	310 mm	330 mm	400 mm	400 mm
Anhängehöhen:				
Anhängekupplung	600 mm	610 mm	680 mm	680 mm
Ackerschiene	350 mm	350 mm	350 mm	350 mm

Mähantrieb: durch Zahnräder im Ölbad laufend und Konus-Rutschkupplung.

Mähwerk: Patentierte HELA-Eigenkonstruktion, spielend leicht hochziehbar und ablaßbar.

Riemenscheibe: Hinten am Getriebegehäuse, abstellbar 200 x 140 mm, 1720 U/min., schwenkbar für Rechts- und Linkslauf.

Zapfwelle: genormt 29/35, 590 U/min.

Differentialsperre: Das einseitige Gleiten der Hinterräder bei glitschigem Boden kann durch Sperren des Differentials vermieden werden. Die Differentialsperre wird durch einen Fußhebel betätigt.

Maximale Brutto-Anhängelast: ca. 13 to.

Max. Zugkraft am Haken: ca. 1700 kg.

Brennstoffverbrauch: ca. 2 Liter im Jahresdurchschnitt.

Tankinhalt: 28 Liter.

Mindestlieferungsumfang:

Kriechgang – Zapfwelle – gefederte Vorderachse. Kompl. Anlasseranlage mit 84 Ah-Batterie, Beleuchtungsanlage, Signalhorn, hintere Kotflügel als Sitzbänke für Beifahrer, Differentialsperre, Einzelradfußbremse, feststellbare Getriebehandbremse, verlängerte Ackerschiene, Hand- und Fußgas, Öldruckmanometer, vorne einfaches, hinten drehbares, gefedertes Anhängemaul, gefederter Sitz, Andrehkurbel, Anhängersteckdose, Werkzeug und Ölfüllung. (Bei Luftkühlung: Fernthermometer mit Warnvorrichtung.)

Sonder-Ausrüstung:

Mähantrieb, Mähwerk mit 4½′ oder 5′ Balken, Riemenscheibe, ölhydraulischer Kraftheber mit 3-Punkt Aufhängung, Seilwinde mit Bergstütze, Fernthermometer und Kühlerjalousie bei Wasserkühlung, Lenkradfeststellung, Bereifung 10 – 24, 8 – 32, 10 – 28, Allwetterverdecke, Plattform und Seitenverkleidung, Reifenfüllkompressor mit Schlauch, vordere Kotflügel, 2 Stopplichter, Holzdoppelsitze, Frontlader.

9.57 5 E 378

HELA
DIESEL
KLEINSCHLEPPER
Type D 112
12 PS
Der leistungsfähige Schlepper für jeden Kleinbetrieb
Hermann Lanz
Aulendorf

HELA DIESEL

Type D 112

luft- oder wassergekühlt

TECHNISCHE EINZELHEITEN

Die angegebenen Daten sind ungefähre. – Änderungen vorbehalten.

Motor:
Stehender Einzylinder-Viertakt-Dieselmotor, luft- oder wassergekühlt, 12 PS bei 1980 U/min.
Druckumlaufschmierung durch Zahnradpumpe.
Automatische Kipphebelschmierung.

Zylinder:
wassergekühlt:
Bohrung 95 mm, Hub 120 mm, Hubraum 850 cm³,
luftgekühlt:
Bohrung 98 mm, Hub 120 mm, Hubraum 905 cm³.

Motordrehzahl:
Regulierbar durch Hand- und Fußgas 600 – 1980 U/min.

Kühlung: Wasserumlaufkühlung oder Luftkühlung.

Lenkung: Schneckenlenkung, im Ölbad laufend.

Getriebe:
»HELA«-Getriebe, kugelgelagert, mit spiralverzahnten Kegelrädern, 5 Vorwärtsgänge, 1 Rückwärtsgang, 1. Gang als Kriechgang ausgebildet. Sämtliche Gänge sind mit nur einem Schalthebel durchschaltbar.

Fahrgeschwindigkeiten:
Vorwärtsgänge 1,9 – 4 – 6,7 – 11,6 – 20 km.
Rückwärtsgang 3,1 km.

Kupplung:
Einscheiben-Trockenkupplung Fichtel & Sachs.
Keine Wartung.

Vorderachse:
Gefederte, pendelnd aufgehängte, nach hinten sehr stabil abgestützte Stahlvorderachse.

Bremsen:
Doppelte Hinterrad-Innenbacken-Einzelrad-Perrot-Fußbremse und feststellbare Handbremse.

Elektrische Ausrüstung: Boschlichtanlage und Boschhorn, 12 Volt Batterie, Anlasser, Zahnkranz.
(Vorglühanlage beim wassergekühlten Motor
Temperaturwarnanzeiger beim luftgekühlten Motor)

Spurweite: Verstellbar 1.25 und 1.50 m.

Radstand: 1.62 m.

Kleinster innerer Wenderadius:
bei Anwendung der Lenkbremse 0.70 m
ohne Lenkbremsung 1.20 m.

Bereifung:	normal	auf Wunsch	
vorne	4.00 – 16	4.50 – 16	4.50 – 16
hinten	7 – 24	8 – 24	7 – 30
Eigengewicht:			
ohne Mähwerk	990 kg	1000 kg	1050 kg
mit Mähwerk	1120 kg	1130 kg	1180 kg
Länge:	2.55 m	2.55 m	2.63 m
Breite:	1.50 m	1.50 m	1.50 m
Höhe bis oben Haube:	1.10 m	1.12 m	1.18 m
Bodenfreiheit:	300 mm	325 mm	375 mm
Anhängehöhen:			
Anhängekupplung	515 mm	540 mm	590 mm
Ackerschiene	350 mm	350 mm	350 mm

Mähantrieb: Durch im Ölbad laufende Zahnräder über nachstellbare Sicherheits-Konus-Rutschkupplung.

Mähwerk: Mit »HELA«-Mähaufzug, DBPa. und Auslandspatente, spielend leicht hochzieh- und ablaßbar.

Riemenscheibe: Abstellbar, 200×140 mm, 1520 U/min., schwenkbar für Rechts- und Linkslauf.

Zapfwelle: 540 U/min., genormt.

Differentialsperre:
Wirksam, solange Fußdruck auf dem Hebel lastet.

Größte Brutto-Anhängelast: Auf ebener Straße ca. 7,5 to

Zugkraft am Haken: ca. 900 kg (ohne Zusatzgewichte)

Brennstoffverbrauch: ca. 1 Ltr. p. Std. im Jahresdurchschnitt.

Tankinhalt: 28 Liter.

Normalausrüstung:

Zapfwelle, Differentialsperre, Einzelradfußbremse, feststellbare Handbremse, Hand- und Fußgas, gefederte Vorderachse, vorne starre, hinten drehbare, gefederte Anhängekupplung, breite Ackerschiene, Aufsattelbolzen, gefederter großer Muschelsitz für den Fahrer, beide Hinterrad-Kotflügel als Beifahrersitze ausgebildet, komplette Anlasser- und Beleuchtungsanlage 12 Volt. Anhängersteckdose.

Sonderausrüstung:

Mähantrieb und Mähwerk, Riemenscheibe, Bereifung vorne 4.50-16, hinten 8-24 AS, 7-30 AS, Fernthermometer und Kühlerjalousie bei Wasserkühlung, Vorderrad-Kotflügel, Lenkradfeststell-Vorrichtung, ölhydraulische 3-Punktkraftheber-Anlage, Normschwingrahmen mit oder ohne »HELA«-Handgeräteaushebung, Getreidehandablage, Plattform und Seitenverkleidung, Holzdoppelsitze, 2 Stopplichter, Reifen-Füllkompressor mit Schlauch.

12 PS

HELA DIESEL

HELA-Dieselschlepper D 112

Zur sinnvollen und gesunden Mechanisierung sowie zur Erhöhung der Rentabilität auch kleinerer Betriebe hat sich der 12 PS HELA-Schlepper seit vielen Jahren hervorragend bewährt. Seine einfache, robuste Konstruktion, seine qualitativ hervorragende Ausführung, sowie sein bewährter, kraftstoffsparender Viertakt-Dieselmotor geben die Gewähr für einen wirtschaftlichen Einsatz.

Auch in den geringen Unterhaltungs- und Betriebskosten, sowie in der langen Lebensdauer zeigt sich der Erfolg. Auf Fahrkomfort, Ausstattung und Formschönheit wurde beim D 112 besonders geachtet.

Das patentierte HELA-Getriebe mit vollbelastbarem Kriechgang ist kugelgelagert, mit spiralverzahnten Palloid-Kegelrädern und Kugelschaltung versehen und besonders stark dimensioniert. Die Abstufung ist so vorteilhaft gewählt, daß bei allen anfallenden Arbeiten im jeweils günstigsten Geschwindigkeitsbereich gefahren werden kann.

Der Mähantrieb, im Ölbad laufend, mit Konus-Rutschkupplung, ist zahnradangetrieben. Der Antrieb ist für alle Mähverhältnisse genau einstellbar. Große Raum- und Bodenfreiheit erlaubt dem Fahrer gute Arbeitskontrolle nach allen Seiten. Die günstige Gewichtsverteilung und die große Standsicherheit auch im hängigen Gelände sind weitere Vorzüge.

Moderne Zusatzgeräte, wie Hydraulik, Raddruckverstärker, HELAMATIC u. a. machen diesen kleinen HELA-Dieselschlepper zur universellen, beweglichen Kraftquelle. Genau wie seine großen Brüder aus der HELA-Baureihe gibt auch der D 112 seinem Besitzer auf lange Jahre Sicherheit, denn Zuverlässigkeit und Lebensdauer aller HELA-Schlepper sind unübertroffen.

Das interessiert den Praktiker

BILD 1 Der geräumige Führerstand kann von allen Seiten bequem bestiegen werden.

BILD 2 Das gefällige Armaturenbrett enthält in übersichtlicher Weise alle für den Betrieb erforderlichen Instrumente und erleichtert Bedienung und Überwachung.

BILD 3 Der patentierte HELA-Mähbalkenaufzug erlaubt das fingerleichte Ausheben und Senken des Messerbalkens, so daß selbst Frauen und Jugendliche ohne Anstrengung damit arbeiten können. Schnittverstellung bequem vom Fahrersitz aus.

BILD 4 Ein wertvolles Hydraulik-Zusatzgerät ist der Raddruckverstärker. Er ermöglicht es, einen erheblichen Teil des Gewichtes vom Anbaugerät über die Hydraulik, auf die Hinterachse des Schleppers zu übertragen. Der Radschlupf wird vermieden und die Arbeit auch bei ungünstigen Bodenverhältnissen möglich.

BILD 5 Die neue Fernbedienung HELAMATIC macht den Fahrer von der Maschine frei so daß er bei vielen Arbeiten selbst mit Hand anlegen kann. Mit nur einem Hebel kann man anhalten, anfahren und lenken. Der Bedienungsmann geht dabei gefahrlos hinter dem linken Hinterrad.

Das interessiert den Techniker

Motor Stehender Einzylinder-Viertakt-Dieselmotor

	wassergekühlt	luftgekühlt
Leistung	12 PS	12 PS
Drehzahl	1980 U/min.	1980 U/min.
Hubraum	850 ccm	905 ccm
Zylinder ∅	95 mm	98 mm
Hub	120 mm	120 mm

Wasserkühlung Umlaufkühlung durch Wabenkühler, Ventilator und Umwälzpumpe

Luftkühlung Durch geräuscharmes Kühlgebläse

Lenkung Kräftige, staub- und öldicht gekapselte Schneckenlenkung, im Ölbad laufend.

Getriebe HELA-Getriebe, kugelgelagert mit spiralverzahnten Kegelrädern, 5 Vorwärtsgänge, 1 Rückwärtsgang, 1. Gang als Kriechgang ausgebildet.

Fahrgeschwindigkeiten Vorwärtsgänge 1,9 — 4 — 6,7 — 11,6 — 20 km/h, Rückwärtsgang 3,1 km/h.

Kupplung Einscheiben-Trockenkupplung Fichtel & Sachs. Keine Wartung.

Vorderachse Aus Stahl, gefedert, pendelnd aufgehängt.

Bremsen Doppelte Hinterrad-Innenbacken-Einzelrad-Fußbremse und feststellbare Handbremse.

Elektrische Ausrüstung Lichtanlage und Signalhorn 12 Volt, Anlasser mit Zahnkranz am Motor (Vorglühanlage bei wassergekühltem Motor, Temperaturwarnanzeiger bei luftgekühltem Motor).

Spurweite Verstellbar 1,25 bis 1,50 m.

Wenderadius innen: 1,20 m ohne Lenkbremse; 0,70 m mit Lenkbremse.

	normal	auf Wunsch	
Bereifung			
vorne	4.00—16	4.50—16	4.50—16
hinten	7—24	8—24	7—30
Eigengewicht			
ohne Mähwerk	1030 kg	1080 kg	1100 kg
mit Mähwerk	1160 kg	1210 kg	1230 kg
Länge	2,55 m	2,55 m	2,63 m
Breite	1,50 m	1,50 m	1,50 m
Höhe bis oben Haube	1,10 m	1,12 m	1,18 m
Bodenfreiheit	300 mm	325 mm	375 mm
Anhängehöhen			
Anhängekupplung	515 mm	540 mm	590 mm
Ackerschiene	350 mm	350 mm	350 mm

Mähantrieb Durch Zahnräder, im Ölbad laufend, mit Konus-Rutschkupplung.

Mähwerk Patentierte HELA-Konstruktion, spielend leicht auszuheben.

Riemenscheibe 200x140 mm, 1520 U/min, abstellbar, für Rechts- und Linkslauf schwenkbar

Zapfwelle genormt, 540 U/min.

Differentialsperre Wirksam, so lang Fußdruck auf dem Hebel lastet.

Maximale Brutto-Anhängelast ca. 7,5 to

Maximale Zugkraft am Haken ca. 900 kg

Tankinhalt 28 Liter

sämtliche Angaben sind gewissenhaft, jedoch unverbindlich.

Normalausrüstung Kriechgang, Zapfwelle, gefederte Vorderachse, Differentialsperre, Einzelrad-Fußbremse, feststellbare Handbremse, Hand- und Fußgas, vordere und hintere Anhängevorrichtung, breite Ackerschiene, 2 Beifahrersitze, kpl. Anlasser- und Beleuchtungsanlage, Anhängersteckdose.

Sonderausrüstung Mähantrieb, Mähwerk 4½', Riemenscheibe, Bereifung vorne 4.50—16, hinten 8—24 oder 7—30, Fernthermometer und Kühlerjalousie bei Wasserkühlung Vorderradkotflügel, Lenkradfeststellung, Dreipunkt-Kraftheber, Raddruckverstärker, Plattform und Seitenverkleidung, Holzdoppelsitze, 2 Stopplichter, Betriebsstundenzähler, Allwetterverdeck, HELAMATIC zur Fernbedienung der Maschine.

HELA-SCHLEPPERFABRIK

Hermann Lanz Aulendorf/Württ.

Telefon 28, 125, 215 Fernschreiber 0732 870 Telegrammadresse: Lanz Aulendorf

Überreicht durch:

HD 12. IV.58 100

HELA DIESEL

18 PS

HELA - Dieselschlepper D 117

Der HELA-Dieselschlepper D 117 ist der moderne Allzweck-Schlepper für Klein- und Mittelbetriebe sowie die ideale Zweitmaschine für Großbetriebe.

Er ist kraftvoll, vielseitig, wendig, wirtschaftlich und von besonders hoher Lebensdauer. Kurz, ein echter HELA, auf den man sich verlassen kann.

Die Kraftquelle des D 117 ist der robuste, elastische Zweizylinder-Viertakt-Dieselmotor mit Wasserumlaufkühlung oder mit Luftkühlung. Das Verbrennungsverfahren gewährleistet eine restlose Verbrennung des Kraftstoffes, so daß die größtmögliche Energieleistung herausgeholt wird. Die Drehzahl des Motors ist niedrig, sie wird durch den Verstellregler auch bei wechselnder Belastung konstant gehalten. Dieser Motor besitzt alle technischen und wirtschaftlichen Vorzüge, auf die der fortschrittliche Landwirt achten muß.

Das patentierte HELA-Sechsgang-Getriebe mit vollbelastbarem Kriechgang ist 17-fach kugelgelagert, mit spiralverzahnten Palloid-Kegelrädern und Kugelschaltung versehen und besonders stark dimensioniert. Die Abstufung ist so vorteilhaft gewählt, daß für alle anfallenden Arbeiten auf Acker, Hof und Straße, im jeweils günstigsten Geschwindigkeitsbereich gefahren werden kann. Die Lebensdauer aller HELA-Getriebe ist nahezu unbegrenzt.

Der Mähantrieb, im Ölbad laufend, mit Konus-Rutschkupplung, ist zahnradangetrieben. Keilriemendefekte sind also nicht zu befürchten. Der Antrieb ist für alle Mähverhältnisse genau einstellbar.

Auch beim HELA-Schlepper D 117 wurde nirgends an Material auf Kosten der Qualität gespart.

Der geräumige Führerstand kann bequem von allen Seiten bestiegen werden. Das komfortable Armaturenbrett, die im bequemsten Arm- und Fußbereich des Fahrers liegenden Bedienungshebel, sowie die hervorragenden Fahreigenschaften geben jedem vom ersten Moment an ein Gefühl der Sicherheit.

Das interessiert den Praktiker

BILD 1 Der geräumige Führerstand und das übersichtliche Armaturenbrett erleichtert die Bedienung und die Überwachung aller für den Betrieb notwendigen Instrumente.

BILD 2 Die stabile Stahlvorderachse mit Anhängekupplung versehen, ist mit einer kräftigen Blattfeder pendelnd aufgehängt. Erschütterungen in unebenem Gelände werden weitgehend aufgefangen und die Gesundheit des Fahrers geschont.

BILD 3 Mit dem patentierten HELA-Mähbalkenaufzug läßt sich der Messerbalken fingerleicht auch von Frauen und Jugendlichen ausheben und senken. Schnittverstellung bequem vom Fahrersitz aus.

BILD 4 Außerordentlich arbeits- und zeitentlastend ist der hydraulische Kraftheber. Alle Arbeitsgeräte werden mühelos ausgehoben. Die genormte Dreipunkt-Aufhängung macht jedes Arbeitsgerät schnell arbeits- und transportbereit. Die Norm-Zapfwelle zum Antreiben der verschiedenen Arbeitsmaschinen ist bequem zugänglich.

BILD 5 Ein wertvolles Zusatzgerät ist der Raddruckverstärker. Er ermöglicht es, einen erheblichen Teil vom Anbaugerät über die Hydraulik auf die Hinterachse des Schleppers zu übertragen. Der gefürchtete Radschlupf wird dadurch vermieden. Die Arbeit kann damit auch bei ungünstigen Bodenverhältnissen fristgerecht durchgeführt werden.

Das interessiert den Techniker

Motor	Stehender Zweizylinder-Viertakt-Dieselmotor, Druckumlaufschmierung mittels Zahnradölpumpe, Spaltfilter, autom. Kipphebelschmierung.
Leistung	Wasserkühlung: 18 PS mit MWM Motor KD 211 Z, Zylinder ∅ 85 mm, Hub: 110 mm, Hubraum 1250 ccm, Luftkühlung: 18 PS mit MWM Motor AKD 311 Z, Zylinder ∅ 90 mm, Hub 110 mm, Hubraum: 1400 ccm
Motordrehzahl	Regulierbar durch Hand- und Fußgashebel bis 1980 U/min.
Wasserkühlung	Umlaufkühlung durch Wabenkühler, Ventilator und Umwälzpumpe.
Luftkühlung	Durch besonders geräuscharmes Kühlluftgebläse.
Lenkung	Kräftige, staub- u. öldicht gekapselte Schneckenlenkung, im Ölbad laufend
Getriebe	Patentiertes, besonders stark dimensioniertes HELA-Kriechganggetriebe, kugelgelagert, mit spiralverzahnten Kegelrädern, 6 Vorwärtsgänge einschließlich Kriechgang, 1 Rückwärtsgang, mit einem Schalthebel durchschaltbar.
Fahrgeschwindigkeiten	1,8 — 3,2 — 5,3 — 7,5 — 12,5 und 20 km/h. Rückwärtsgang 4,2 km/h
Kupplung	Einscheiben-Trockenkupplung Fichtel & Sachs. Keine Wartung.
Vorderachse	Gefederte, pendelnd aufgehängte, nach hinten sehr stabil abgestützte Stahlvorderachse.
Bremsen	Doppelte Hinterrad-Innen-Backen-Einzelrad-Fußbremse und feststellbare Getriebe-Handbremse.
Elektrische Ausrüstung	Boschlichtanlage und Bosch-Horn, 12 Volt-Batterie 84 Ah, Anlasser, Zahnkranz und Vorglühanlage bei wassergekühltem Motor.
Spurweite	Verstellbar 1,25 m und 1,50 m.
Wenderadius	Innen 1,50 m, 1,10 m bei Benutzung der Lenkbremse.

Bereifung	normal	auf Wunsch		
vorne	5.00 - 16	5.00 - 16	5.00 - 16	5.00 - 16
hinten	9 - 24	10 - 24	8 - 32	10 - 28
Eigengewicht				
ohne Mähwerk	1335 kg	1335 kg	1350 kg	1375 kg
mit Mähwerk	1465 kg	1465 kg	1480 kg	1500 kg
Länge	2,73 m	2,73 m	2,80 m	2,80 m
Breite	1,52 m	1,52 m	1,50 m	1,52 m
Radstand	1,74 m	1,74 m	1,74 m	1,74 m
Höhe b. ob Haube	1,24 m	1,26 m	1,32 m	1,32 m
Bodenfreiheit	320 mm	340 mm	400 mm	400 mm
Anhängehöhen				
Anhängekupplung	610 mm	630 mm	680 mm	680 mm
Ackerschiene	350 mm	350 mm	350 mm	350 mm
(verlängerte Ackerschiene mit Bodenblech)				

Mähantrieb	Durch Zahnräder, im Ölbad laufend, mit nachstellb. Konus-Rutschkupplung
Mähwerk	Patentierte HELA-Konstruktion, spielend leicht hochzuziehen.
Riemenscheibe	Hinten am Getriebegehäuse, 200 x 140 mm, 1520 U/min., abstellbar, schwenkbar für Rechts- und Linkslauf.
Zapfwelle	29/34,9; 540 U/min. nach DIN 9611.
Differentialsperre	Das einseitige Gleiten der Hinterräder bei glitschigem Boden kann durch Sperren des Differentials vermieden werden. Betätigung durch Fußheboldruck.
Gr. Bruttoanhängelast	Auf ebener Straße ca. 11 to.
Max. Zugkraft a. Haken	ca. 1340 kg (ohne Zusatzgewichte)
Brennstoffverbrauch	ca. 1,4 Liter im Jahresdurchschnitt.
Tankinhalt	28 Liter.
Normal-Ausrüstung	Kriechgang, Zapfwelle, Differentialsperre, gefederte Vorderachse, komplette Anlasser- und Beleuchtungsanlage, Hand- und Fußgas, Einzelradfußbremse, feststellbare Getriebehandbremse, vordere und hintere Anhängevorrichtung, verl. Ackerschiene, Anhängersteckdose, 2 Beifahrersitze.
Sonderausrüstung	Mähantrieb, Mähwerk 4½', Bereifung 10 - 24, 8 - 32, 10 - 28, Fernthermometer, Kühlerjalousie, Vorderradkotflügel, Lenkradfeststellung, Riemenscheibe, 2 Stopplichter, Dreipunkt-Kraftheber, Raddruckverstärker, Holzdoppelsitze, Plattform und Seitenverkleidung, Geräautescheinwerfer, Betriebsstundenzähler, Allwetterverdeck, Seilwinde, Frontlader, HELAMATIC zum Fahren, Anhalten und Lenken des Schleppers vom Boden aus.

HELA-SCHLEPPERFABRIK

Hermann Lanz Aulendorf/Württ.

Telefon 28, 125, 215 Fernschreiber 0732 870 Telegrammadresse: Lanz Aulendorf

Überreicht durch:

HD 18. IV.58 / 100

Der neueste ideale

HE LA DIESEL

17 PS

Bauern-Schlepper

mit Kriechgang 1-1,8 km

mit 6 durchschaltbaren Vorwärtsgängen, mit 2 Zapfwellen, im Ölbad laufendem Zahnradmähantrieb, niederste Bauart bei großer Bodenfreiheit und besonders günstiger Schwerpunktlage ist wohl einer der technisch am weitesten entwickelten Kleintraktoren für die Landwirtschaft.

Hermann Lanz
Aulendorf

Weitere Auskünfte
durch Vertretung:

HELA DIESEL

Normal-Ausrüstung

mit Mähantrieb · Riemenscheibe
2 Zapfwellen · Gefederter Vorderachse
Differentialsperre · 12 Volt Bosch-Licht- und
Glühkerzenanlage · Anlasser-Zahnkranz
Kompl. Anlasseranlage 12 V mit 75 Ah-Batterie

Technische Einzelheiten

Die angegebenen Daten sind ungefähre. – Änderungen vorbehalten.

Motor: Stehender Zweizylinder-Viertakt-Fahrzeugmotor MWM 17 PS bei 2000 U/Min. mit auswechselbaren verchromten Zylinderlaufbüchsen, Druckumlaufschmierung mittels Zahnradpumpe und automatischer Kipphebelschmierung.

Zylinder: 85 mm, Hub 110 mm.

Umdrehungen: Regulierbar durch Hand- und Fußgas bis 2000 U/Min.

Kühlung: Wasser-Umlaufkühlung.

Lenkung: Schneckenlenkung, staubd., nachstellbar.

Getriebe: H.L.A. Portalausführung, 24-fach kugelgelagert, kräftig dimensionierte Konstruktion.

Fahrgeschwindigkeiten: 6 durchschaltbare Vorwärtsgänge 1,8 – 3,2 – 5,3 – 7,5 – 12,3 und 20 km bei Vollgas, 1 Rückwärtsgang 4 km.

Kupplung: Einscheibentrockenkupplung Fichtel & Sachs. – Keine Wartung.

Bremsen: Dopp. Hinterrad-Innenbacken-Einzelrad-Fußbremse und feststellbare Handbremse.

Bereifung: Vorn 5.00×16, hinten 8 – 24 Ackerluft.

Beleuchtung: Bosch-Licht und Bosch-Horn, 6 Volt-Batterie-Glühkerzenanlage.

Spurweite: Verstellbar 1,25 und 1,50 m.

Radstand: 1,70 m.

Kleinster innerer Wenderadius: 1,60 m.

Länge: 2,65 m; **Breite:** 1,50 m, mit Mähwerk 1,64 m.

Höhe: 1,16 m bis oben Motorhaube
1,74 m bis oben Messerbalken.

Bodenfreiheit: 390 mm.

Eigengewicht: 1120 kg ohne Mähwerk.

Anhängehöhen: Für Wagen 600 mm, Ackerschiene verstellbar 360, 400 und 440 mm.

Mähwerk: Eigenkonstruktion, D.P. angemeldet, spielend leicht hochzieh- und ablaßbar.

Riemenscheibe: Abstellbar 200×140 mm, 1500 U/Min.

2 Zapfwellen: 540 (genormt) und 810 U/Min.

Differentialsperre: Wirksam, solange Fußdruck auf dem Hebel lastet.

Größte Brutto-Anhängelast:
Auf ebener, trockener Straße ca. 9 to.,
bei 10% Steigung ca. 3,5 to.

Brennstoffverbrauch: ca. 195 g/PSh.

Tankinhalt: 23 Liter.

Sonder-Ausrüstung

Mähwerk 4½ Fuß
Seilwinde mit Bergstütze
Kraftheber, ölhydraulisch
Reifenfüll-Kompressor
Stahlschutzdach
Vordere Kotflügel
Verlängerte Ackerschiene
Doppelsitz auf Kotflügel
Anbaupflüge etc.

E 164/53

HELA DIESEL

18 PS

HELA-DIESELSCHLEPPER D 117

Dieser moderne Allzweck-Schlepper erfüllt alle landtechnischen Forderungen zur Vollmotorisierung von Klein- und Mittelbetrieben, sowie auch als Zweitmaschine für Groß-Betriebe.

Er ist kraftvoll, vielseitig, wirtschaftlich und von besonders hoher Lebensdauer. Die Kraftquelle des D 117 ist der robuste, elastische Zwei-Zylinder-Viertakt-Dieselmotor mit Wasser- oder Luftkühlung. Durch das kraftstoffsparende Verbrennungsverfahren wird die größtmöglichste Energie-Leistung erzielt. Der Motor besitzt alle technischen und wirtschaftlichen Vorzüge, auf die der fortschrittliche Landwirt achten muß.

Das patentierte HELA-Sechsgang-Getriebe mit vollbelastbarem Kriechgang ist 17-fach kugelgelagert, mit spiralverzahnten Palloid-Kegelrädern und Kugelschaltung versehen. Die Abstufung erlaubt für alle anfallenden Arbeiten auf Acker, Hof und Straße im jeweils günstigsten Geschwindigkeitsbereich zu fahren.

Der Mähantrieb, im Ölbad laufend, mit Konus-Rutschkupplung, ist zahnradangetrieben und für alle Mähverhältnisse genau einstellbar.

Nirgends wurde an Material auf Kosten der bekannten HELA-Qualität und Lebensdauer gespart.

Der geräumige Führerstand mit übersichtlichem Armaturenbrett ist bequem auch von der Seite aus zu besteigen.

Die hand- und fußgerechte Anordnung der Bedienungshebel, sowie die hervorragenden Fahreigenschaften geben jedem vom ersten Moment an das Gefühl der Sicherheit.

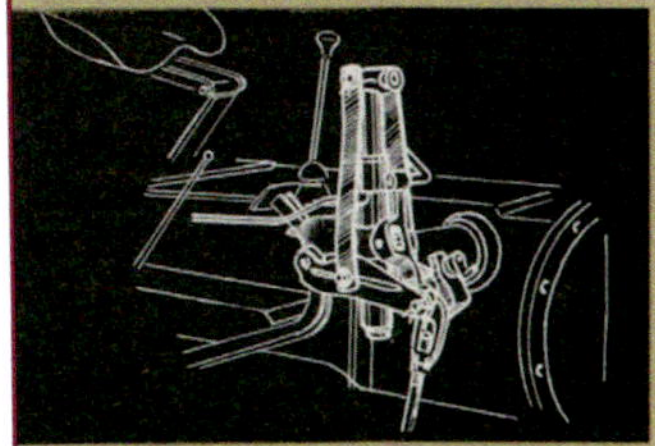
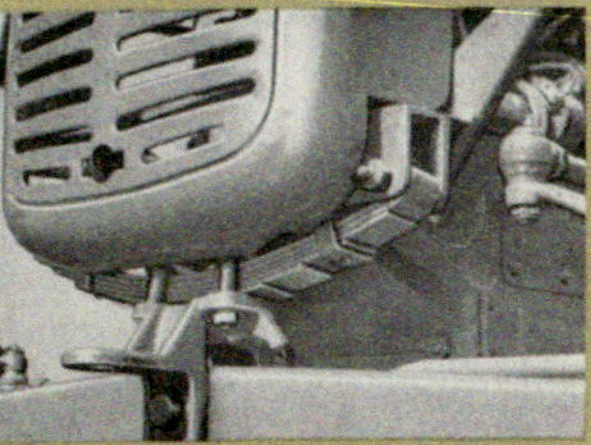

Das interessiert den Praktiker

BILD 1: Der geräumige Führerstand und das übersichtliche Armaturenbrett erleichtern die Bedienung und Überwachung der Maschine.

BILD 2: Der Führerstand ist bequem auch von der Seite zu besteigen.

BILD 3: Die hydraulische Mähwerksaushebung mit separatem Hubzylinder entlastet den Fahrer von jeder körperlichen Anstrengung.

BILD 4: Die stabile Stahlvorderachse mit Anhängekupplung versehen, ist mit einer kräftigen Blattfeder pendelnd aufgehängt. Erschütterungen in unebenem Gelände werden weitgehend aufgefangen und die Gesundheit des Fahrers geschont.

BILD 5: Arbeits- und zeitentlastend ist der hydraulische Kraftheber mit Dreipunkt-Aufhängung. Die Normzapfwelle zum Antreiben der verschiedenen Arbeitsmaschinen ist bequem zugänglich.

BILD 6: Ein wertvolles Hydraulik-Zusatzgerät ist der RADDRUCKVERSTÄRKER. Ein erheblicher Teil des Gewichtes kann durch ihn vom Anbaugerät über die Hydraulik auf die Hinterachse des Traktors übertragen werden. Der Radschlupf wird verhindert und die Arbeit auch bei ungünstigen Bodenverhältnissen möglich.

BILD 7: Die neue HELAMATIC zur Bedienung der Maschine vom Boden aus macht den Fahrer frei, so daß er bei vielen Arbeiten selbst mit Hand anlegen kann. Mit nur einem Hebel kann man anhalten, anfahren und lenken. Der Bedienungsmann geht dabei gefahrlos hinter dem linken Schlepperhinterrad.

Das interessiert den Techniker

Motor	Stehender Zweizylinder-Viertakt-Dieselmotor, Druckumlaufschmierung mittels Zahnradölpumpe, Spaltfilter, automat. Kipphebelschmierung.				
Leistung:	Wasserkühlung: 18 PS mit MWM-Motor KD 211 Z, Zylinder ⌀ 85 mm, Hub 110 mm, Hubraum 1250 ccm; Luftkühlung: 18 PS mit MWM-Motor AKD 311 Z, Zylinder ⌀ 90 mm, Hub 110 mm, Hubraum 1400 ccm.				
Motordrehzahl:	Regulierbar durch Hand- und Fußgashebel bis 1980 U/min.				
Wasserkühlung	Umlaufkühlung durch Wabenkühler, Ventilator und Umwälzpumpe.				
Luftkühlung	Durch besonders geräuscharmes Kühlluftgebläse.				
Lenkung	Kräftige, staub- und öldicht gekapselte Schneckenlenkung, im Ölbad laufend.				
Getriebe	Patentiertes, besonders stark dimensioniertes HELA-Kriechganggetriebe, kugelgelagert, mit spiralverzahnten Kegelrädern, 6 Vorwärtsgänge einschließlich Kriechgang, 1 Rückwärtsgang, mit einem Schalthebel durchschaltbar.				
Fahrgeschwindigkeiten	1,5 – 3,2 – 5,3 – 7,5 – 12,5 und 20 km/h, Rückwärtsgang 4,2 km/h.				
Kupplung	Einscheiben-Trockenkupplung Fichtel & Sachs. Keine Wartung!				
Vorderachse	Gefederte, pendelnd aufgehängte, nach hinten sehr stabil abgestützte Stahlvorderachse				
Bremsen	Doppelte Hinterrad-Innen-Backen-Einzelrad-Fußbremse und feststellbare Getriebe-Handbremse.				
Elektrische Ausrüstung	Bosch-Lichtanlage und Bosch-Horn, 12 Volt-Batterie, 84 Ah, Anlasser und Zahnkranz (Vorglühanlage bei wassergekühltem Motor).				
Spurweite	Verstellbar 1,25 m und 1,50 m.				
Wenderadius	Innen 1,50 m, 1,10 m bei Benutzung der der Lenkbremse.				
Bereifung		normal		auf Wunsch	
	vorne	5.00–16	5.00–16	5.00–16	5.00–16
	hinten	9–24	10–24	8–32	10–28
Eigengewicht	ohne Mähwerk	1335 kg	1335 kg	1350 kg	1375 kg
	mit Mähwerk	1465 kg	1465 kg	1480 kg	1500 kg
Länge		2,80 m	2,80 m	2,88 m	2,88 m
Breite		1,52 m	1,52 m	1,52 m	1,52 m
Radstand		1,80 m	1,80 m	1,80 m	1,80 m
Höhe bis oben Haube		1,27 m	1,30 m	1,35 m	1,35 m
Bodenfreiheit		320 mm	340 mm	400 mm	400 mm
Anhängehöhen	Anhängekupplung	610 mm	630 mm	680 mm	680 mm
	Ackerschiene	350 mm	350 mm	350 mm	350 mm
	(verlängerte Ackerschiene mit Bodenblech)				
Mähantrieb	Durch Zahnräder im Ölbad laufend, mit nachstellbarer Konus-Rutschkupplung.				
Mähwerk	Spielend leichte Hand- oder hydraulische Aushebung.				
Riemenscheibe	Hinten am Getriebegehäuse, 200x140 mm, 1520 U/min., abstellbar, schwenkbar für Rechts- und Linkslauf.				
Zapfwelle	29/34,9; 540 U/min. nach DIN 9611.				
Differentialsperre	Das einseitige Gleiten der Hinterräder bei glitschigem Boden kann durch Sperren des Differentials vermieden werden. Betätigung durch Fußhebeldruck.				
Max.Bruttoanhängelast	Auf ebener Straße ca. 11 to.				
Max. Zugkraft a. Haken	ca. 1340 kg (ohne Zusatzgewichte).				
Brennstoffverbrauch	ca. 1,4 Liter im Jahresdurchschnitt.				
Tankinhalt	28 Liter.				

Sämtliche Angaben sind gewissenhaft, jedoch unverbindlich.

Normalausrüstung	Kriechgang, Zapfwelle, Differentialsperre, gefederte Vorderachse, komplette Anlasser- und Beleuchtungsanlage, Hand- und Fußgas, Einzelradfußbremse, feststellbare Getriebehandbremse, vordere und hintere Anhängevorrichtung, Ackerschiene, Anhängersteckdose, 2 Beifahrersitze.
Sonderausrüstung	Mähantrieb, Mähwerk 4½', hydraulische Aushebung, Bereifung 10–24, 8–32, 10–28, Fernthermometer, Kühlerjalousie, Vorderradkotflügel, Riemenscheibe, 2 Stopplichter, Dreipunkt-Kraftheber, Raddruckverstärker, Holzdoppelsitze, Gerätescheinwerfer, Betriebsstundenzähler, Allwetterverdeck, Seilwinde, Frontlader, HELAMATIC zum Fahren, Anhalten und Lenken des Schleppers vom Boden aus.

HELA-SCHLEPPERFABRIK

Hermann Lanz Aulendorf/Württ.

Telefon-Sammel-Nr. 425 Fernschreiber 0732 870 Telegramme: Lanz Aulendorf

HELA DIESEL

Überreicht durch:

HD 18 IV.60/150

HELA DIESEL
36
Der Neue
36 PS
HELA DIESEL
Hermann Lanz
Aulendorf

HELA DIESEL

DER NEUE 36 PS HELA-DIESEL

Technische Einzelheiten

Motor: Stehender Dreizylinder-Viertakt-Diesel-Motor, Druckumlaufschmierung mittels Zahnradölpumpe, Spaltfilter, automatische Kipphebelschmierung.

Leistung: Wasserkühlung: 36 PS mit MWM-Motor KD 12 D, Zylinder: ∅ 95 mm, Hub: 120 mm, Hubraum: 2550 ccm.
Luftkühlung: 36 PS mit MWM-Motor AKD 112 D, Zylinder: ∅ 98 mm, Hub: 120 mm, Hubraum: 2715 ccm.

Motordrehzahl: Regulierbar durch Hand- und Fußgas bis 2000 U/min.

Wasserkühlung: Umlaufkühlung durch Wabenkühler, Ventilator u. Umwälzpumpe

Luftkühlung: Durch besonders geräuscharmes Kühlluftgebläse.

Lenkung: Kräftige, staub- und öldicht gekapselte Schneckenlenkung im Ölbad laufend.

Getriebe: 21-fach kugelgelagertes HELA-Kriechganggetriebe, mit spiralverzahnten Palloid-Kegelrädern, mit 6 Vorwärtsgängen, einschließlich Kriechgang und einem Rückwärtsgang.

Fahrgeschwindigkeiten: 1,9 - 3,6 - 5,6 - 7,6 - 11,3 - 20 km/h, Rückwärtsgang 4,2 km/h

Kupplung: Normal: Einscheiben-Trockenkupplung Fichtel & Sachs G 22.
Für unabhängige Zapfwelle: Doppelkupplung Fichtel & Sachs Do 22 16 K.

Vorderachse: Sehr stabile, gefederte pendelnd aufgehängte, nach hinten abgestützte Stahlvorderachse.

Bremsen: Doppelte Hinterrad-Innen-Backen-Einzelrad-Fußbremse und unabhängige, feststellbare Getriebehandbremse.

Bereifung: Serienmäßig vorn 6.00—16; hinten 9—36. Auf Wunsch 11—28 oder 11—38.

Elektrische Ausrüstung: Boschlicht- und Anlasseranlage, Boschhorn.

Spurweite: Verstellbar 1,25 und 1,50 m.

Radstand: 2,00 m.

Länge: 3,15 m.

Breite: 1,58 m.

Höhe bis obere Haube: 1,40 m.

Bodenfreiheit: 440 mm bei Reifen 9—36 (380 mm bei Reifen 11—28).

Eigengewicht: ohne Mähwerk ca. 1770 kg.

Anhängehöhen: Drehbares, gefedertes Anhängemaul 685 mm.
Verlängerte Ackerschiene mit Bodenblech 430 mm.

Mähantrieb: Durch Zahnräder im Ölbad laufend mit nachstellbarer Konus-Rutschkupplung.

HELA-Mähwerk: Patentierte Eigenkonstruktion, spielend leicht hochzuziehen.

Riemenscheibe: 200 ∅ x 140 mm; 1600 U/min.

Zapfwelle: 29/34,9; 540 U/min. nach DIN 9611.
Auf Wunsch: Kupplungsunabhängige Zapfwelle für Mähdrescher-Betrieb.

Differentialsperre: Durch Fußhebeldruck zu betätigen.

Größte Bruttoanhängelast: Auf ebener Straße ca. 20 to.

Max. Zugkraft am Haken: ca. 2100 kg.

Brennstoffverbrauch: ca. 3 Ltr. im Jahresdurchschnitt.

Tankinhalt: 50 Ltr.

Die angegebenen Daten sind ungefähre. — Änderungen vorbehalten.

SONDERAUSRUSTUNG:

Kupplungsunabhängige Zapfwelle für Mähdrescherbetrieb, Mähantrieb, Mähwerk mit 5' Balken, Riemenscheibe, ölhydraulischer Bosch-Dreipunkt-Kraftheber, Lenkradfeststellvorrichtung, Vorderradkotflügel, Seilwinde, Allwetterverdeck, Plattform und Seitenverkleidung, Reifenfüllkompressor mit Schlauch, Lattensitze, Stopplichter, Bereifung 11—28 oder 11—38, Frontlader (Fernthermometer und Kühlerjalousie bei Wasserkühlung).

HELA DIESEL

36 PS

HELA-Dieselschlepper D 36

Die überaus robuste Konstruktion dieser modernen Dreizylinder-Maschine beinhaltet eine 30-jährige Erfahrung im Schlepperbau. Alle Anforderungen der Landwirtschaft wurden voll und ganz beachtet. Daher wird dieser universelle HELA-Dieselschlepper von allen Kennern bevorzugt.

Sämtliche Arbeitsmaschinen können über Zapfwelle und Riemenscheibe angetrieben werden. Durch die enorme Kraftreserve und die hohe Dauerleistung eignet sich der D 36 besonders zum Antrieb von Vollerntemaschinen. Er wird eingesetzt zu allen Arbeiten im Frühjahr, zur Heuernte, zum Feldhäckseln, zum Mähdrusch, zur Hackfruchternte, im Walde und zu allen Transportarbeiten.

Seine hohe Lebensdauer ist unübertroffen. Der sparsame Kraftstoffverbrauch, die geringen Wartungs- und Unterhaltungskosten, machen ihn zur unübertroffenen Maschine seiner Klasse.

HELA-Dieselschlepper sind in einer nahezu unverwüstlichen Blockbauweise hergestellt und durch günstige Gewichtsverteilung lenkstabil. Die Lage des Schwerpunktes macht den D 36 außerdem sehr hangsicher.

Eine überhohe Bodenfreiheit ist jederzeit durch die Wahl der entsprechenden Reifen zu erreichen. Die Spur ist von 1250 bis 1500 mm verstellbar und entspricht somit allen Erfordernissen der Praxis.

Die Anhängekupplung ist drehbar und in der Höhe von 750 – 890 mm verstellbar. Die Normzapfwelle ist bequem zugänglich und wird auch kupplungsunabhängig geliefert.

Für stationären Antrieb ist eine Riemenscheibe mit 1600 U/min. anzubringen.

Durch die genormte Dreipunkt-Aufhängung des Krafthebers ist jedes Anbaugerät schnell arbeits- und transportbereit.

Differentialsperre, Einzelradfußbremse, gut abgestuftes 6-Gang-Getriebe mit vollbelastbarem Kriechgang, automatischer Drehzahlregler und viele technische Feinheiten vervollkommnen diesen, speziell für die harte Praxis geschaffenen HELA-Dieselschlepper, auf den jeder Besitzer mit Recht stolz sein kann.

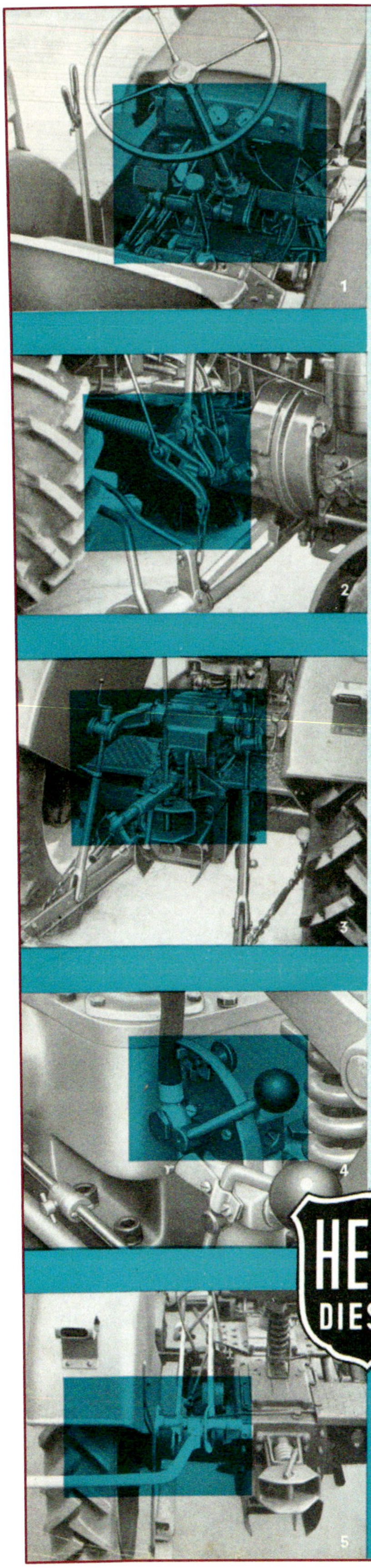

Das interessiert den Praktiker

BILD 1 Der geräumige Führerstand mit hand- und fußgerechter Anordnung der Bedienungshebel sowie das übersichtliche Armaturenbrett ermöglicht eine bequeme Bedienung und Überwachung der Maschine.

BILD 2 Fingerleicht läßt sich der Messerbalken mit dem patentierten HELA-Mähaufzug ausheben. Schnittverstellung bequem vom Fahrersitz aus.

BILD 3 Arbeits- und zeitentlastend ist der hydraulische Kraftheber. Alle Arbeitsgeräte werden mühelos ausgehoben. Die genormte Dreipunkt-Aufhängung macht jedes Anbaugerät schnell arbeits- und transportbereit. Die Normzapfwelle ist bequem zugänglich.

BILD 4 Ein wertvolles Hydraulik-Zusatzgerät ist der Raddruckverstärker. Ein erheblicher Teil des Gewichtes kann durch ihn vom Anbaugerät über die Hydraulik auf die Hinterachse des Schleppers übertragen werden. Der Radschlupf wird vermieden und die Arbeit ist auch bei ungünstigen Bodenverhältnissen möglich.

BILD 5 Die neue Fernbedienung HELAMATIC macht den Fahrer von der Maschine frei, so daß er bei vielen Arbeiten selbst mit Hand anlegen kann. Mit nur einem Hebel kann man anhalten, anfahren und lenken. Der Bedienungsmann geht dabei gefahrlos hinter dem linken Schlepperhinterrad.

Das interessiert den Techniker

Motor Stehender Dreizylinder-Viertakt-Diesel-Motor

	wassergekühlt	luftgekühlt
Type	KD 12 D	AKD 112 D
Fabrikat	MWM	MWM
Leistung	36 PS	36 PS
Drehzahl	2000 U/min.	2000 U/min.
Hubraum	2550 ccm	2715 ccm
Zylinder ∅	95 mm	98 mm
Hub	120 mm	120 mm

Wasserkühlung	Umlaufkühlung durch Wabenkühler, Ventilator und Umwälzpumpe.
Luftkühlung	Durch besonders geräuscharmes Kühlluftgebläse.
Lenkung	Kräftige, staub- und öldicht gekapselte Schneckenlenkung, im Ölbad laufend.
Getriebe	21-fach kugelgelagertes HELA-Kriechganggetriebe, mit spiralverzahnten Palloid-Kegelrädern, mit 6 Vorwärtsgängen, einschließlich Kriechgang und einem Rückwärtsgang.
Fahrgeschwindigkeiten	1,5 — 3,6 — 5,6 — 7,6 — 11,3 — 20 km/h (auf Wunsch 24 oder 28 km) Rückwärtsgang 4,2 km/h.
Kupplung	Normal: Einscheiben-Trockenkupplung Fichtel & Sachs G 22. Für unabhängige Zapfwelle: Doppelkupplung Fichtel & Sachs Do 22 16 K
Vorderachse	Sehr stabile, gefederte, pendelnd aufgehängte, nach hinten abgestützte Stahlvorderachse.
Bremsen	Doppelte Hinterrad-Innen-Backen-Einzelrad-Fußbremse und unabhängige feststellbare Getriebehandbremse.

Bereifung	normal	auf Wunsch		
vorne	6.00—16	6.00—16	6.00—16	6.00—16
hinten	9—36	11—28	11—32	11—36

Elektrische Ausrüstung	Bosch-Licht- und Anlasseranlage, Bosch-Horn.
Spurweite	verstellbar 1,25 und 1,50 m — Radstand: 2,00 m
Länge	3,15 m
Breite	1,58 m
Höhe bis Oberkante Haube	1,40 m
Bodenfreiheit	440 mm bei Reifen 9—36 (380 mm bei Reifen 11—28).
Eigengewicht ohne Mähwerk	ca. 1770 kg
Anhängehöhen	Drehbares, höhenverstellbares Anhängemaul 750—890 mm, verlängerte Ackerschiene mit Bodenblech 430 mm.
Mähantrieb	Durch Zahnräder, im Ölbad laufend, mit nachstellbarer Konus- Rutschkupplung.
Mähwerk	Patentierte HELA-Konstruktion, spielend leicht auszuheben.
Riemenscheibe	200 ∅ x 140 mm, 1600 U/min.
Zapfwelle	29/34,9; 540 U/min. nach DIN 9611 Auf Wunsch: Kupplungsunabhängige Zapfwelle für Mähdrescherbetrieb.
Differentialsperre	Durch Fußhebeldruck zu betätigen.
Bruttoanhängelast	Auf ebener Straße ca. 20 to.
Max. Zugkraft a. Haken	ca. 2100 kg — Tankinhalt: 50 Liter

Sämtliche Angaben sind gewissenhaft, jedoch unverbindlich!

Normal-Ausrüstung	Kriechgang, gefederte Vorderachse, Zapfwelle, Differentialsperre, Anlasseranlage, Hand- und Fußgas, Einzelrad-Fußbremse, unabhängige, feststellbare Getriebehandbremse, vordere und hintere Anhängevorrichtung, breite Ackerschiene, 2 Beifahrersitze.
Sonderausrüstung	Mähantrieb, Mähwerk 5', Riemenscheibe, kupplungsunabhängige Zapfwelle, ölhydraulischer Bosch-Dreipunkt-Kraftheber, Raddruckverstärker, Lenkradfeststellung, Vorderradkotflügel, Bereifung 11–28, 11–32 oder 11–36, Betriebsstundenzähler, Allwetterverdeck, Plattform- und Seitenverkleidung, Lattensitze, Stopplichter (Fernthermometer und Kühlerjalousie bei Wasserkühlung), Seilwinde, Frontlader, Fernbedienung HELAMATIC.

HELA-SCHLEPPERFABRIK

Hermann Lanz Aulendorf/Württ.

Telefon 28, 125, 215 Fernschreiber 0732 870 Telegrammadresse: Lanz Aulendorf

Überreicht durch:

HD 36 VI.59 50

36 PS

HELA
DIESEL

HELA-Dieselschlepper garantieren Zufriedenheit

Diese überaus robuste Dreizylinder-Maschine wurde mit einer 30-jährigen Konstruktionserfahrung geschaffen. Alle Forderungen der modernen Landwirtschaft wurden voll und ganz beachtet, daher wird dieser universelle HELA-Dieselschlepper von Kennern bevorzugt. Sämtliche Arbeitsmaschinen können über Zapfwelle und Riemenscheibe angetrieben werden. Durch die enormen Kraftreserven und hohe Dauerleistung eignet sich der HELA-Dieselschlepper 36 PS besonders zum Antrieb von Vollerntemaschinen. Er wird eingesetzt zu allen Arbeiten im Frühjahr, zur Heuernte, zum Feldhäckseln, zum Mähdrusch, zur Hackfruchternte und zu allen Transportarbeiten. Die grundsolide und robuste Bauweise, die unübertroffen hohe Lebensdauer, sowie der sparsame Kraftstoffverbrauch machen ihn auch in seiner Wirtschaftlichkeit zur unübertroffenen Maschine seiner Klasse.

HELA-Dieselschlepper sind in einer nahezu unverwüstlichen Blockbauweise hergestellt und durch günstige Gewichtsverteilung lenkstabil. Die Lage des Schwerpunktes macht sie außerdem sehr hangsicher. Eine überhohe Bodenfreiheit ist jederzeit durch die Wahl der entsprechenden Reifen zu erreichen. Die Spur ist von 1250–1500 mm verstellbar und entspricht somit allen Erfordernissen der Praxis. Die Anhängekupplung ist drehbar und in der Höhe von 750 – 890 mm verstellbar. Die Normzapfwelle ist bequem zugänglich und wird auch kupplungsunabhängig geliefert. Für stationären Antrieb ist eine Riemenscheibe mit 1600 U/min. anzubringen. Über die genormte Dreipunktaufhängung des Krafthebers ist jedes Arbeitsgerät schnell arbeits- und transportbereit. Differentialsperre, Einzelradbremse, gut abgestuftes Sechsganggetriebe mit voll belastbarem Kriechgang, automatischem Drehzahlregler und viele technische Feinheiten vervollständigen diesen speziell für die harte Praxis geschaffenen HELA-Dieselschlepper, auf den jeder Besitzer mit Recht stolz ist.

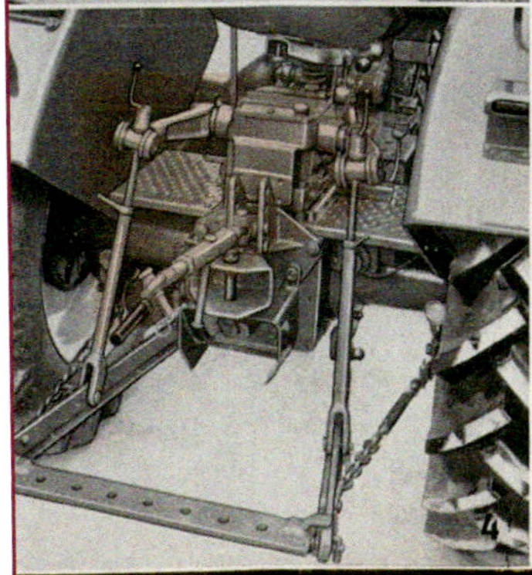

Das interessiert den Praktiker

Bild 1. Die stabile Stahlvorderachse mit Anhängekupplung versehen, ist mit einer kräftigen Blattfeder pendelnd aufgehängt. Erschütterungen in unebenem Gelände werden dadurch weitgehend aufgefangen und die Gesundheit des Fahrers geschont.

Bild 2. Der geräumige Führerstand und das übersichtliche Armaturenbrett erleichtert die Bedienung und die Überwachung aller für den Betrieb notwendigen Instrumente.

Bild 3. Fingerleicht läßt sich der Messerbalken am patentierten HELA-Mähaufzug heben und senken. Schnittverstellung bequem vom Fahrersitz aus.

Bild 4. Außerordentlich arbeits- und zeitentlastend ist der hydraulische Kraftheber. Alle Arbeitsgeräte werden mühelos ausgehoben. Die genormte Dreipunktaufhängung macht jedes Arbeitsgerät schnell arbeits- und transportbereit. Die Normzapfwelle zum Antreiben der verschiedenen Anbaugeräte ist bequem zugänglich.

Das interessiert den Techniker

Motor: Stehender Dreizylinder-Viertakt-Diesel-Motor

	wassergekühlt	luftgekühlt
Type	KD 12 D	AKD 112 D
Fabrikat	MWM	MWM
Leistung	36 PS	36 PS
Drehzahl	2000 U/min.	2000 U/min.
Hubraum	2550 ccm	2715 ccm
Zylinder ∅	95 mm	98 mm
Hub	120 mm	120 mm

Wasserkühlung: Umlaufkühlung durch Wabenkühler, Ventilator und Umwälzpumpe

Luftkühlung: Durch besonders geräuscharmes Kühlluftgebläse

Lenkung: Kräftige, staub- und öldicht gekapselte Schneckenlenkung im Ölbad laufend

Getriebe: 21-fach kugelgelagertes HELA-Kriechganggetriebe, mit spiralverzahnten Palloid-Kegelrädern, mit 6 Vorwärtsgängen, einschließlich Kriechgang und einem Rückwärtsgang

Fahrgeschwindigkeiten: 1,9 — 3,6 — 5,6 — 7,6 — 11,3 — 20 km/h (auf Wunsch 24 oder 28 km), Rückwärtsgang 4,2 km/h

Kupplung: Normal: Einscheiben-Trockenkupplung Fichtel & Sachs G 22.
Für unabhängige Zapfwelle: Doppelkupplung Fichtel & Sachs Do 22 16 K

Vorderachse: Sehr stabile, gefederte, pendelnd aufgehängte, nach hinten abgestützte Stahlvorderachse.

Bremsen: Doppelte Hinterrad-Innen-Backen-Einzelrad-Fußbremse und unabhängige, feststellbare Getriebehandbremse.

Bereifung:

	normal	auf Wunsch	
vorne	6.00—16	6.00—16	6.00—16
hinten	9—36	11—28	11—36

Elektrische Ausrüstung: Boschlicht- und Anlasseranlage, Boschhorn

Spurweite: verstellbar 1,25 und 1,50 m — **Radstand:** 2,00 m — **Länge:** 3,15 m — **Breite:** 1,58 m

Höhe b. Oberkante Haube: 1,40 m

Bodenfreiheit: 440 mm bei Reifen 9—36 (380 mm bei Reifen 11—28)

Eigengewicht ohne Mähwerk: ca. 1770 kg

Anhängehöhen: Drehbares, höhenverstellbares Anhängemaul 750—890 mm, verlängerte Ackerschiene mit Bodenblech 430 mm.

Mähantrieb: Durch Zahnräder im Ölbad laufend mit nachstellbarer Konus-Rutschkupplung.

Mähwerk: Patentierte HELA-Konstruktion, spielend leicht hochzuziehen.

Riemenscheibe: 200 ∅ x 140 mm, 1600 U/min.

Zapfwelle: 29/34,9; 540 U/min. nach DIN 9611
Auf Wunsch: Kupplungsunabhängige Zapfwelle für Mähdrescherbetrieb.

Differentialsperre: Durch Fußhebeldruck zu betätigen.

Bruttoanhängelast: Auf ebener Straße ca. 20 to.

Max. Zugkraft am Haken: ca. 2100 kg — **Tankinhalt:** 50 Liter

Sämtliche Angaben sind gewissenhaft, jedoch unverbindlich.

Normalausrüstung
Kriechgang, gefederte Vorderachse, Zapfwelle, Differentialsperre, Anlasseranlage, Hand- und Fußgas, Einzelradfußbremse, unabhängige verstellbare Getriebehandbremse, vordere und hintere Anhängevorrichtung, breite Ackerschiene, 2 Beifahrersitze.

Sonderausrüstung
Mähantrieb, Mähwerk 5 Fuß, Riemenscheibe, kupplungsunabhängige Zapfwelle, ölhydraulischer Bosch-Dreipunkt-Kraftheber, Lenkradfeststellvorrichtung, Vorderradkotflügel, Bereifung 11—28 oder 11—36, Betriebsstundenzähler, Allwetterverdeck, Plattform u. Seitenverkleidung, Lattensitze, Stopplichter (Fernthermometer und Kühlerjalousie bei Wasserkühlung), Seilwinde, Frontlader.

Der Frontlader erleichtert und rationalisiert alle Ladearbeiten

Beratung und Verkauf:

HELA DIESEL

SCHLEPPERFABRIK
Hermann Lanz Aulendorf/Württ.
Telefon: 28, 125, 215 — Fernschreiber: 0732870
Telegramm: Lanz Aulendorf

24 PS
Der Schlepper aus solidem Hause
HELA
DIESEL
Die Garantie für lange Lebensdauer und hohe Zuverlässigkeit

HELA DIESEL

HELA-DIESELSCHLEPPER - DIE V

Seit 30 Jahren werden HELA-Dieselschlepper besonders stabil gebaut. Die harte Praxis beweist, daß nur damit dem Bauer gedient ist. Die starken Beanspruchungen bei der Feld- und Waldarbeit verlangen einen äußerst robusten Traktor. Darauf wird von HELA besonders geachtet und deshalb sind HELA-Dieselschlepper bekannt, daß sie nicht nur zuverlässiger sind und in der Regel 15 bis 20 Jahre halten, sondern daß man damit auch weniger laufende Instandhaltungskosten hat. Sämtliche Arbeitsgeräte, gleich ob zum Anhängen, Aufsatteln oder mit Dreipunkt-Anschluß, sind verwendbar. Über Zapfwelle und Riemenscheibe lassen sich alle Arbeitsmaschinen antreiben. Dieser moderne 24 PS-HELA-Dieselschlepper eignet sich zu allen Arbeiten im Frühjahr, zur Heu- und Getreideernte, zur Hackfruchternte, zur Herbstbestellung und zu allen Transportarbeiten auf der Straße und im Wald.

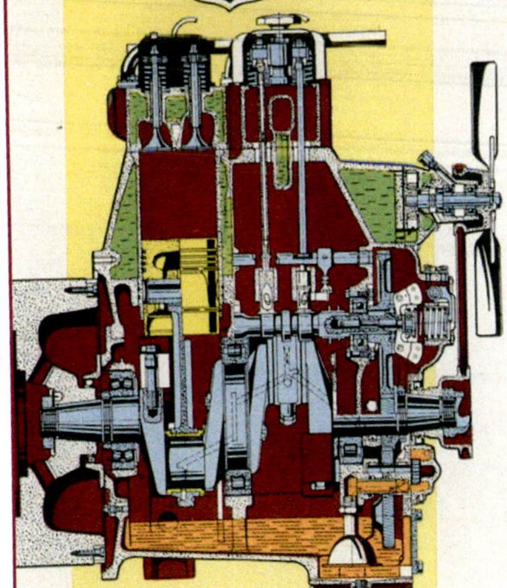

Das Schnittbild veranschaulicht den Aufbau des HELA-Zweizylinder-Motors. Der große Kolbendurchmesser bei kleinem Hub ergibt bei einer Nennzahl von 1780 U/min. die niedrige, mittlere Kolbengeschwindigkeit von ca. 7,4 m/sek. und damit einen temperamentvollen Motor. Die Wasserkühlung gewährt eine gute Temperaturhaltung bei allen Belastungen und wirkt geräuschschluckend. Das HELA-Wälzkammerverfahren gibt dem Motor einen weichen Gang mit sanftem Druckanstieg, gewährleistet niedrigen Kraftstoffverbrauch und ist unempfindlich gegen wechselnde Güte des Kraftstoffes. Eine einwandfreie Verbrennung bewahrt den Schlepperfahrer vor giftigen Gasen und schützt damit seine Gesundheit. 93 % aller Einzelteile beim Ein- und Zweizylinder-Motor sind gleich. Das bedeutet eine wesentliche Vereinfachung und Erleichterung des Kundendienstes.

Die Kurbelwelle ist besonders stark dimensioniert u. 3fach rollengelagert.

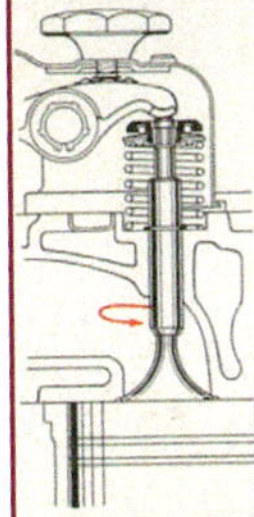

Der HELA-Diesel war der erste deutsche Schlepper-Motor, bei dem Ein- und Auslaßventile serienmäßig mit ROTOCAP ausgerüstet sind. ROTOCAP bringt die Ventile in steten Umlauf von den heißen in die kühleren Zonen, egalisiert ununterbrochen die Ventilflächen und führt höchste Lebensdauer und besten Sitz der Ventile herbei.

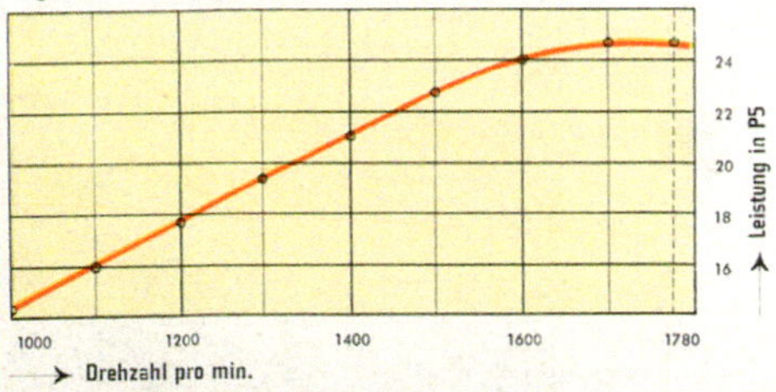

Durch eine hohe Kraft-Reserve erreicht der Motor schon bei einer Drehzahl von 1600 U/min. seine volle Leistung.

Das patentierte HELA-Sechsgang-Getriebe mit voll belastbarem Kriechgang ist 17fach kugelgelagert, mit spiralverzahnten Palloid-Kegelrädern und Kugelschaltung versehen und besonders stark dimensioniert. Die sprichwörtlich lange Lebensdauer aller HELA-Getriebe ist überall anerkannt.

ELSEITIGE ARBEITSMASCHINE

Der robuste Zweizylinder-HELA-Dieselmotor mit enormer Zugkraft setzt durch seine hohen Leistungsreserven und seinen niedrigen Kraftstoffverbrauch auch Kenner in Erstaunen. Er ist ausgestattet mit automatischer Umlaufschmierung, Kaltstart- und Stoppeinrichtung (vom Fahrersitz aus bedienbar), automatischem Drehzahlregler, automatischer Ventil-Zwangsdrehvorrichtung ROTOCAP und direktem Hydraulikantrieb ohne Keilriemen. Fast alle wichtigen Lagerstellen sind mit Präzisions-Kugel- und Rollenlager versehen. Besonders wertvoll ist die leichte Zugänglichkeit zu allen Baugruppen. Jedes Einzelteil des HELA-Motors durchläuft ein exaktes Kontrollsystem und jeder HELA-Motor wird vor dem Einbau auf Spezial-Prüfständen einem ausgedehnten Probelauf unterworfen. Ein Motor, der bei einem Minimum von Wartung und Pflege das stets zuverlässige Herz Ihres Schleppers ist.

Startfreudig und leistungsstark auch im Winter

Zuverlässig bei allen Erntearbeiten

Robust bei der Bodenbearbeitung

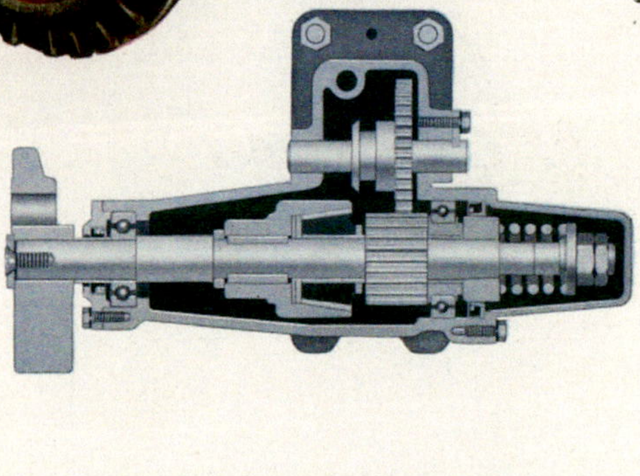

Der Mähantrieb, im Ölbad laufend, mit Konus-Rutschkupplung ist zahnradangetrieben und läßt sich für alle Mähverhältnisse genau einstellen.

Das interessiert den Praktiker

BILD 1 Der geräumige Führerstand und das übersichtliche Armaturenbrett erleichtert die Bedienung und die Überwachung aller für den Betrieb notwendigen Instrumente.

BILD 2 Die stabile Stahl-Vorderachse mit Anhängekupplung versehen, ist mit einer kräftigen Blattfeder pendelnd aufgehängt. Erschütterungen in unebenem Gelände werden dadurch weitgehend aufgefangen und die Gesundheit des Fahrers geschont.

BILD 3 Der weichgefederte, verstellbare Muschelsitz, nach vorne hochklappbar, wird von jedem Schlepperfahrer geschätzt. Die auf beiden Hinterradkotflügeln vorhandenen Sitze bieten Platz für zwei Beifahrer.

BILD 4 Außerordentlich arbeits- und zeitentlastend ist der hydr. Kraftheber. Alle Arbeitsgeräte werden mühelos ausgehoben. Die genormte Dreipunkt-Aufhängung macht jedes Anbaugerät schnell arbeits- und transportbereit. Die Norm-Zapfwelle zum Antreiben der verschiedenen Anbaugeräte ist bequem zugänglich.

BILD 5 Fingerleicht läßt sich der Messerbalken mit dem patentierten HELA Mähaufzug heben und senken. Schnittverstellung bequem vom Fahrersitz aus.

Das interessiert den Techniker

Motor	Stehender Zweizylinder-Viertakt-Diesel-Motor		
		wassergekühlt	luftgekühlt
	Type	AZ	AKD 112 Z
	Fabrikat	HELA	MWM
	Leistung	24 PS	24 PS
	Drehzahl	1780 U/min.	2000 U/min.
	Hubraum	2164 ccm	1810 ccm
	Zylinder ∅	105 mm	98 mm
	Hub	125 mm	120 mm

Wasserkühlung	Umlaufkühlung durch Wabenkühler, Ventilator und Umwälzpumpe
Luftkühlung	Durch Kühlgebläse mit Keilriemenantrieb
Lenkung	Kräftige, staub- und öldicht gekapselte Schneckenlenkung, im Ölbad laufend
Getriebe	6 Vorwärtsgänge einschließlich Kriechgang, 1 Rückwärtsgang, 17fach kugelgelagert, mit spiralverzahnten Palloid-Kegelrädern und Kugelschaltung
Fahrgeschwindigkeiten	6 durchschaltbare Vorwärtsgänge, davon 1 Kriechgang, 1,8 - 3,3 - 5,4 - 7,8 - 12,8 - 20 km/h, Rückwärtsgang 4,2 km/h
Kupplung	Einscheiben-Trockenkupplung: Fichtel & Sachs. Keine Wartung!
Vorderachse	Aus Stahl, gefedert, pendelnd aufgehängt, unverwüstlich
Bremsen	Doppelte Hinterrad-Innenbacken-Einzelrad-Fußbremse und unabhängige, feststellbare Getriebehandbremse
Elektrische Ausrüstung	Lichtanlage und Signalhorn, 12 Volt-Batterie 84 Ah, Anlasser mit Zahnkranz am Motor (Vorglühanlage bei wassergekühltem Motor)
Spurweite	Verstellbar 1,25 bis 1,50 Meter
Wenderadius	außen: 3 m ohne Lenkbremse; 2,75 m mit Lenkbremse

Bereifung	normal	auf Wunsch		
vorne	5.00-16	5.00-16	5.00-16	5.00-16
hinten	9-24	10-24	8-32	10-28
Eigengewicht				
ohne Mähwerk	1420 kg	1460 kg	1455 kg	1470 kg
mit Mähwerk	1550 kg	1590 kg	1585 kg	1600 kg
Länge	2,82 m	2,82 m	2,86 m	2,86 m
Breite	1,49 m	1,52 m	1,46 m	1,52 m
Höhe bis Haube oben	1,24 m	1,25 m	1,32 m	1,32 m
Bodenfreiheit	310 mm	330 mm	400 mm	400 mm
Anhängehöhen				
Anhängekupplung	600 mm	610 mm	680 mm	680 mm
Ackerschiene	350 mm	350 mm	350 mm	350 mm

Mähantrieb	durch Zahnräder im Ölbad laufend und Konus-Rutschkupplung
Mähwerk	Patentierte HELA-Konstruktion, spielend leicht hochzieh- und ablaßbar
Riemenscheibe	Hinten am Getriebegehäuse, abstellbar, 200 x 140 mm, 1542 U/min., schwenkbar für Rechts- und Linkslauf
Zapfwelle	genormt, 29/35, 550 U/min.
Differentialsperre	das einseitige Gleiten der Hinterräder bei glitschigem Boden kann durch Sperren des Differentials vermieden werden. Die Differentialsperre wird durch einen Fußhebel betätigt.
Maximale Brutto-Anhängelast	ca. 13 to
Maximale Zugkraft am Haken	ca. 1800 kg
Tankinhalt	28 Liter

Sämtliche Angaben sind gewissenhaft, jedoch unverbindlich.

Normalausrüstung	Kriechgang, gefederte Vorderachse, Zapfwelle, Differentialsperre, Anlasseranlage, Hand- und Fußgas, Einzelradfußbremse, unabhängige, feststellbare Getriebehandbremse, vordere und hintere Anhängevorrichtung, breite Ackerschiene, 2 Beifahrersitze
Sonderausrüstung	Mähantrieb, Mähwerk 4 1/2' oder 5', Bereifung 10-24, 8-32, 10-28, Fernthermometer, Kühlerjalousie, Vorderradkotflügel, Lenkradfeststellung, Riemenscheibe, 2 Stopplichter, Dreipunkt-Kraftheber, Holzdoppelsitze, Seitenverkleidung, Plattform, Gerätescheinwerfer, Betriebsstundenzähler, Allwetterverdeck, Seilwinde, Frontlader.

HELA DIESEL

HELA-SCHLEPPERFABRIK

Hermann Lanz Aulendorf/Württ.

Telefon 28, 125, 215 Fernschreiber 0732870 Telegrammadresse: Lanz Aulendorf

Überreicht durch:

HD 24. VIII/58. 150

HELA DIESEL

25 PS

HELA-DIESELSCHLEPPER D 24

Durch die moderne Konstruktion, bei der alle landtechnischen Forderungen erfüllt sind, eignet sich der HELA-Dieselschlepper D 24 in idealer Weise zu allen Arbeiten im Frühjahr, zur Heu- und Getreideernte, zur Hackfruchternte, zur Herbstbestellung und zu allen Transport-Arbeiten auf der Straße und im Wald.

Sämtliche Arbeitsgeräte, gleich ob zum Anhängen, Aufsatteln oder mit Dreipunkt-Anschluß, sind verwendbar. Über Zapfwelle und Riemenscheibe lassen sich alle Arbeitsmaschinen antreiben.

Das kraftvolle Herz der Maschine ist der mit besonderen Vorzügen ausgestattete, wassergekühlte Zweizylinder-HELA-Motor mit einer Leistung von 25 PS. Durch einen besonders großen Drehmomentanstieg besitzt dieser moderne HELA-Viertakt-Dieselmotor hohe Kraftreserven und erlaubt ein elastisches Fahren in weitem Drehzahlbereich.

Die Kurbelwelle ist 3-fach rollengelagert. Durch Ausrüstung mit Ventilzwangsdrehvorrichtung ROTOCAP wird ein Verzug der Ventile verhindert und stets einwandfreier Ventil-Sitz garantiert. Weitere technische Feinheiten wie Kaltstart- und Stoppeinrichtung, Direktantrieb der Hydraulikpumpe, automatischer Drehzahlverstellregler u. a. begeistern auch Kenner immer wieder.

Das HELA-Kriechgang-Getriebe mit 6 Vorwärtsgängen und 1 Rückwärtsgang sowie mit Normzapfwelle ist 17-fach kugelgelagert, mit spiralverzahnten Palloid-Kegelrädern versehen und besonders stark dimensioniert.

Auf Wunsch kann die Maschine auch mit 8 Vorwärts- und 4 Rückwärtsgängen sowie mit Motorzapfwelle gegen Mehrpreis geliefert werden.

Der D 24 kann mit allen modernen Zusatzgeräten wie hydr. Kraftheber, RADDRUCK-VERSTÄRKER, HELAMATIC, hydr. Mähwerksaushebung u. a. ausgerüstet werden.

Die besonders stabile Bauweise und moderne Konstruktion garantieren jedem Besitzer einen wirtschaftlichen Einsatz und überdurchschnittliche Lebensdauer dieser vielseitigen Arbeitsmaschine.

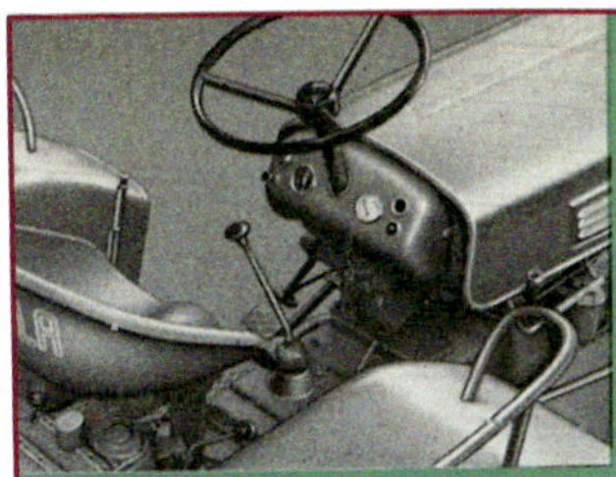
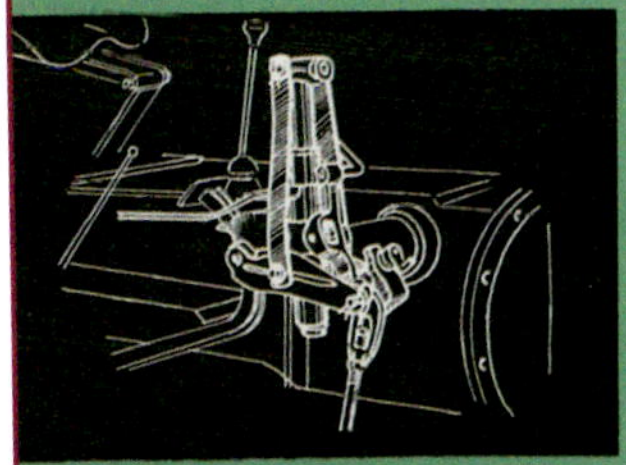
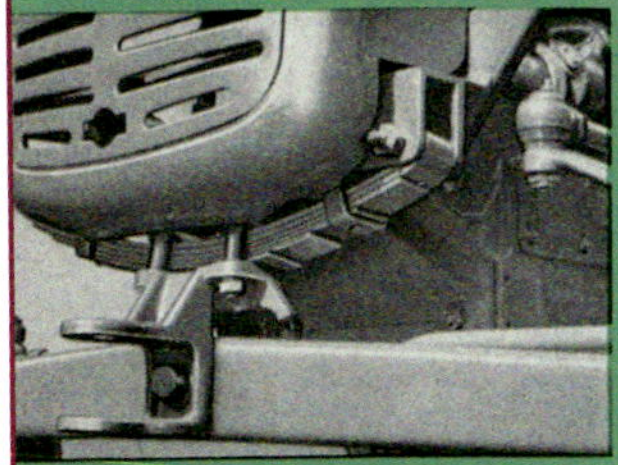

Das interessiert den Praktiker

BILD 1: Der geräumige Führerstand und das übersichtliche Armaturenbrett erleichtern die Bedienung und Überwachung aller für den Betrieb notwendigen Instrumente.

BILD 2: Die hydraulische Mähwerksaushebung modernster Konstruktion entlastet den Fahrer von jeder körperlichen Anstrengung.

BILD 3: Die stabile Stahlvorderachse ist mit einer Blattfeder pendelnd aufgehängt. Erschütterungen in unebenem Gelände werden dadurch weitgehend aufgefangen und die Gesundheit des Fahrers geschont.

BILD 4: Das Kurbeltriebwerk des HELA-Motors ist besonders stark dimensioniert. Die Rollenlagerung ergibt leichtesten Lauf und niedrigsten Anlaßwiderstand bei Kaltstart. Der Massenausgleich erfolgt direkt an der Kurbelwelle durch Gegengewichte.

BILD 5: Die neue HELAMATIC zur Bedienung der Maschine vom Boden aus macht den Fahrer frei, so daß er bei vielen Arbeiten selbst mit Hand anlegen kann. Mit nur einem Hebel kann man anfahren, anhalten und lenken. Der Bedienungsmann geht dabei gefahrlos hinter dem linken Schlepperhinterrad.

BILD 6: Arbeits- und zeitentlastend ist auch der hydraulische Kraftheber. Alle Arbeitsgeräte werden mühelos ausgehoben. Die genormte Dreipunkt-Aufhängung macht jedes Anbaugerät schnell arbeits- und transportbereit. Die Zapfwelle ist bequem zugänglich.

BILD 7: Ein wertvolles Hydraulik-Zusatzgerät ist der RADDRUCKVERSTÄRKER. Ein erheblicher Teil des Gewichtes kann durch ihn vom Anbaugerät über die Hydraulik auf die Hinterachse des Traktors übertragen werden. Der Radschlupf wird verhindert und die Arbeit auch bei ungünstigen Bodenverhältnissen möglich.

Das interessiert den Techniker

Motor	Stehender Zweizylinder-Viertakt-Dieselmotor, wassergekühlt, Type AZ, Fabrikat HELA, Leistung 25 PS, Drehzahl 1780 U/min., Hubraum 2164 ccm, Zylinder Ø 105 mm, Hub 125 mm.				
Lenkung	Kräftige, staub- und öldicht gekapselte Schneckenlenkung im Ölbad laufend.				
Getriebe	6 Vorwärtsgänge einschl. Kriechgang, 1 Rückwärtsgang, 17-fach kugelgelagert, mit spiralverzahnten Palloid-Kegelrädern und Kugelschaltung.				
Fahrgeschwindigkeiten	1,5 – 3,2 – 5,3 – 7,5 – 12,4 – 20 km/h, Rückwärtsgang 4,2 km/h.				
Kupplung	Einscheiben-Trockenkupplung Fichtel & Sachs. Keine Wartung.				
Vorderachse	Aus Stahl, gefedert, pendelnd aufgehängt, unverwüstlich.				
Bremsen	Doppelte Hinterrad-Innenbacken-Einzelrad-Fußbremse und unabhängige, feststellbare Getriebehandbremse.				
Elektrische Ausrüstung	Lichtanlage und Signalhorn, 12 Volt-Batterie, 84 Ah, Anlasser mit Zahnkranz am Motor, Vorglühanlage.				
Spurweite	Verstellbar 1,25 bis 1,50 m.				
Wenderadius	außen: 3 m ohne Lenkbremse; 2,75 m mit Lenkbremse.				
Bereifung		normal		auf Wunsch	
	vorne	5.00–16	5.00–16	5.00–16	5.00–16
	hinten	8–32	10–24	9–32	10–28
Eigengewicht	ohne Mähwerk	1455 kg	1460 kg	1500 kg	1470 kg
	mit Mähwerk	1585 kg	1590 kg	1630 kg	1600 kg
Radstand		1,90 m			
Länge		3,00 m			
Breite		1,55 m			
Höhe bis oben Haube		1,32 m			
Bodenfreiheit		310 mm	330 mm	400 mm	400 mm
Anhängehöhen	Anhängekupplung	600 mm	610 mm	680 mm	680 mm
	Ackerschiene	350 mm	350 mm	350 mm	350 mm
Mähantrieb	Durch Zahnräder, im Ölbad laufend und Konus-Rutschkupplung.				
Mähwerk	Patentierte HELA-Konstruktion, von Hand spielend leicht auszuheben oder hydraulische Aushebung.				
Riemenscheibe	hinten am Getriebegehäuse, abstellbar, 200x140 mm, 1542 U/min., schwenkbar für Rechts- und Linkslauf.				
Zapfwelle	genormt, 29/35, 550 U/min.				
Differentialsperre	Das einseitige Gleiten der Hinterräder bei glitschigem Boden kann durch Sperren des Differentials vermieden werden. Die Differentialsperre wird durch einen Fußhebel betätigt.				
Max. Bruttoanhängelast	ca. 13 to.				
Max. Zugkraft a. Haken	ca. 1800 kg.				
Tankinhalt	28 Liter.				

Sämtliche Angaben sind gewissenhaft, jedoch unverbindlich.

Normalausrüstung Kriechgang, gefederte Vorderachse, Zapfwelle, Differentialsperre, Anlasseranlage, Hand- und Fußgas, Einzelrad-Fußbremse, unabhängige, feststellbare Getriebehandbremse, vordere und hintere Anhängevorrichtung, breite Ackerschiene, 2 Beifahrersitze.

Sonderausrüstung Mähantrieb, Mähwerk 4½' oder 5', hydr. Mähwerksaushebung, Bereifung 10–24, 9–32, 10–28, Fernthermometer, Kühlerjalousie, Vorderradkotflügel, Riemenscheibe, 2 Stopplichter, Dreipunkt-Kraftheber, Holz-Doppelsitze, Gerätescheinwerfer, Betriebsstundenzähler, Allwetterverdeck, Seilwinde, Frontlader, RADDRUCKVERSTÄRKER, HELAMATIC zum Anfahren, Anhalten und Lenken des Schleppers vom Boden aus.

HELA-SCHLEPPERFABRIK

Hermann Lanz Aulendorf/Württ.

Telefon-Sammel-Nr. 425 Fernschreiber 0732 870 Telegramme: Lanz Aulendorf

HELA DIESEL

Überreicht durch:

30 PS
Robust
zuverlässig
langlebig
HELA
DIESEL
Der richtige Schlepper für jeden Hof

HELA-DIESELSCHLEPPER - DI

Seit 30 Jahren werden HELA-Dieselschlepper besonders stabil gebaut. Die harte Praxis beweist, daß nur damit dem Bauer gedient ist. Die starken Beanspruchungen bei der Feld- und Waldarbeit verlangen einen äußerst robusten Traktor. Darauf wird von HELA besonders geachtet und deshalb sind HELA-Dieselschlepper bekannt, daß sie nicht nur zuverlässiger sind und in der Regel 15 bis 20 Jahre halten, sondern daß man damit auch weniger laufende Instandhaltungskosten hat. Sämtliche Arbeitsgeräte, gleich ob zum Anhängen, Aufsatteln oder mit Dreipunkt-Anschluß, sind verwendbar. Über Zapfwelle und Riemenscheibe lassen sich alle Arbeitsmaschinen antreiben. Dieser moderne 30 PS-HELA-Dieselschlepper eignet sich zu allen Arbeiten im Frühjahr, zur Heu- und Getreideernte, zur Hackfruchternte, zur Herbstbestellung und zu allen Transportarbeiten auf der Straße und im Wald.

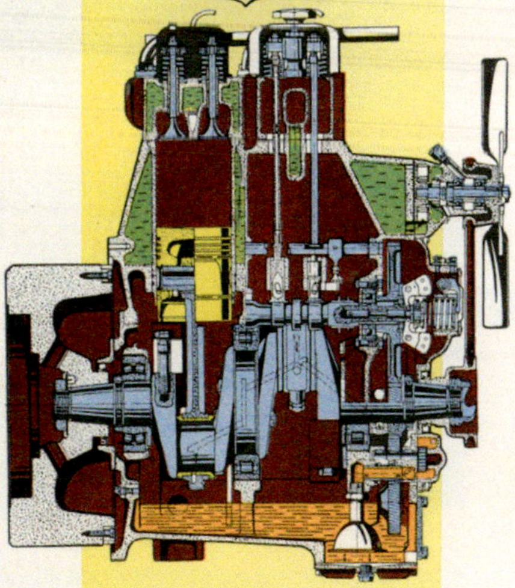

Das Schnittbild veranschaulicht den Aufbau des HELA-Zweizylinder-Motors. Der große Kolbendurchmesser bei kleinem Hub ergibt bei einer Nennzahl von 2000 U/min. die niedrige, mittlere Kolbengeschwindigkeit von ca. 8,35 m/sek. und damit einen temperamentvollen Motor. Die Wasserkühlung gewährt eine gute Temperaturhaltung bei allen Belastungen und wirkt geräuschschluckend. Das HELA-Wälzkammerverfahren gibt dem Motor einen weichen Gang mit sanftem Druckanstieg, gewährleistet niedrigen Kraftstoffverbrauch und ist unempfindlich gegen wechselnde Güte des Kraftstoffes. Eine einwandfreie Verbrennung bewahrt den Schlepperfahrer vor giftigen Gasen und schützt damit seine Gesundheit. 93 % aller Einzelteile beim Ein- und Zweizylinder-Motor sind gleich. Das bedeutet eine wesentliche Vereinfachung u. Erleichterung des Kundendienstes.

Die Kurbelwelle ist besonders stark dimensioniert und 3fach rollengelagert.

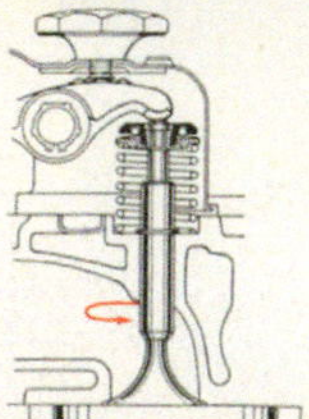

Der HELA-Diesel war der erste deutsche Schlepper-Motor, bei dem Ein- und Auslaßventile serienmäßig mit ROTOCAP ausgerüstet sind. ROTOCAP bringt die Ventile in steten Umlauf von den heißen in die kühleren Zonen, egalisiert ununterbrochen die Ventilflächen und führt höchste Lebensdauer und besten Sitz der Ventile herbei.

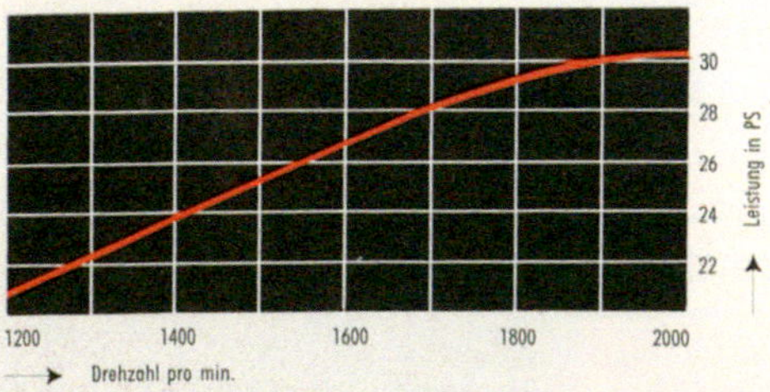

Durch eine hohe Kraftreserve erreicht der Motor schon bei einer Drehzahl von 1900 U/min. seine volle Leistung.

Das patentierte HELA-Sechsgang-Getriebe mit voll belastbarem Kriechgang ist 17fach kugelgelagert, mit spiralverzahnten Palloid-Kegelrädern und Kugelschaltung versehen und besonders stark dimensioniert. Die sprichwörtlich lange Lebensdauer aller HELA-Getriebe ist überall anerkannt.

ELSEITIGE ARBEITSMASCHINE

Der robuste Zweizylinder-HELA-Dieselmotor mit enormer Zugkraft setzt durch seine hohen Leistungsreserven und seinen niedrigen Kraftstoffverbrauch auch Kenner in Erstaunen. Er ist ausgestattet mit automatischer Umlaufschmierung, Kaltstart- und Stoppeinrichtung (vom Fahrersitz aus bedienbar), automatischem Drehzahlregler, automatischer Ventil-Zwangsdrehvorrichtung ROTOCAP und direktem Hydraulikantrieb ohne Keilriemen. Fast alle wichtigen Lagerstellen sind mit Präzisions-Kugel- und Rollenlager versehen. Besonders wertvoll ist die leichte Zugänglichkeit zu allen Baugruppen. Jedes Einzelteil des HELA-Motors durchläuft ein exaktes Kontrollsystem und jeder HELA-Motor wird vor dem Einbau auf Spezial-Prüfständen einem ausgedehnten Probelauf unterworfen. Ein Motor, der bei einem Minimum von Wartung und Pflege das stets zuverlässige Herz Ihres Schleppers ist.

Startfreudig und leistungsstark auch im Winter

Zuverlässig bei allen Erntearbeiten

Robust bei der Bodenbearbeitung

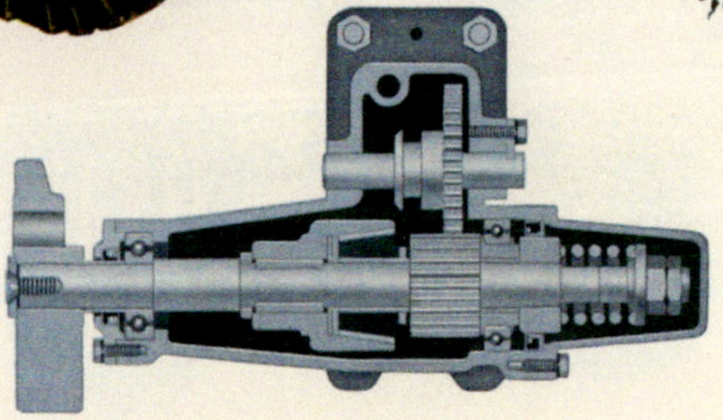

Der Mähantrieb, im Ölbad laufend, mit Konus-Rutschkupplung ist zahnradangetrieben und läßt sich für alle Mähverhältnisse genau einstellen.

Das interessiert den Praktiker

BILD 1 Der geräumige Führerstand und das übersichtliche Armaturenbrett erleichtert die Bedienung und die Überwachung aller für den Betrieb notwendigen Instrumente.

BILD 2 Die stabile Stahl-Vorderachse mit Anhängekupplung versehen, ist mit einer kräftigen Blattfeder pendelnd aufgehängt. Erschütterungen in unebenem Gelände werden dadurch weitgehend aufgefangen und die Gesundheit des Fahrers geschont.

BILD 3 Der weichgefederte, verstellbare Muschelsitz, nach vorne hochklappbar, wird von jedem Schlepperfahrer geschätzt. Die auf beiden Hinterradkotflügeln vorhandenen Sitze bieten Platz für zwei Beifahrer.

BILD 4 Außerordentlich arbeits- und zeitentlastend ist der hydraulische Kraftheber. Alle Arbeitsgeräte werden mühelos ausgehoben. Die genormte Dreipunkt-Aufhängung macht jedes Anbaugerät schnell arbeits- und transportbereit. Die Norm-Zapfwelle zum Antreiben der verschiedenen Anbaugeräte ist bequem zugänglich.

BILD 5 Fingerleicht läßt sich der Messerbalken mit dem patentierten HELA-Mähaufzug heben und senken. Schnittverstellung bequem vom Fahrersitz aus.

Das interessiert den Techniker

Motor Stehender Zweizylinder-Viertakt-Diesel-Motor

Type	AZ 1
Fabrikat	HELA
Leistung	30 PS
Drehzahl	2000 U/min.
Zylinder ⌀	105 mm
Hubraum	2164 ccm
Hub	125 mm

Wasserkühlung Umlaufkühlung durch Wabenkühler, Ventilator und Umwälzpumpe

Getriebe Besonders stark dimensionierte HELA-Konstruktion, 17fach kugelgelagert, mit spiralverzahnten Palloid-Kegelrädern und Kugelschaltung mit 6 Vorwärtsgängen einschließlich Kriechgang und 1 Rückwärtsgang

Fahrgeschwindigkeiten 6 durchschaltbare Vorwärtsgänge, davon 1 Kriechgang, 1,9 - 3,6 - 5,6 - 7,5 - 11,2 - 19,8 km/h, Rückwärtsgang 4,2 km/h

Kupplung Einscheiben-Trockenkupplung: Fichtel & Sachs, Typ G 22 Z. Keine Wartung!

Vorderachse Aus Stahl, gefedert, pendelnd aufgehängt

Bremsen Doppelte Hinterrad-Innenbacken-Einzelrad-Fußbremse und unabhängige, feststellbare Getriebehandbremse

Elektrische Ausrüstung Lichtanlage, 12 Volt-Batterie 84 Ah, Anlasser mit Zahnkranz am Motor, Vorglühanlage

Spurweite 1,25 bis 1,50 Meter

Radstand 1900 mm

Wenderadius außen: 3,5 m ohne Lenkbremse; 3,0 m mit Lenkbremse

	normal	auf Wunsch	
Bereifung			
vorne	5.50-16	5.50-16	6.00-16
hinten	10-28	9-36	11-28
Eigengewicht			
ohne Mähwerk	1665 kg	1710 kg	1700 kg
mit Mähwerk	1815 kg	1860 kg	1850 kg
Länge	3,10 m	3,15 m	3,10 m
Breite	1,55 m	1,52 m	1,58 m
Höhe bis Haube oben	1,35 m	1,40 m	1,35 m
Bodenfreiheit	320 mm	400 mm	350 mm

Anhängerhöhen Anhängerkupplung von 660 mm - 860 mm verstellbar
Ackerschiene 425 mm

Mähantrieb durch Zahnräder im Ölbad laufend und Konus-Rutschkupplung

Mähwerk Patentierte HELA-Konstruktion, spielend leicht hochzieh- und ablaßbar

Riemenscheibe Hinten am Getriebegehäuse, abstellbar, 200 x 140 mm, 1600 U/min., schwenkbar für Rechts- und Linkslauf

Zapfwelle genormt, 29/35, 572 U/min. DIN

Differentialsperre das einseitige Gleiten der Hinterräder bei glitschigem Boden kann durch Sperren des Differentials vermieden werden. Die Differentialsperre wird durch einen Fußhebel betätigt.

Tankinhalt 50 Liter

Sämtliche Angaben sind gewissenhaft, jedoch unverbindlich.

Normalausrüstung Kriechgang, gefederte Vorderachse, Zapfwelle, Differentialsperre, Anlasseranlage, Fernthermometer, Hand- und Fußgas, Einzelradfußbremse, unabhängige, feststellbare Getriebehandbremse, vordere und hintere Anhängevorrichtung, breite Ackerschiene, 2 Beifahrersitze.

Sonderausrüstung Mähantrieb, Mähwerk 5', Bereifung 9-36 oder 11-28, Kühlerjalousie, Vorderradkotflügel, Lenkradfeststellung, Riemenscheibe, 2 Stopplichter, Dreipunkt-Kraftheber, Holzdoppelsitze, Seitenverkleidung, Plattform, Gerätescheinwerfer, Betriebsstundenzähler, Allwetterverdeck, Seilwinde, Frontlader.

HELA DIESEL

HELA-SCHLEPPERFABRIK
Hermann Lanz Aulendorf/Württ.

Telefon 28, 125, 215 Fernschreiber 0732870 Telegrammadresse: Lanz Aulendorf

Überreicht durch:

HD. 30. XI. 58. 60 Hö.

HELA DIESEL

30 PS

HELA-Dieselschlepper D 30

Dieser kraftvolle HELA-Dieselschlepper mit der robusten und grundsoliden HELA-Bauweise eignet sich für alle mittleren und größeren Landwirtschaftsbetriebe, die harte Anforderungen an die Maschine stellen müssen.

Er wird auch mit schwierigen Bodenverhältnissen fertig und bewältigt mit seinem bewährten und leistungsstarken HELA-Motor auch schwere Arbeiten auf dem Acker, im Forst und auf der Straße.

Über Zapfwelle und Riemenscheibe lassen sich alle Arbeitsmaschinen antreiben. Sämtliche Arbeitsgeräte, gleich ob zum Anhängen, Aufsatteln oder mit Dreipunkt-Anschluß, sind verwendbar.

Der bewährte HELA-Zweizylinder-Motor ist temperamentvoll, leistungsstark und äußerst wirtschaftlich.
Die Kurbelwelle ist besonders stark dimensioniert und dreifach rollengelagert. Alle wichtigen Lagerstellen sind mit Präzisions-Kugel- und Rollenlagern versehen. Technische Feinheiten, wie Kaltstart- und Stoppeinrichtung (vom Fahrersitz aus bedienbar), automatische Ventilzwangsdrehvorrichtung ROTOCAP und der Direktantrieb der Hydraulik-Pumpe ohne Keilriemen begeistern auch Kenner immer wieder.

Das patentierte HELA-Sechs-Gang-Getriebe mit vollbelastbarem Kriechgang ist 17-fach kugelgelagert, mit spiralverzahnten Palloid-Kegelrädern und Kugelschaltung versehen und besonders stark dimensioniert. Die Abstufung ist so vorteilhaft gewählt, daß für alle anfallenden Arbeiten im jeweils günstigsten Geschwindigkeitsbereich gefahren werden kann.

Der Mähantrieb, im Ölbad laufend, mit Konus-Rutschkupplung ist zahnradangetrieben. Für alle Mähverhältnisse läßt sich der Antrieb genau einstellen.

Der geräumige Führerstand ist bequem von allen Seiten zugänglich. Sämtliche Bedienungshebel sind hand- und fußgerecht angebracht. Jeder, der auf dem weichgefederten Muschelsitz Platz nimmt, spürt sofort die Kraft und Sicherheit, die in dieser bewährten Maschine stecken.

Moderne Zusatzgeräte wie Hydraulik, Raddruckverstärker, HELAMATIC u. a. machen diesen zuverlässigen und langlebigen HELA-Dieselschlepper zur vielseitigen Arbeitsmaschine.

Das interessiert den Praktiker

BILD 1 Der geräumige Führerstand und das gefällige, übersichtliche Armaturenbrett erleichtert die Bedienung und die Überwachung aller für den Betrieb notwendigen Instrumente.

BILD 2 Fingerleicht läßt sich der Messerbalken mit dem patentierten HELA-Mähaufzug ausheben. Schnittverstellung bequem vom Fahrersitz aus.

BILD 3 Außerordentlich arbeits- und zeitentlastend ist der hydraulische Kraftheber. Alle Arbeitsgeräte werden mühelos ausgehoben. Die genormte Dreipunkt-Aufhängung macht jedes Anbaugerät schnell arbeits- und transportbereit. Die Norm-Zapfwelle zum Antreiben der verschiedenen Maschinen und Geräte ist bequem zugänglich.

BILD 4 Ein wertvolles Hydraulik-Zusatzgerät ist der Raddruckverstärker. Ein erheblicher Teil des Gewichtes kann durch ihn vom Anbaugerät über die Hydraulik auf die Hinterachse des Schleppers übertragen werden. Der Radschlupf wird vermieden und die Arbeit ist auch bei ungünstigen Bodenverhältnissen möglich.

BILD 5 Die neue Fernbedienung HELAMATIC macht den Fahrer von der Maschine frei, so daß er bei vielen Arbeiten selbst mit Hand anlegen kann. Mit nur einem Hebel kann man anhalten, anfahren und lenken. Der Bedienungsmann geht dabei gefahrlos hinter dem linken Schlepperhinterrad.

Das interessiert den Techniker

Motor	Stehender Zweizylinder-Viertakt-Dieselmotor		
	Type	AZ 1	
	Fabrikat	HELA	
	Leistung	30 PS	
	Drehzahl	2000 U/min.	
	Zylinder ∅	105 mm	
	Hubraum	2164 ccm	
	Hub	125 mm	
Wasserkühlung	Umlaufkühlung durch Wabenkühler, Ventilator und Umwälzpumpe.		
Getriebe	Besonders stark dimensionierte HELA-Konstruktion, 21-fach kugelgelagert, mit spiralverzahnten Palloid-Kegelrädern und Kugelschaltung mit 6 Vorwärtsgängen einschl. Kriechgang und 1 Rückwärtsgang.		
Fahrgeschwindigkeiten	6 durchschaltbare Vorwärtsgänge, davon 1 Kriechgang, 1,9 — 3,6 — 5,6 — 7,5 — 11,2 — 19,8 km/h, Rückwärtsgang 4,2 km/h.		
Kupplung	Einscheiben-Trockenkupplung: Fichtel & Sachs. Keine Wartung!		
Vorderachse	Aus Stahl, gefedert, pendelnd aufgehängt.		
Bremsen	Doppelte Hinterrad-Innenbacken-Einzelrad-Fußbremse und unabhängige, feststellbare Getriebehandbremse.		
Elektrische Ausrüstung	Lichtanlage, 12 Volt-Batterie 84 Ah, Anlasser mit Zahnkranz am Motor, Vorglühanlage.		
Spurweite	1,25 m bis 1,50 m		
Radstand	1900 mm		
Wenderadius	Außen: 3,5 m ohne Lenkbremse; 3,0 m mit Lenkbremse.		
Bereifung	normal	auf Wunsch	
vorne	5.50—16	5.50—16	6.00—16
hinten	10—28	9—36	11—28
Eigengewicht			
ohne Mähwerk	1665 kg	1710 kg	1700 kg
mit Mähwerk	1815 kg	1860 kg	1850 kg
Länge	3,10 m	3,15 m	3,10 m
Breite	1,55 m	1,52 m	1,58 m
Höhe bis oben Haube	1,35 m	1,40 m	1,35 m
Bodenfreiheit	320 mm	400 mm	350 mm
Anhängehöhen	Anhängerkupplung von 660 — 860 mm verstellbar. Ackerschiene 425 mm.		
Mähantrieb	Durch Zahnräder, im Ölbad laufend, mit Konus-Rutschkupplung.		
Mähwerk	Patentierte HELA-Konstruktion, spielend leicht auszuheben.		
Riemenscheibe	Hinten am Getriebegehäuse, abstellbar, 200 x 140 mm, 1600 U/min., schwenkbar für Rechts- und Linkslauf.		
Zapfwelle	genormt, 29/35, 572 U/min.		
Differentialsperre	Das einseitige Gleiten der Hinterräder bei glitschigem Boden kann durch Sperren des Differentials vermieden werden. Die Differentialsperre wird durch einen Fußhebel betätigt.		
Tankinhalt	50 Liter		
	Sämtliche Angaben sind gewissenhaft, jedoch unverbindlich.		
Normalausrüstung	Kriechgang, gefederte Vorderachse, Zapfwelle, Differentialsperre, Anlasseranlage, Fernthermometer, Hand- und Fußgas, Einzelrad-Fußbremse, unabhängige, feststellbare Getriebehandbremse, vordere und hintere Anhängevorrichtung, breite Ackerschiene, 2 Beifahrersitze.		
Sonderausrüstung	Mähantrieb, Mähwerk 5', Bereifung 9—36 oder 11—28, Kühlerjalousie, Vorderradkotflügel, Lenkradfeststellung, Riemenscheibe, 2 Stopplichter, Dreipunkt-Kraftheber, Raddruckverstärker, Holzdoppelsitze, Plattform, Seitenverkleidung, Geräutescheinwerfer, Betriebsstundenzähler, Allwetterverdeck, Seilwinde, Frontlader und HELAMATIC zur Fernbedienung des Schleppers.		

HELA-SCHLEPPERFABRIK

Hermann Lanz Aulendorf/Württ.

Telefon 28, 125, 215 Fernschreiber 0732 870 Telegrammadresse: Lanz Aulendorf

Überreicht durch:

HD 30 IV.59 50

HELA DIESEL
AUS EINEM WERK
GETRIEBEBAU
MOTORENBAU
15
HELA DIESEL
Hermann Lanz · Aulendorf - Württ.

TEMPERAMENT UND LEISTUNG

bietet Ihnen der HELA-Diesel-Motor AE 1

Ventilzwangsdreheinrichtung

hält Ein- und Auslaßventil in stetem Umlauf, wodurch eine gute Kühlung und höchste Lebensdauer der Ventile gewährleistet ist.

Bosch-Einspritzausrüstung

das Beste und Bewährteste. Normale Typen, Kundendienst überall!

Kaltstarteinrichtung

ermöglicht ohne Vorbereitungsarbeiten ein einwandfreies Anlaufen bis 15° C unter 0.

Druckumlaufschmierung

vollkommen automatisch u. selbsttätig regelnd, kein Nachschmieren, kein Überölen, dadurch geringster Schmierölverbrauch. Nur auf Ölstand achten!

Wirbelkammer:

Saubere und weiche Verbrennung, niedrige Zünddrücke, geringer Kraftstoffverbrauch, hoher Drehmomentanstieg.

Der Verstellregler

gestattet Ausnutzung des vollen Drehmomentes mit geringstem Drehzahlabfall bei jeder Geschwindigkeit.

Kurbelwelle:

Stark dimensioniertes Gesenkschmiedestück aus Edelstahl, in hochw. Wälzlagern laufend. Nahezu unbegrenzte Lebensdauer.

Hydraulik-Direktantrieb

über beiderseitig in Wälzlager laufende, stark dimensionierte Stirnräder, garantieren höchste Lebensdauer der Hydraulikpumpe.

Mit dem HELA-Diesel-Kurzhuber sind Sie stets eine Pferdelänge voraus!

Infolge seiner hohen Kraftreserve (Drehmomentanstieg) erreicht er seine volle Leistung schon bei 1800 Umdrehungen pro Minute.

Die robuste, speziell für den rauhen Schlepperbetrieb entwickelte Bauart des HELA-Diesel-Motors garantiert Ihnen neben der Wirtschaftlichkeit des Dieselverfahrens auch ein Höchstmaß an Betriebssicherheit und Lebensdauer des Motors.

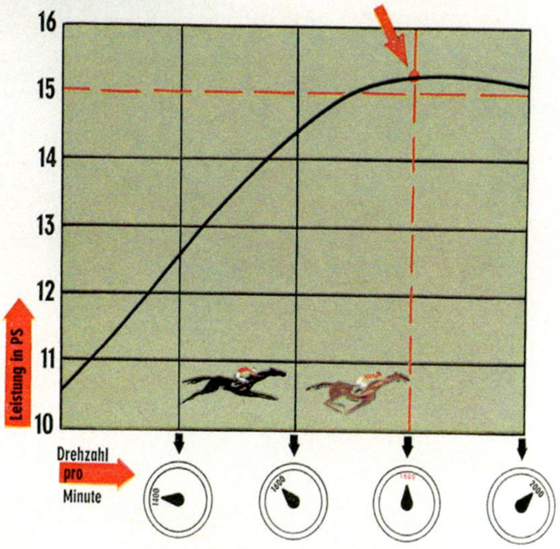

Technische Kennwerte des Motors:

Bohrung	105 mm	Kraftstoffverbrauch bei Md. max.	185 g/PS h
Hub	125 mm	Ölverbrauch	0,015 kg/h
Hubvolumen	1082 cm³	mittlerer eff. Druck	6,3 kg/cm²
Zylinderzahl	1	mittlerer eff. Druck bei Md. max.	7,3 kg/cm²
Drehzahl	1980 U/min.	mittlere Kolbengeschwindigkeit	8,3 m/sec
Verdichtungsverhältnis	1:19	Leistungsgewicht	16 kg/PS
Fahrzeugleistung	15 PS	Gewicht	240 kg

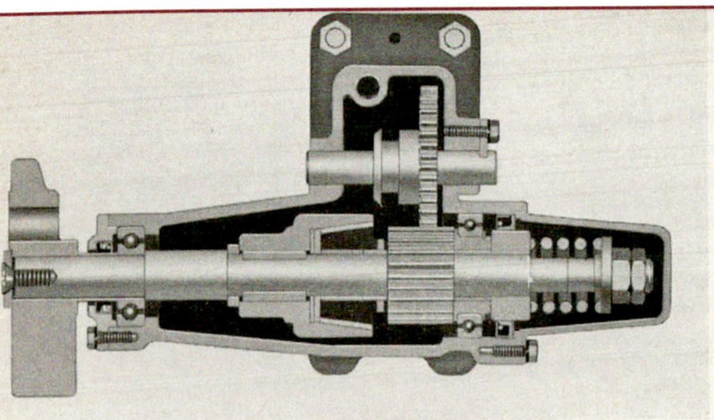

Mähantrieb: zahnradangetrieben mit Konus-Rutschkupplung genau einstellbar für alle Mähverhältnisse.

Das schwenkbare Portal gleicht die verschiedenen Reifengrößen aus. Deshalb auch bei hohen Reifen niedere u. gefällige Bauweise.

Durch Schrägverzahnung der Antriebswelle größte Laufruhe. Stark dimensionierte Zahnräder aus bestem Einsatzstahl garantieren eine lange Lebensdauer des Getriebes.

Spielend leicht läßt sich der Messerbalken mit dem patentierten Hela-Mähaufzug heben und senken.

Vorderachse: Unsere unzerbrechliche Stahlachse hat große Bodenfreiheit, eine Anhängekupplung und ist mit einer kräftigen Blattfeder pendelnd angeordnet.

Die bequem nach vorne aufklappbare Haube ermöglicht leichten Zugang zum Motor, zum Kühler und zum Werkzeugkasten.

HELA DIESEL

Frontlader

SONDERAUSRÜSTUNGEN

Mähantrieb, Mähwerk 4½′ Balken, Bereifung 9–24, 10–24, 8–32, 10–28, Kühlerjalousie, Vorderradkotflügel, Lenkradfeststellung, Riemenscheibe, 2 Stopplichter, Kraftheber ölhydraulisch mit 3-Punkt-Aufhängung, Holzdoppelsitze, Seitenverkleidung und Plattform, Normschwingrahmen mit Handaufzug, Seilwinde, Verdeck, Frontlader, Gerätescheinwerfer, Betriebsstundenzähler.

TECHNISCHE EINZELHEITEN:

Fahrgeschwindigkeiten: 1,9 – 3,4 – 5,5 – 7,8 – 13,0 und 20,0 km/h; Rückwärtsgang 4,3 km/h.

Vorderachse: Gefedert, pendelnd aufgehängt, nach hinten sehr stabil abgestützte Stahlvorderachse.

Bremsen: Doppelte Hinterrad-Innen-Backen-Einzelrad-Fußbremse und feststellbare Handbremse.

Elektrische Ausrüstung: Anlasser- und Beleuchtungsanlage 12 Volt, Boschhorn, Vorglühanlage.

Mähantrieb: Durch Zahnräder im Ölbad laufend mit nachstellbarer Konus-Rutschkupplung. Kein Keilriemen!

Mähwerk: Patentierte Eigenkonstruktion, spielend leicht hochzuziehen und abzulassen.

Riemenscheibe: 200 ∅ x 140 mm, 1450 U/min., umkehrbar für Rechts- und Linkslauf.

Zapfwelle: Motorabhängig 29/34,9; 540 U/min., DIN 9611. Bei Bereifung 9–24, 10–24, 8–32 und 10–28 zusätzlich auf gangabhängig schaltbar (Wegzapfwelle).

Differentialsperre: Betätigung durch Fußhebeldruck.

Spurweite: Verstellbar 1,25 m und 1,50 m.

Wenderadius: Innen 1,50 m, 1,10 m bei Benützung der Lenkbremse.

	normal	auf Wunsch			
Bereifung: vorne	5.00–10	5.00–16	5.00–16	5.00–16	5.00–16
hinten	8–24	9–24	10–24	8–32	10–28
Länge:	2,60 m	2,80 m	2,80 m	3,00 m	3,00 m
Breite:	1,46 m	1,49 m	1,51 m	1,45 m	1,51 m
Radstand:	1,78 m	1,78 m	1,78 m	1,82 m	1,82 m
Bodenfreiheit:	380 mm	380 mm	380 mm	380 mm	380 mm
Höhe b. ob. Haube:	1,30 m	1,30 m	1,30 m	1,30 m	1,30 m
Eigengewicht:					
mit Mähwerk	1260 kg	1280 kg	1290 kg	1305 kg	1330 kg
ohne Mähwerk	1390 kg	1410 kg	1420 kg	1435 kg	1460 kg
Anhängehöhen:					
Anhängekupplung	640 mm	660 mm	680 mm	640 mm	640 mm
Ackerschiene	350 mm	350 mm	350 mm	350 mm	350 mm

Brennstoffverbrauch: Im Jahresdurchschnitt ca. 1,2 Liter pro Stunde.

Tankinhalt: 28 Liter.

Dreipunkt-Kraftheber

Maximale Brutto-Anhängelast: Auf ebener, trockener Straße ca. 10 to.

Maximale Zugkraft am Haken: ca. 1125 kg (ohne Zusatzgewichte).

15

Verdeck

Plattform und Seitenverkleidung

Die angegebenen Daten sind ungefähre. Änderungen vorbehalten.

15 PS

HELA-DIESEL-TRAKTOR TYPE D 315

Ein echter Bauern-Schlepper für die Vollmotorisierung kleinerer Betriebe, wie auch als Zweit-Maschine für Mittel- und Großbetriebe. Die Konstruktion ist vieltausendfach bewährt und hat überall ihre enorme Leistung und hohe Wertbeständigkeit bewiesen.

Der Motor, mit dem HELA-Baukasten-System, ist das gesunde, zuverlässige Herz des D 315. Sein günstiges Drehmomentverhalten erlaubt in weitem Drehzahlbereich ein elastisches Fahren. Ein- und Auslaßventile sind mit automatischer Ventilzwangsdrehvorrichtung ROTOCAP ausgerüstet. Die Kaltstart- und Stoppeinrichtung ermöglicht ein leichtes Anspringen auch bei Temperaturen bis -15°, sowie das Abstellen des Motors vom Schleppersitz aus. Die Hydraulikpumpe wird direkt vom Motor aus ohne Keilriemen angetrieben.

Das patentierte HELA-Kriechganggetriebe mit 6 Vorwärtsgängen einschließlich Kriechgang und 1 Rückwärtsgang erlaubt im jeweils günstigsten Geschwindigkeitsbereich zu fahren. Sämtliche wichtigen Lagerstellen sind kugel- oder rollengelagert. Das schwenkbare Portal gleicht die verschiedenen Reifengrößen aus. Deshalb auch bei niederen Reifen entsprechend hohe Bodenfreiheit.

Der Mähantrieb ist organisch mit dem Getriebe verbunden und benötigt zum Antrieb des Mähwerkes keine Keilriemen.

Die Maschine hat eine hohe Standfestigkeit. Durch günstige Gewichtsverteilung und richtige Wahl des Zugpunktes ist ein Aufbäumen auch bei schwerem Zug ausgeschlossen. Die robuste Bauweise dieses HELA-Dieselschleppers, bei dem nirgends auf Kosten der Zuverlässigkeit und hohen Lebensdauer an Material gespart wurde, zeigt sein Eigengewicht.

Auch mit diesem HELA-Dieselschlepper bekommt der Landwirt einen zuverlässigen Helfer auf den Hof, mit dem er alle vorkommenden Arbeiten verrichten und auch modernste Arbeitsmaschinen antreiben kann.

TECHNISCHE EINZELHEITEN:

Fahrgeschwindigkeiten: 1,9 - 3,4 - 5,5 - 7,8 - 13,0 und 20,0 km/h; Rückwärtsgang 4,3 km/h.

Vorderachse: Gefedert, pendelnd aufgehängt, nach hinten sehr stabil abgestützte Stahlvorderachse.

Bremsen: Doppelte Hinterrad-Innen-Backen-Einzelrad-Fußbremse und feststellbare Handbremse.

Elektrische Ausrüstung: Anlasser- und Beleuchtungsanlage 12 Volt, Boschhorn, Vorglühanlage.

Mähantrieb: Durch Zahnräder im Ölbad laufend mit nachstellbarer Konus-Rutschkupplung. Kein Keilriemen!

Mähwerk: Patentierte Eigenkonstruktion, spielend leicht hochzuziehen und abzulassen.

Riemenscheibe: 200 Ø x 140 mm, 1450 U/min., umkehrbar für Rechts- und Linkslauf.

Zapfwelle: Motorabhängig 29/34,4,540 U/min. DIN 9611. Zusätzlich auf gangabhängig schaltbar (Wegzapfwelle).

Differentialsperre: Betätigung durch Fußhebeldruck.

Spurweite: Verstellbar 1,25 m und 1,50 m.

Wenderadius: Innen 1,50 m, 1,10 m bei Benützung der Lenkbremse.

Bereifung:	NORMAL	AUF WUNSCH	
vorne	5.00-16	5.00-16	5.00-16
hinten	8-24	9-24	8-32
Länge:	2,60 m	2,80 m	3,00 m
Breite:	1,46 m	1,49 m	1,46 m
Radstand:	1,78 m	1,78 m	1,82 m
Bodenfreiheit:	380 mm	380 mm	380 mm
Höhe b.ob.Haube:	1,30 m	1,30 m	1,30 m
Eigengewicht:			
ohne Mähwerk	1260 kg	1280 kg	1305 kg
mit Mähwerk	1390 kg	1410 kg	1435 kg
Anhängehöhen:			
Anhängekupplung	640 mm	660 mm	640 mm
Ackerschiene	350 mm	350 mm	350 mm
Max.Brutto-Anhängelast:	Auf ebener, trockener Straße ca. 10 to.		
Max.Zugkraft am Haken:	Ca. 1125 kg (ohne Zusatzgewichte)		
Brennstoffverbrauch:	Im Jahresdurchschnitt ca. 1,5 Liter pro Std.		
Tankinhalt:	28 Liter.		

Sonderausrüstungen:

Mähantrieb, Mähwerk 4 1/2' Balken, Bereifung 9-24, 8-32, Kühlerjalousie, Vorderradkotflügel, Lenkradfeststellung, Riemenscheibe, 2 Stopplichter, Kraftheber ölhydraulisch mit 3-Punkt-Aufhängung, Raddruckverstärker, Holzdoppelsitze, Seitenverkleidung und Plattform, Seilwinde, Verdeck, Frontlader, Gerätescheinwerfer, Betriebsstundenzähler, HELAMATIC.

PREISE:

HELA-Dieselschlepper, Type D 315 mit gefederter Vorderachse, vollst. Beleuchtungs- und Anlasseranlage, Batterie, Signalhorn, Anhängersteckdose, Vorglüheinrichtung, Ölbadluftfilter, Öldruckanzeiger, Getriebezapfwelle mit Antrieb (umschaltbar auf Wegzapfwelle), Zapfwellenschutz, hintere Kotflügel, Sitz für zwei Beifahrer, vordere und hintere Anhängekupplung, lange Ackerschiene, Einzelradfußbremse, feststellbare Handbremse, Differentialsperre, Fernthermometer, gefederter und verstellbarer Muschelsitz, Ölfüllung, Werkzeugkasten mit Inhalt, Bereifung vorne 5.00-16, hinten 8-24

ab Werk **DM 6240.--**

Lieferumfang wie oben, jedoch
mit Bereifung 8-32, Mehrpreis DM 300.-- DM 6540.--
mit Bereifung 9-24, Mehrpreis DM 240.-- DM 6480.--

Preise für Sonderausrüstungen s. unsere Preisliste Nr. 2/59 (wie D 415).

HELA DIESEL

SCHLEPPERFABRIK
Hermann Lanz Aulendorf/Württ.
Telefon: 28, 125, 215 Telegramme: Lanz Aulendorf
Fernschreiber Nr. 0732870

BERATUNG UND VERKAUF:

HELA
DIESEL

18 PS
SCHMALSPU
24 P

HELA-DIESEL-SCHMALSPURSCHLEPPER

Der leistungsstarke und grundsolide Schmalspurschlepper für Betriebe mit Sonderkulturen. Einsatz im Hopfen-, Wein- und Obstbau. Vielseitige Geräte-Anbaumöglichkeiten. Durch Radspurverstellung auch für alle übrigen landwirtschaftlichen Arbeiten bestens geeignet. Geringe Bauhöhe und tiefe Schwerpunktlage. Ein Schlepper mit Vorzügen, die Ihnen die Arbeit stets zur Freude machen.

HELA DIESEL

SCHMALSPURSCHLEPPER

Der HELA - Schmalspurschlepper besitzt alle technischen und konstruktiven Vorzüge unserer Normaltypen und ist in der gleichen grundsoliden Bauweise ausgeführt. Er wurde geschaffen für die Erfordernisse in mittleren und größeren Betrieben mit Sonderkulturen. Die Geräte für Bodenbearbeitung und Pflege der Kulturen werden rasch und mühelos am Dreipunkt - Gestänge des Krafthebers angebaut. Trotz schmaler Bauweise hohe Standfestigkeit durch tiefliegenden Schwerpunkt. Die Spur ist einstellbar von 768 mm bis 904 mm für die Arbeit in den Kulturen und von 1114 mm bis 1250 mm für normale landwirtschaftliche Arbeiten. Die Maschine ist mit Zapfwelle, Kriechgang und gefederter Vorderachse ausgerüstet. Der ruhige und erschütterungsfreie Lauf schont die Gesundheit des Fahrers. Die Bedienung ist leicht und kann selbst von Frauen und Jugendlichen vorgenommen werden.

Technische Daten:

Motor: Luftgekühlter, stehender Zweizylinder-Fahrzeug-Viertakt-Dieselmotor, Druckumlaufschmierung, mittels Zahnradölpumpe, Spaltfilter, automatische Kipphebelschmierung.

Hubraum: 18 PS = 1400 ccm 24 PS = 1810 ccm

Motordrehzahl: Regulierbar durch Hand- und Fußgas bis n = 2000 U/min.

Kupplung: Einscheiben-Trockenkupplung Fichtel & Sachs. Keine Wartung!

Getriebe: Patentiertes, besonders stark dimensioniertes HELA-Kriechganggetriebe, kugelgelagert, mit spiralverzahnten Kegelrädern, 6 Vorwärtsgänge einschl. Kriechgang und 1 Rückwärtsgang, mit einem Schalthebel durchschaltbar.

Fahrgeschwindigkeiten: 1,8 – 3,2 – 5,3 – 7,5 – 12,5 und 20 km/h – Rückwärtsgang 4,0 km/h.

Vorderachse: Gefederte, pendelnd aufgehängte, nach hinten sehr stabil abgestützte Stahlvorderachse.

Bremsen: Doppelte Hinterrad-Innen-Backen-Einzelrad-Fußbremse und feststellbare Handbremse.

Elektrische Ausrüstung: Boschlichtanlage und Boschhorn, 12 Volt Batterie 84 Ah, Anlasser und Zahnkranz

Bereifung: vorne: 5.00 – 16
hinten: 9 – 24

Eigengewicht: 18 PS – 1150 kg 24 PS – 1190 kg

Spurweite: 768 mm verstellb. auf 904 mm, 1114-1250 mm

Breite: 1010 mm bei schmaler Spur

Bodenfreiheit: 360 mm

Länge: 2830 mm

Radstand: 1820 mm

Höhe bis ob. Haube 1,24 m

Mähantrieb: Durch Zahnräder im Ölbad laufend mit nachstellbarer Konus-Rutsch-Kupplung.

Mähwerk: Patentierte Eigenkonstruktion, spielend leicht hochzuziehen.

Riemenscheibe: (nur verwendbar bei breiter Spur) Hinten am Getriebegehäuse 200 x 140 mm, 1520 U/min., abstellbar, schwenkbar für Rechts- und Linkslauf.

Zapfwelle: 29/34, 9; 540 U/min. nach DIN 9611.

Differentialsperre: Das einseitige Gleiten der Hinterräder bei glitschigem Boden kann durch Sperren des Differentials vermieden werden. Betätigung durch Fußhebeldruck.

Mindest-Lieferumfang:

Kriechgang, Zapfwelle, gefederte Vorderachse, komplette Anlasser- und Beleuchtungsanlage, Signalhorn, gefederter Polstersitz, hintere Kotflügel, Einzelrad-Fußbremse, feststellbare Handbremse, Differentialsperre, Hand- und Fußgas, Ackerschiene, Öldruckmanometer, vorne starre, hinten drehbare, gefederte Anhängekupplung, Andrehkurbel, Anhängersteckdose, Werkzeug und Ölfüllung.

Sonderausrüstung:

Mähantrieb, Mähwerk mit 4½'-Balken, Riemenscheibe, ölhydraulischer 3-Punkt Kraftheber, verlängerte Aufsteckackerschiene, Lenkradfeststellvorrichtung, Betriebsstundenzähler, Reifenfüllkompressor, Belastungsgewichte, Stopplichter, Spurverbreiterung.

Ein Urteil der Praxis: **HELA - Schlepper laufen auch nach Jahren noch so zuverlässig wie am ersten Tag!**

Schlepperfabrik

Hermann Lanz Aulendorf / Württ.

Telefon 28, 125, 215

Fernschreiber 0732870

Telegramm - Adresse: Lanz Aulendorf

Beratung und Verkauf:

HELA DIESEL

15 PS

HELA-DIESELSCHLEPPER D 415

Speziell für den kleineren und mittleren Hof geschaffen ist dieser rasante Traktor aus der volltypisierten HELA-Baureihe. Doch schätzen auch Groß-Betriebe seine Leistung, Kraftreserve und hohe Wirtschaftlichkeit und setzen ihn gern als Zweitmaschine ein.

Die Konstruktion des D 415 beinhaltet eine über 30-jährige Erfahrung im Traktorenbau und ist von höchster landtechnischer Zweckmäßigkeit.

Besonderer Wert wurde auf den Bau des Motors gelegt, der das lebendige, kraftvolle Herz des D 415 ist. Dieser leistungsstarke luft- oder wassergekühlte HELA-Viertakt-Dieselmotor besitzt durch seinen besonders großen Drehmomentanstieg hohe Kraftreserven und erlaubt ein elastisches Fahren in weitem Drehzahlbereich.

Die Kurbelwelle ist rollengelagert. Die serienmäßige Ausrüstung mit Ventilzwangsdrehvorrichtung ROTOCAP verhindert den Verzug der Ventile und garantiert stets einwandfreien Ventilsitz.

Die Start- und Stoppeinrichtung erlaubt ein müheloses Starten und Anhalten vom Fahrersitz aus.

Das HELA-Kriechganggetriebe mit 6 Vorwärts- und 2 Rückwärtsgängen ist nahezu unverwüstlich. Er ist serienmäßig mit Getriebezapfwelle ausgerüstet, die auch als Wegzapfwelle umschaltbar ist.

Alle Arbeiten auf Acker, Wiese, Straße und Wald lassen sich im jeweils günstigsten Geschwindigkeitsbereich durchführen.

Die in unverwüstlicher Blockbauweise hergestellte Maschine ist durch günstige Gewichtsverteilung lenkstabil. Die Lage des Schwerpunktes macht den D 415 außerdem sehr hangsicher. Alle modernen Zusatzgeräte wie Dreipunkt-Kraftheber,Raddruckverstärker, hydraul. Mähwerksaushebung, Seilwinde, Riemenscheibe, Frontlader, Allwetterverdeck, HELAMATIC zur Bedienung der Maschine vom Boden aus sind anzubringen.

Mit dieser robusten, formschönen Maschine hat jeder Besitzer über lange Jahre seine helle Freude.

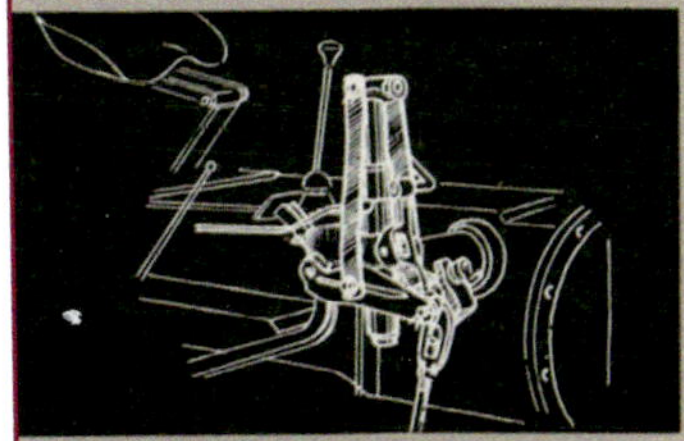

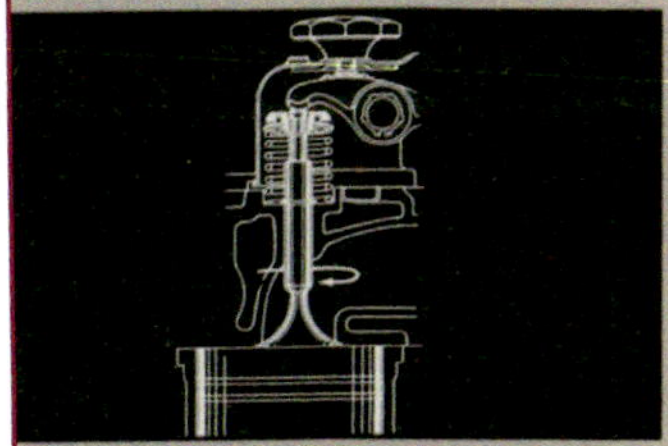

Das interessiert den Praktiker

BILD 1 Der geräumige Führerstand ist bequem auch von der Seite zu erreichen. Sämtliche Bedienungshebel sind hand- und fußgerecht angeordnet. Das komfortable Armaturenbrett ermöglicht eine bequeme Überwachung der Maschine.

BILD 2: Die hydr. Mähwerksaushebung entlastet den Fahrer von jeder körperlichen Anstrengung.

BILD 3: Die HELAMATIC erlaubt die Bedienung der Maschine vom Boden aus und macht den Fahrer frei, so daß er bei vielen Arbeiten selbst mit Hand anlegen kann. Mit nur 1 Hebel kann man fahren, anhalten und lenken. Der Bedienungsmann geht dabei gefahrlos hinter dem linken Schlepperhinterrad.

BILD 4: Ein- und Auslaßventile des HELA-Motors sind mit automatischer Zwangsdrehvorrichtung ROTOCAP versehen. Diese bringt die Ventilteller in steten Umlauf von den heißen in die weniger warmen Zonen. Eine einseitige Abnützung der Ventile und Ventilsitze wird dadurch vermieden und eine hohe Lebensdauer gewährleistet.

BILD 5: Stabile, unverwüstliche Stahlvorderachse mit Gummihohlfederung der Vorderräder. Erschütterungen in unebenem Gelände werden weitgehend aufgefangen und dadurch die Gesundheit des Fahrers geschont.

BILD 6: Arbeits- und zeitentlastend ist der hydr. Kraftheber. Alle Arbeitsgeräte werden mühelos ausgehoben. Die genormte Dreipunkt-Aufhängung macht jedes Anbaugerät schnell arbeits- und transportbereit.

BILD 7: Ein wertvolles Hydraulik-Zusatzgerät ist der RADDRUCKVERSTÄRKER. Ein erheblicher Teil des Gewichtes kann durch ihn vom Anbaugerät über die Hydraulik auf die Hinterachse des Traktors übertragen werden. Der Radschlupf wird verhindert und die Arbeit auch bei ungünstigen Bodenverhältnissen möglich.

Das interessiert den Techniker

Motor Stehender Einzylinder-Viertakt-Dieselmotor

	wassergekühlt	luftgekühlt
Leistung	15 PS	15 PS
Drehzahl	1980 U/min.	1980 U/min.
Hubraum	1082 ccm	1082 ccm
Zylinder ∅	105 mm	105 mm
Hub	125 mm	125 mm

Lenkung Kräftige, staub- und öldicht gekapselte Schneckenlenkung, im Ölbad laufend.

Getriebe HELA-Getriebe, kugelgelagert mit spiralverzahnten Kegelrädern, 6 Vorwärtsgänge, 2 Rückwärtsgänge, 1. Gang als Kriechgang ausgebildet.

Fahrgeschwindigkeiten 6 durchschaltbare Vorwärtsgänge, davon 1. Gang Kriechgang, 1,4 – 2,9 – 4,9 – 7,8 – 11,5 – 19,5, 1. Rw.-Gang 2,4, 2. Rw.-Gang 4,7 km/h.

Kupplung Einscheiben-Trockenkupplung, Fichtel & Sachs. Keine Wartung!

Vorderachse Aus Stahl mit Gummihohlfederung der Vorderräder.

Bremsen Doppelte Hinterrad-Innenbacken-Einzelradfußbremse und feststellbare Handbremse.

Elektrische Ausrüstung Anlasser- und Beleuchtungsanlage 12 Volt, Bosch-Horn.

Spurweite Verstellbar 1,25 – 1,50 m

Wenderadius Innen: 1.20 m, bei Benützung der Lenkbremse 0,70 m

		normal	auf Wunsch	
Bereifung	vorne	4.50–16	4.50–16	4.50–16
	hinten	8–24	8–28	9–24
Länge		2,65 m	2,70 m	2,70 m
Breite		1,50 m	1,50 m	1,52 m
Höhe bis oben Haube		1,25 m	1,30 m	1,27 m
Radstand		1,72 m	1,72 m	1,72 m
Anhängehöhen	Anhängekupplung	730 mm	780 mm	750 mm
	Ackerschiene	350 mm	350 mm	350 mm
Eigengewicht	ohne Mähwerk	1130 kg	1155 kg	1145 kg
	mit Mähwerk	1260 kg	1285 kg	1275 kg

Mähantrieb Durch Zahnräder, im Ölbad laufend, mit nachstellbarer Konus-Rutschkupplung

Mähwerk Patentierte HELA-Konstruktion, von Hand spielend leicht auszuheben, oder hydr. Aushebung.

Riemenscheibe 200 ∅ x 140 mm, 1550 U/min., schwenkbar für Links- und Rechtslauf.

Zapfwelle Motorabhängig 29/34,9; 560 U/min. DIN 9611. Zusätzlich auf gangabhängig schaltbar (Wegzapfwelle).

Differentialsperre Betätigung durch Fußhebeldruck.

Max.Bruttoanhängelast ca. 10 to.

Max. Zugkraft a. Haken ca. 1125 kg.

Tankinhalt 28 Liter.

Sämtliche Angaben sind gewissenhaft, jedoch unverbindlich.

Normalausrüstung Kriechgang, Gummihohlfederung der Vorderräder, Getriebe-Zapfwelle, umschaltbar auf Weg-Zapfwelle, Differentialsperre, Einzelrad-Fußbremse, feststellbare Handbremse, Hand- und Fußgas, vordere und hintere Anhängevorrichtung, breite Ackerschiene, 2 Beifahrersitze, komplette Anlasser- und Beleuchtungsanlage, Anhängersteckdose.

Sonderausrüstung Mähantrieb, Mähwerk 4½', hydr. Mähwerksaushebung, Bereifung 8–28 oder 9–24, Riemenscheibe, Vorderradkotflügel, Dreipunkt-Kraftheber, lange Aufsteckackerschiene, RADDRUCKVERSTÄRKER, Holzdoppelsitze, 2 Stopplichter, Betriebsstundenzähler, Allwetterverdeck, HELAMATIC zur Bedienung der Maschine im Nebenhergehen.

HELA-SCHLEPPERFABRIK

Hermann Lanz Aulendorf/Württ.

Telefon-Sammel-Nr. 425 Fernschreiber 0732 870 Telegramme: Lanz Aulendorf

Überreicht durch:

HD 15 IV/60 150 E

HELA DIESEL

38 PS

Rasse und Klasse stecken in dem neuen

HELA-DIESELSCHLEPPER D 38

Der neue HELA-Traktor D 38 aus der typisierten HELA-Baureihe wurde speziell zur Vollmotorisierung von Mittelbetrieben und für den Einsatz in Großbetrieben für hohe Leistungsansprüche geschaffen. In seiner vollendeten landtechnischen Konstruktion bietet er Verwendungsmöglichkeiten für alle Vollernte-Maschinen. Seine unübertroffene Stabilität sowie seine moderne Konstruktion bieten Gewähr für eine hohe Wertbeständigkeit.

Der leistungsstarke und kraftstoffsparende H E L A - Dreizylinder-Motor hat durch seinen großen Drehmomentanstieg hohe Kraftreserven. Die kräftig dimensionierte Kurbelwelle läuft in Rollenlagern. Die serienmäßige Ausrüstung des Motors mit Ventilzwangsdrehvorrichtung ROTOCAP, verhindert den Verzug der Ventile und garantiert stets einwandfreie Ventilsitze. Die Start- und Stoppeinrichtung erlaubt ein müheloses Starten vom Fahrersitz aus. Zeitraubende Vorbereitungsarbeiten beim Start entfallen. Die Maschine ist bequem vom Fahrersitz aus abzustellen.

Das günstig abgestufte HELA-Sechsganggetriebe mit vollbelastbarem Kriechgang, mit Motor- oder kupplungsunabhängiger Zapfwelle, ist in seiner Lebensdauer nahezu unbegrenzt.

Die Spur ist von 1250 – 1500 mm verstellbar und entspricht so allen Erfordernissen der Praxis. Die in unverwüstlicher Blockbauweise hergestellte Maschine ist durch günstige Gewichtsverteilung lenkstabil. Die Lage des Schwerpunktes macht den D 38 außerdem sehr hangsicher.

Für stationären Antrieb ist eine Riemenscheibe mit 1600 U/min. anzubringen. Alle modernen Zusatzgeräte wie Dreipunkt-Kraftheber, Raddruckverstärker, HELAMATIC, Frontlader, Allwetterverdeck, Seilwinde, hydraulische Mähwerksaushebung u. a. sind anzubringen.

Ein modern und geräumig gestalteter Führerstand mit übersichtlichem, komfortablem Armaturenbrett geben jedem Fahrer sofort das Gefühl der Sicherheit.

Jeder Besitzer ist mit Recht stolz auf diesen neuen HELA-Diesel mit seiner modernsten landtechnischen Konstruktion und seiner schnittigen, rassigen Bauweise.

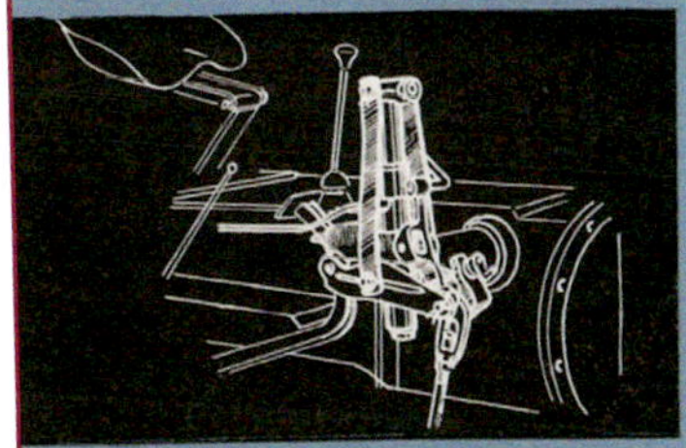

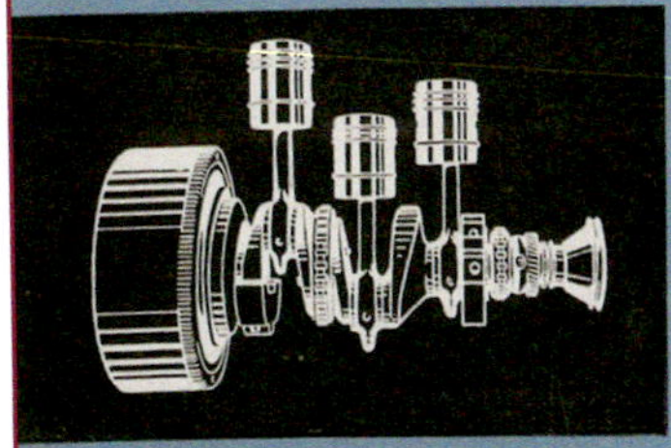

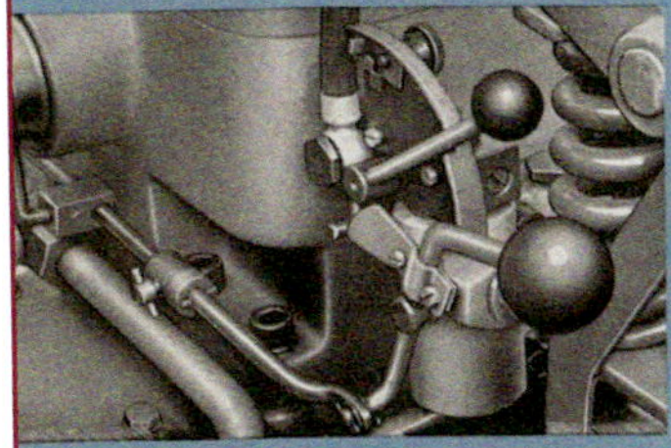

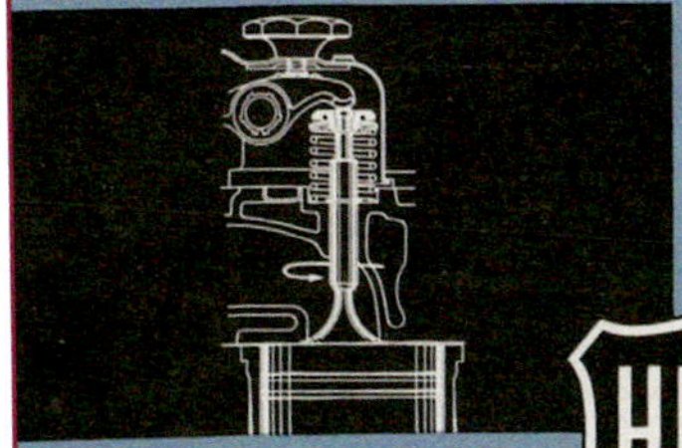

Das interessiert den Praktiker

B I L D 1 Der geräumige Führerstand ist bequem von allen Seiten zu erreichen. Sämtliche Bedienungshebel sind hand- und fußgerecht angeordnet. Das komfortable Armaturenbrett ermöglicht eine bequeme Überwachung der Maschine.

B I L D 2 Die hydraulische Mähwerksaushebung modernster Konstruktion entlastet den Fahrer von jeder körperlichen Anstrengung.

B I L D 3 Arbeits- und zeitentlastend ist auch der hydraulische Kraftheber. Alle Arbeitsgeräte werden mühelos ausgehoben. Die genormte Dreipunktaufhängung macht jedes Anbaugerät schnell arbeits- und transportbereit. Die Zapfwelle ist bequem zugänglich.

B I L D 4 Das Kurbeltriebwerk des HELA-Motors ist besonders stark dimensioniert, so daß die Lebensdauer praktisch unbegrenzt ist. Die Rollenlagerung ergibt leichtesten Lauf und niedrigsten Anlaßwiderstand bei Kaltstart. Der Massenausgleich erfolgt direkt an der Kurbelwelle durch Gegengewichte.

B I L D 5 Ein wertvolles Hydraulik-Zusatzgerät ist der RADDRUCKVERSTÄRKER. Ein erheblicher Teil des Gewichtes kann durch ihn vom Anbaugerät über die Hydraulik auf die Hinterachse des Traktors übertragen werden. Der Radschlupf wird verhindert und die Arbeit auch bei ungünstigen Bodenverhältnissen möglich.

B I L D 6 Ein- und Auslaßventile des HELA-Motors sind mit automatischer Zwangsdrehvorrichtung ROTOCAP versehen. Diese bringt die Ventilteller in steten Umlauf von den heißen in die weniger warmen Zonen. Eine einseitige Abnützung der Ventile und Ventilsitze wird dadurch vermieden und eine hohe Lebensdauer gewährleistet.

B I L D 7 Die neue HELAMATIC zur Bedienung der Maschine vom Boden aus, macht den Fahrer frei so daß er bei vielen Arbeiten selbst mit Hand anlegen kann. Mit nur einem Hebel kann man anhalten, anfahren und lenken. Der Bedienungsmann geht dabei gefahrlos hinter dem linken Schlepperhinterrad.

Das interessiert den Techniker

Motor	Stehender 3-Zylinder-Viertakt-Dieselmotor Type AD, wassergekühlt, Fabrikat HELA, Leistung 38 PS, Drehzahl 1650 U/min., Hubraum 3246 ccm, Zylinder-⌀ 105 mm, Hub 125 mm.
Lenkung	Kräftige, staub- und öldicht gekapselte Schneckenlenkung im Ölbad laufend.
Getriebe	21-fach kugelgelagertes HELA-Kriechganggetriebe mit spiralverzahnten Palloid-Kegelrädern mit 6 Vorwärtsgängen einschließlich Kriechgang und 1 Rückwärtsgang.
Fahrgeschwindigkeiten	1,5 – 3,6 – 5,6 – 7,6 – 11,3 – 20 km/h (auf Wunsch 28 km/h) Rückwärtsgang 4,2 km/h.
Kupplung	Normal Einscheibentrockenkupplung Fichtel & Sachs G 302. Für unabhängige Zapfwelle: Doppelkupplung Fichtel & Sachs DO 30/22 K.
Vorderachse	Sehr stabile, gefederte, pendelnd aufgehängte, nach hinten abgestützte Stahl-Vorderachse.
Bremsen	Doppelte Hinterrad-Innenbacken-Einzelrad-Fußbremse und unabhängige, feststellbare Getriebehandbremse.
Bereifung	normal: vorne 6.00–16, hinten 11–28; auf Wunsch: vorne 6.00–16, hinten 11–32; vorne 6.00–16, hinten 11–36
Elektrische Ausrüstung	Bosch-Licht- und Anlasser-Anlage, Bosch-Horn.
Spurweite	Verstellbar 1,25 – 1,50 m.
Radstand	2,10 m.
Länge	3,30 m.
Breite	1,58 m.
Höhe bis oben Haube	1,33 m.
Bodenfreiheit	ca. 380 mm bei Reifen 11–28.
Eigengewicht	ohne Mähwerk ca. 1870 kg.
Anhängehöhen	Drehbares, höhenverstellbares Anhängemaul 750 – 890 mm, verlängerte Ackerschiene mit Bodenblech 430 mm.
Mähantrieb	Durch Zahnräder im Ölbad laufend mit nachstellbarer Konus-Rutschkupplung.
Mähwerk	Patentierte HELA-Konstruktion mit hydraulischer Aushebung.
Riemenscheibe	200 ⌀ x 140 mm, 1600 U/min.
Zapfwelle	29/34,9; 540 U/min. nach DIN 9611 (auf Wunsch kupplungsunabhägige Zapfwelle für Vollernter-Betrieb).
Differentialsperre	Durch Fußhebeldruck zu betätigen.
Brutto-Anhängelast	auf ebener Straße ca. 20 to.
Max. Zugkraft a. Haken	ca. 2100 kg.
Tankinhalt	ca. 45 Liter.
	Sämtliche Angaben sind gewissenhaft, jedoch unverbindlich!
Normalausrüstung	Kriechgang, gefederte Vorderachse, Zapfwelle, Differentialsperre, Anlasser-Anlage, Hand- und Fußgas, Einzelradfußbremse, unabhängige, feststellbare Getriebehandbremse, vordere und hintere Anhängevorrichtung, breite Ackerschiene, 2 Beifahrersitze, Fernthermometer, Kaltstart- und Stoppeinrichtung, Ventilzwangsdrehvorrichtung ROTOCAP.
Sonderausrüstung	Mähantrieb, Mähwerk 5', Riemenscheibe, kupplungsunabhängige Zapfwelle, ölhydraulische Bosch-3-Punkt-Kraftheberanlage, Raddruckverstärker, Lenkradfeststellung, Vorderradkotflügel, Bereifung 11–32 oder 11–36, Betriebsstundenzähler, Allwetterverdeck, Plattform und Seitenverkleidung, Lattensitze, Stopplichter, Kühlerjalousie, hydraulische Mähwerksaushebung, Seilwinde, Frontlader, HELAMATIC.

HELA-SCHLEPPERFABRIK

Hermann Lanz Aulendorf/Württ.

Telefon 425 Fernschreiber 0732 870 Telegramme: Lanz Aulendorf

HELA DIESEL

Überreicht durch:

HD 38 2/59 200

HELA DIESEL

30 PS

HELA-DIESELSCHLEPPER D 130

Höchste landtechnische Zweckmäßigkeit zeichnen den kraftvollen H E L A - Dieselschlepper D 130 aus. Durch seine robuste und grundsolide Bauweise eignet er sich für alle mittleren und größeren Betriebe, die harte Anforderungen an die Maschine stellen müssen.

Der bewährte HELA-Zwei-Zylinder-Motor, als kraftvolles Herz der Maschine, ist temperamentvoll, leistungsstark und von hoher Wirtschaftlichkeit. Die Kurbelwelle ist besonders stark dimensioniert und 3-fach rollengelagert. Alle wichtigen Lagerstellen sind mit Präzisions-, Kugel- und Rollenlagern versehen. Der Kenner schätzt besonders die technischen Feinheiten des HELA-Motors wie Kalt-Start- und Stoppeinrichtung, automatische Ventilzwangsdrehvorrichtung ROTOCAP, automat. Drehzahlverstellregler, Direktantrieb der Hydraulikpumpe usw.

Das fein abgestimmte Getriebe mit 8 Vorwärts- und 4 Rückwärtsgängen erlaubt, sämtliche Arbeiten im jeweils günstigsten Geschwindigkeitsbereich zu verrichten.

Über Zapfwelle und Riemenscheibe lassen sich alle Arbeitsmaschinen antreiben. Sämtliche Arbeitsgeräte, gleich ob zum Anhängen, Aufsatteln oder mit 3-Punkt-Anschluß, sind verwendbar. Die Spur ist von 1250 – 1500 mm verstellbar und entspricht so allen Erfordernissen der Praxis. Die in unverwüstlicher Blockbauweise hergestellte Maschine ist lenkstabil und hangsicher. Der geräumige Führerstand ist auch bequem von der Seite zu besteigen. Alle Bedienungshebel sind hand- und fußgerecht angebracht. Jeder, der auf der Maschine im bequemen Reitsitz Platz nimmt, spürt sofort die Kraft und Sicherheit, die dieser bewährten Maschine eigen sind.

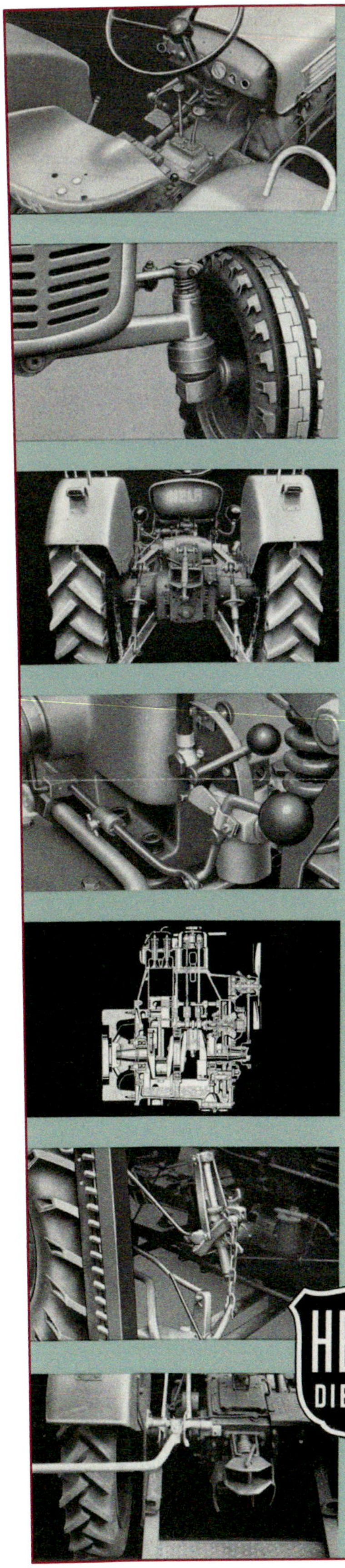

Das interessiert den Praktiker

BILD 1: Der geräumige Führerstand besitzt hand- und fußgerechte Anordnung aller Bedienungshebel sowie ein komfortables Armaturenbrett.

BILD 2: Stabile, unverwüstliche Stahlvorderachse mit Gummifederung der Vorderräder. Erschütterungen in unebenem Gelände werden weitgehend aufgefangen und dadurch die Gesundheit des Fahrers geschont.

BILD 3: Der hydr. Kraftheber macht jedes Anbaugerät schnell arbeits- und transportbereit. Die Zapfwelle ist bequem zugänglich.

BILD 4: Ein wertvolles Hydraulik-Zusatzgerät ist der RADDRUCKVERSTÄRKER. Ein erheblicher Teil des Gewichtes kann durch ihn vom Anbaugerät über die Hydraulik auf die Hinterachse des Traktors übertragen werden. Der Radschlupf wird verhindert und die Arbeit auch bei ungünstigen Bodenverhältnissen möglich.

BILD 5: Der kraftvolle und wirtschaftliche HELA-Motor ist die zuverlässige Antriebsquelle des D 130. Durch seinen großen Drehmomentanstieg hat er hohe Leistungsreserven und erlaubt ein elastisches Fahren in einem weiten Drehzahlbereich.

BILD 6: Die hydr. Mähwerksaushebung entlastet den Fahrer von jeder körperlichen Anstrengung.

BILD 7: Die HELAMATIC zur Bedienung der Maschine vom Boden aus, macht den Fahrer frei, so daß er bei vielen Arbeiten selbst mit Hand anlegen kann. Mit nur einem Hebel kann man fahren, anhalten und lenken.

Das interessiert den Techniker

Motor Stehender Zwei-Zylinder-Viertakt-Dieselmotor, wassergekühlt, Type AZ 2, Fabrikat HELA, Leistung 30 PS, Drehzahl 2000 U/min., Hubraum 2164 ccm, Zylinder ⌀ 105 mm, Hub 125 mm.

Lenkung Kräftige, staub- und öldicht gekapselte Schneckenlenkung, im Ölbad laufend.

Getriebe Wechselgetriebe mit Gruppenschaltung, 8 Vorwärtsgänge und 4 Rückwärtsgänge, 1. Gang als Kriechgang vollbelastbar. Die Gruppenschaltung gewährleitet optimale Betriebsbedingungen auch für den Frontladereinsatz, weil mit einer kurzen Schaltbewegung mit hoher Geschwindigkeit vor- und rückwärts gefahren werden kann.

Fahrgeschwindigkeiten

Geländegruppe	Straßengruppe	RW.-Gänge
1,16	4,17	2,1
1,85	6,67	3,33
3,26	11,7	5,87
5,28	19,0	9,5

Kupplung Doppelkupplung für fahrunabhängigen Zapfwellenbetrieb.

Vorderachse Aus Stahl, gefedert, pendelnd aufgehängt.

Bremsen Doppelte Hinterrad-Innenbacken-Einzelrad-Fußbremse, feststellbare Handbremse.

Elektrische Ausrüstung Lichtanlage, 12 Volt Batterie 90 Ah, Anlasser mit Zahnkranz am Motor. Vorglühanlage.

Spurweite 1,25 m bis 1,50 m.

Radstand 1900 mm.

Wenderadius Außen 3,50 m ohne Lenkbremse; 3,00 m mit Lenkbremse.

		normal	auf Wunsch	
Bereifung	vorne	5.50–16	6.00–16	6.00–16
	hinten	10–28	9–32	11–28
Eigengewicht	ohne Mähwerk	1665 kg	1685 kg	1700 kg
	mit Mähwerk	1815 kg	1835 kg	1850 kg
Länge		3,10 m	3,15 m	3,20 m
Breite		1,55 m	1,52 m	1,58 m
Höhe bis oben Haube		1,35 m	1,40 m	1,40 m
Bodenfreiheit		320 mm	350 mm	350 mm

Anhängehöhen Anhängerkupplung von 660 – 860 mm verstellbar. Ackerschiene 425 mm.

Mähantrieb Durch Zahnräder, im Ölbad laufend, mit Rutschkupplung in der Kurbelscheibe (ohne Nachstellung).

Mähwerk Patentierte HELA-Konstruktion, spielend leicht auszuheben, oder hydraul. Mähwerksaushebung.

Riemenscheibe Hinten am Getriebegehäuse, abstellbar, 200x140 mm, 1600 U/min., schwenkbar für Rechts- und Linkslauf.

Zapfwelle Nach DIN 9611/Form A schaltbar als
1. Motorzapfwelle mit 558 U/min. (= DIN-Drehzahl) oder mit 1116 U/min. (geplante DIN-Drehzahl),
2. Wegzapfwelle mit wegabhängiger Drehzahl, benutzbar in allen Gängen für den Antrieb von Triebachsanhängern u. a. m.

Differentialsperre Das einseitige Gleiten der Hinterräder bei glitschigem Boden kann durch Sperren des Differentials vermieden werden. Die Differentialsperre wird durch einen Fußhebel betätigt.

Tankinhalt 50 Liter.

Sämtliche Angaben sind gewissenhaft, jedoch unverbindlich.

Normalausrüstung Kriechgang, gefederte Vorderachse, Motorzapfwelle, umschaltbar als Wegzapfwelle, Differentialsperre, Anlasseranlage, Fernthermometer, Hand- und Fußgas, Einzelrad-Fußbremse, feststellbare Handbremse, Mähantrieb, vordere und hintere Anhängevorrichtung, breite Ackerschiene, 2 Beifahrersitze.

Sonderausrüstung Mähwerk 5', hydr. Mähwerksaushebung, Bereifung 9–32 oder 11–28, Kühlerjalousie, Vorderradkotflügel, Lenkradfeststellung, Riemenscheibe, 2 Stopplichter, Dreipunkt-Kraftheber, RADDRUCKVERSTÄRKER, Holzdoppelsitze, Gerätescheinwerfer, Betriebsstundenzähler, Allwetterverdeck, Seilwinde, Frontlader, HELAMATIC zur Fernbedienung des Schleppers.

HELA-SCHLEPPERFABRIK

Hermann Lanz Aulendorf/Württ.

Telefon-Sammel-Nr. 425   Fernschreiber 0732 870   Telegramme: Lanz Aulendorf

Überreicht durch:

HD 30/5/60/100

45 PS

HELA DIESEL

HELA-DIESELSCHLEPPER D 45

Der neue HELA-Diesel-Vollernteschlepper D 45 ist das stärkste Glied einer vieltausendfach bewährten Schlepper-Baureihe. Jahrzehntelange Erfahrungen und neueste, landtechnische Erkenntnisse wurden in dieser Maschine vereint.

Uberall wo neben schwerer Zugleistung und Bodenbearbeitung die Verwendung arbeitssparender Maschinen, wie Mähdrescher, Hackfruchtvollernter, Feldhäcksler und Sammelpresse verlangt wird, ist der D 45 der richtige Traktor.

Das starke Herz des HELA - D 45 ist ein Dreizylinder-Viertakt-Dieselmotor mit großem Drehmomentanstieg und hohen Kraftreserven. Die besonderen Vorteile dieses robusten HELA-Motors sind der gleichmäßig ruhige Lauf, der sparsame Kraftstoffverbrauch, die hohe Elastizität und Zuverlässigkeit.

Der Motor ist serienmäßig mit automatischer Ventilzwangsdrehvorrichtung Rotocap und mit Kaltstart-Einrichtung ausgerüstet.

Das besonders stark dimensionierte HELA-Getriebe beweist seine nahezu unbegrenzte Lebensdauer seit Jahrzehnten. Die Gänge sind so abgestuft, daß für jede Arbeit im günstigsten Geschwindigkeitsbereich gefahren werden kann.
Die von der Fahrkupplung unabhängige Zapfwelle garantiert für alle modernen Erntemaschinen einen störungsfreien Betrieb.

Die bewährte HELA-Bosch-Hydraulikanlage in Verbindung mit Frontlader, Mähwerk und Seilwinde lassen den D 45 auch schwerste Arbeiten spielend bewältigen.

Eine günstige Gewichts- und Schwerpunktverteilung in Verbindung mit der besonders leichtgängigen Lenkung geben jedem Fahrer vom ersten Moment an das Gefühl der Sicherheit. Ein schnittiges Aussehen gibt der Maschine die niedrige und formschöne Blockbauweise. Der Fahrerstand ist besonders komfortabel ausgestattet.

Dieser neue HELA-Vollernteschlepper verbindet landtechnische Zweckmäßigkeit, hohen Fahrkomfort und Formschönheit in idealer Weise.

Zuverlässigkeit und überdurchschnittliche Lebensdauer sind für jeden HELA-Dieselschlepper eine Selbstverständlichkeit.

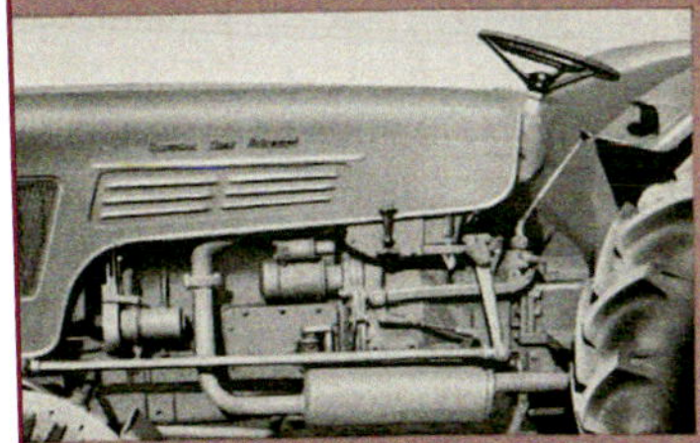

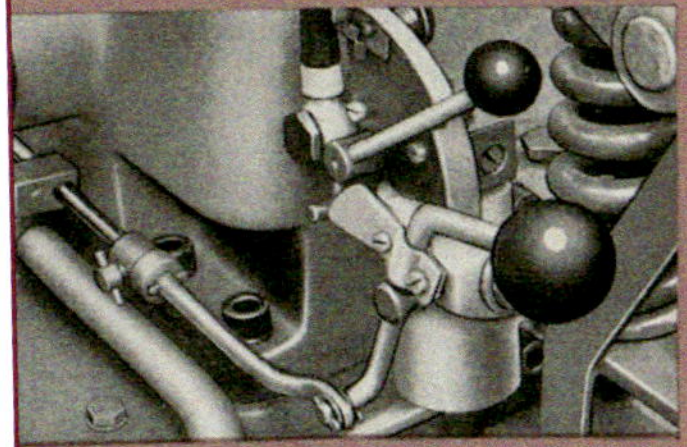

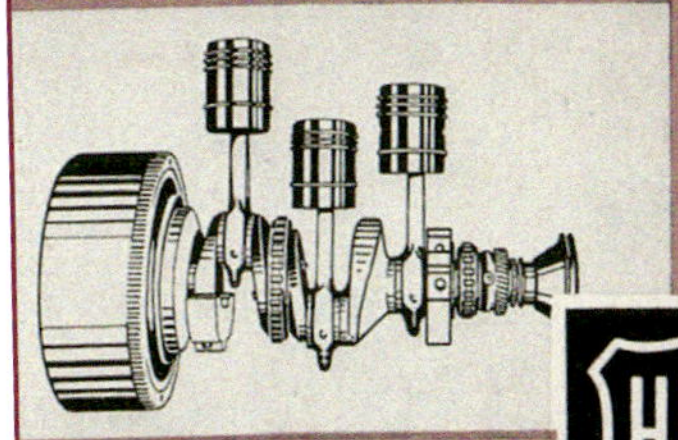

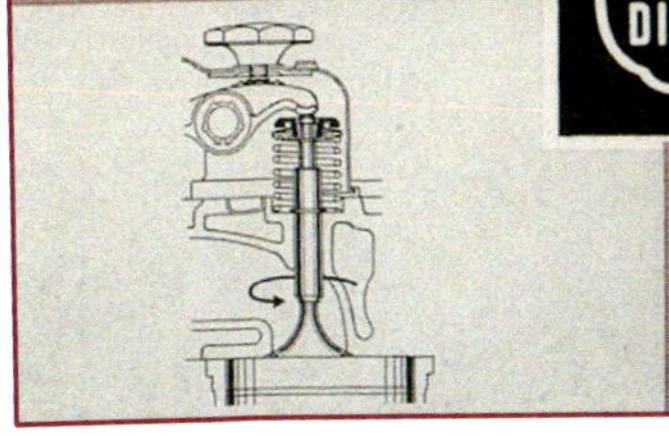

Das interessiert den Praktiker

BILD 1: Der komfortable Fahrerstand mit klarem, übersichtlichem Armaturenbrett und bequemer Anordnung aller Bedienungselemente tragen zum hohen Fahrkomfort der Maschine bei.

BILD 2: Die besonders leichtgängige Lenkung erfordert nicht mehr Lenkkräfte als ein PKW.

BILD 3: Stabile Stahl-Vorderachse mit kräftiger Abstützung und Gummifederung der Vorderräder. Der Fahrer wird von Erschütterungen weitgehend geschont.

BILD 4: Der hydraulische Kraftheber mit genormtem Dreipunkt-Gestänge macht jedes Anbaugerät schnell arbeits- und transportbereit.

BILD 5: Der Raddruckverstärker wird serienmäßig zur Hydraulik-Anlage mitgeliefert. Radschlupf wird durch ihn verhindert und die Arbeit auch bei ungünstigen Bodenverhältnissen möglich.

BILD 6: Das Kurbeltriebwerk des HELA-Motors ist besonders stark dimensioniert und rollengelagert. Dadurch ergibt sich hohe Lebensdauer, leichtester Lauf und niedrigster Anlaßwiderstand bei Kaltstart.

BILD 7: Ein- und Auslaßventile des HELA-Motors sind serienmäßig mit automatischer Zwangsdrehvorrichtung ROTOCAP versehen. Die Ventilteller werden dadurch in steten Umlauf gebracht, wodurch einseitige Abnützung vermieden und bessere Ventilsitze gewährleistet werden.

Das interessiert den Techniker

Motor	Stehender Drei-Zylinder-Viertakt-Dieselmotor, Type AD 1, wassergekühlt, Fabrikat HELA, Leistung 45 PS, Drehzahl 2000 U/min., Hubraum 3246 ccm, Zylinder-Ø 105 mm, Hub 125 mm.
Lenkung	Besonders leichtgängige Schneckenlenkung, im Ölbad laufend, staub- und öldicht gekapselt.
Getriebe	21-fach kugelgelagertes HELA-Kriechganggetriebe mit spiralverzahnten Palloid-Kegelrädern, 6 Vorwärtsgängen einschließlich Kriechgang und 2 Rückwärtsgängen.
Fahrgeschwindigkeiten	1,3 – 3,1 – 5,2 – 8,9 – 12 – 20 km/h (auf Wunsch 28 km/h), Rückwärtsgänge 4,5 – 8,5 km/h.
Kupplung	Doppelkupplung Fichtel & Sachs DO 280/250 K.
Vorderachse	Stabile, nach hinten abgestützte Stahl-Vorderachse, pendelnd aufgehängt mit Gummifederung der Vorderräder.
Bremsen	Doppelte Hinterrad-Innenbacken-Einzelradfußbremse und unabhängige, feststellbare Getriebehandbremse.
Bereifung	normal / auf Wunsch vorne 6.00–16 / 6.00–16 hinten 11–32 / 13–30
Elektrische Ausrüstung	Bosch-Licht- und Anlasseranlage, Signalhorn, Blinklichtanlage, Begrenzungsleuchten, Anschluß für Anhängerbeleuchtung.
Radstand	2,10 m
Länge	3,50 m
Breite	1,70 m
Höhe bis oben Haube	1,38 m
Eigengewicht	ohne Mähwerk ca. 2160 kg
Anhängehöhen	Drehbares, höhenverstellbares Anhängemaul 805–895 mm, verlängerte Ackerschiene mit Bodenblech 450 mm.
Mähantrieb	Durch Zahnräder im Ölbad laufend mit Sicherheits-Rutschkupplung in der Kurbelscheibe.
Mähwerk	Spielend leichtgängig (hydr. Aushebung mit separatem Hubzylinder).
Riemenscheibe	200 Ø x 140 breit, 1560 U/min.
Zapfwelle	Nach DIN 9611, Form A, 1. Motorzapfwelle 542 und 1095 U/min. 2. Wegzapfwelle mit gangabhängiger Drehzahl, benutzbar im 1.–3. Gang für den Antrieb von Triebachsanhängern u. a. m.
Differentialsperre	Das einseitige Gleiten der Hinterräder bei glitschigem Boden kann durch Sperren des Differentials vermieden werden. Betätigung durch Fußhebel.
Tankinhalt	45 Liter.
	Sämtliche Angaben sind gewissenhaft, jedoch unverbindlich!
Normalausrüstung	Kriechgang, gefederte Vorderachse, Motorzapfwelle mit Norm- und Schnelldrehzahl – umschaltbar als Wegzapfwelle, Differentialsperre, Anlasseranlage, Fernthermometer, Hand- und Fußgas, Einzelradfußbremse, feststellbare, unabhängige Getriebehandbremse, vorderes Zugmaul, hintere Anhängevorrichtung höhenverstellbar, drehbar und gefedert, breite Ackerschiene, 1 Beifahrersitz, Start- und Stoppeinrichtung, Ventilzwangsdrehvorrichtung Rotocap, Blink- und Stopplichter.
Sonderausrüstung	Mähantrieb, Mähwerk 6', hydr. Mähwerksaushebung, Bereifung 13–30, Kühlerjalousie, Vorderradkotflügel, Riemenscheibe, Dreipunkt-Kraftheber mit Raddruckverstärker, Gerätescheinwerfer, Betriebsstundenzähler, Allwetterverdeck, Seilwinde, Frontlader.

HELA-SCHLEPPERFABRIK

Hermann Lanz Aulendorf/Württ.

Telefon (07525) 425 Fernschreiber 0732 870 Telegramme: Lanz Aulendorf

HELA DIESEL

Überreicht durch:

HD 45 V.62 5M

25 PS

HELA DIESEL

HELA-DIESELSCHLEPPER D 225

Die moderne Konstruktion dieses kraftvollen HELA-Dieselschleppers entspricht den landtechnischen Forderungen unserer Zeit. Er eignet sich in idealer Weise zu allen Arbeiten während des ganzen Jahres. Sämtliche Arbeitsgeräte, gleich ob zum Anhängen, Aufsatteln oder mit Dreipunkt-Anschluß, sind verwendbar.

Uber Zapfwelle und Riemenscheibe lassen sich alle Arbeitsmaschinen antreiben.

Das kraftvolle Herz des D 225, sein 2-Zylinder HELA-Motor, ist mit Vorzügen ausgestattet, die jeder Praktiker schnell zu schätzen weiß. Erwähnt seien nur die automatische Ventilzwangsdrehvorrichtung Rotocap, der automatische Drehzahlverstellregler, der Direktantrieb der Hydraulikpumpe, die Kaltstart- und Stoppeinrichtung u. a.

Durch seinen großen Drehmomentanstieg besitzt dieser moderne HELA-Viertakt-Dieselmotor hohe Kraftreserven und erlaubt ein elastisches Fahren in weitem Drehzahlbereich.

Das stark dimensionierte HELA-Getriebe hat 35 Kugel- und Nadellager und spiralverzahnte Palloidkegelräder. Bei 6 Vorwärts- und 2 Rückwärtsgängen ist der 1. Gang ein echter Kriechgang und liegt unter 1,5 km/h. Serienmäßig ausgerüstet ist die Maschine mit Getriebezapfwelle, schaltbar auf 2 Drehzahlbereiche und umschaltbar auf Wegzapfwelle.

Auf Wunsch kann die Maschine auch mit Motorzapfwelle (kupplungsunabhängig) ausgerüstet werden.

Das Getriebe wird auch als Schnellgang-Ausführung geliefert. Die Höchstgeschwindigkeit beträgt dann je nach Reifengröße bis 25 km/h.

Alle modernen Zusatzgeräte wie hydr. Kraftheber, Raddruckverstärker, Frontlader, Helamatic, hydr. Mähwerksaushebung u. a. können zu dieser Maschine geliefert werden.

Bei der modernen Konstruktion des D 225 wurde die seit Jahrzehnten bewährte und stabile HELA-Qualitätsbauweise beibehalten, weil die Erfahrung lehrte, daß nur damit dem Landwirt am besten gedient ist.

Das interessiert den Praktiker

BILD 1: Der geräumige Führerstand und das übersichtliche Armaturenbrett erleichtern die Bedienung und die Überwachung aller für den Betrieb notwendigen Instrumente.

BILD 2: Die hydraulische Mähwerksaushebung modernster Konstruktion entlastet den Fahrer von jeder körperlichen Anstrengung.

BILD 3: Stabile Stahlvorderachse mit Gummifederung der Vorderräder. Erschütterungen in unebenem Gelände werden weitgehend aufgefangen und dadurch die Gesundheit des Fahrers geschont.

BILD 4: Das Kurbeltriebwerk des HELA-Motors ist besonders stark dimensioniert. Die Rollenlagerung ergibt leichtesten Lauf und niedrigsten Anlaßwiderstand bei Kaltstart. Der Massenausgleich erfolgt direkt an der Kurbelwelle durch Gegengewichte.

BILD 5: Die bewährte HELAMATIC zur Bedienung der Maschine vom Boden aus macht den Fahrer frei, so daß er bei vielen Arbeiten selbst Hand anlegen kann. Mit nur einem Hebel kann man anfahren, anhalten und lenken.

BILD 6: Arbeits- und zeitentlastend ist der hydr. Kraftheber. Alle Arbeitsgeräte werden mühelos ausgehoben. Die genormte Dreipunkt-Aufhängung macht jedes Anbaugerät schnell arbeits- und transportbereit. Die Zapfwelle ist bequem zugänglich.

BILD 7: Der Raddruckverstärker überträgt einen wesentlichen Teil des Anbaugeräte-Gewichtes über die Hydraulik auf die Hinterachse des Traktors. Der Radschlupf wird vermieden und die Arbeit auch bei ungünstigen Bodenverhältnissen möglich.

Das interessiert den Techniker

Motor	Stehender Zweizylinder-Viertakt-Dieselmotor, wassergekühlt, Type AZ 3, Fabrikat HELA, Leistung 25 PS, Drehzahl 1660 U/min., Hubraum 2164 ccm, Zylinder-⌀ 105 mm, Hub 125 mm.			
Lenkung	Kräftige, staub- und öldicht gekapselte Schneckenlenkung, im Ölbad laufend.			
Getriebe	6 Vorwärtsgänge einschl. Kriechgang, 2 Rückwärtsgänge, mit 35 Kugel- und Nadellagern, spiralverzahnten Palloid-Kegelrädern und Kugelschaltung.			
Fahrgeschwindigkeiten	1,4 – 3,3 – 5,4 – 7,7 – 12,7 – 20,0, Rückwärtsgänge: 4,5 – 7,5			
Kupplung	Einscheiben-Trockenkupplung Fichtel & Sachs oder bei Motorzapfwelle Fichtel & Sachs Doppelkupplung. Keine Wartung!			
Vorderachse	Aus Stahl mit Gummifederung, pendelnd aufgehängt.			
Bremsen	Doppelte Hinterrad-Innenbacken-Einzelrad-Fußbremse und unabhängige, feststellbare Getriebehandbremse.			
Elektrische Ausrüstung	Lichtanlage und Signalhorn, 12 Volt Batterie, 90 Ah, Anlasser mit Zahnkranz am Motor, Vorglühanlage.			
Spurweite	Verstellbar 1,25 bis 1,50 m.			
Radstand	1,90 m			
Wenderadius	Außen 3,20 m, bei Benützung der Lenkbremse 2,80 m.			
Bereifung		normal	auf Wunsch	
	vorne	5.00–16	5.00–16	5.00–16
	hinten	10–28	9–30	9–32
Eigengewicht	ohne Mähwerk	1580 kg	1570 kg	1595 kg
	mit Mähwerk	1710 kg	1700 kg	1725 kg
Länge		3,00 m	3,00 m	3,00 m
Breite		1,55 m	1,55 m	1,55 m
Höhe bis oben Haube		1270 mm	1270 mm	1300 mm
Bodenfreiheit		350 mm	350 mm	380 mm
Mähantrieb	Durch Zahnräder im Ölbad laufend mit Sicherheits-Rutschkupplung in der Kurbelscheibe.			
Mähwerk	Patentierte HELA-Konstruktion, von Hand spielend leicht auszuheben oder hydraulische Aushebung mit separatem Hubzylinder.			
Riemenscheibe	Hinten am Getriebegehäuse, abstellbar, 200x140 mm, 1563 U/min., schwenkbar für Rechts- und Linkslauf.			
Zapfwelle	Genormt, 29/35, Normdrehzahl 558, Schnelldrehzahl 981 U/min.			
Differentialsperre	Das einseitige Gleiten der Hinterräder bei glitschigem Boden kann durch Sperren des Differentials vermieden werden. Die Differentialsperre wird durch einen Fußhebel betätigt.			
Tankinhalt	35 Liter.			

Sämtliche Angaben sind gewissenhaft, jedoch unverbindlich.

Normalausrüstung	Kriechgang, gefederte Vorderachse, Getriebezapfwelle mit 2 Drehzahlbereichen, umschaltbar als Wegzapfwelle, Differentialsperre, Anlasseranlage, Hand- und Fußgas, Einzelrad-Fußbremse, unabhängige, feststellbare Getriebehandbremse, vorne starre, hinten höhenverstellbare, drehbare und gefederte Anhängevorrichtung, breite Ackerschiene, 2 Beifahrersitze, Fernthermometer, Start- und Stoppeinrichtung, Blink- und Stopplichter.
Sonderausrüstung	Mähantrieb, Mähwerk 5', hydr. Mähwerksaushebung, Bereifung 9–30 oder 9–32, Kühlerjalousie, Vorderradkotflügel, Riemenscheibe, Dreipunkt-Kraftheber mit Raddruckverstärker, Holz-Doppelsitze, Gerätescheinwerfer, Betriebsstundenzähler, Allwetterverdeck, Seilwinde, Frontlader, HELAMATIC zum Anfahren, Anhalten und Lenken des Schleppers vom Boden aus, Lenkradfeststellung, Motorzapfwelle (kupplungsunabhängig).

HELA DIESEL

HELA-SCHLEPPERFABRIK

Hermann Lanz Aulendorf/Württ.

Telefon-Sammel-Nr. (07525) 425 Fernschreiber 0732 870 Telegramme: Lanz Aulendorf

Uberreicht durch:

HD 225 IV. 63/10 000

HELA Dieselschlepper D 225/D 230

25 PS
30 PS

Die anerkannte HELA-Qualität garantiert Sicherheit und lange Lebensdauer. Ausgaben für größere Reparaturen kennen HELA-Besitzer nicht. Die moderne technische Ausstattung ist äußerst zweckmäßig und ermöglicht universellen Einsatz. Kraft und Zuverlässigkeit verleiht dem HELA D 225 / D 230 ein wirtschaftlicher Motor mit großem Hubraum und niedriger Drehzahl. Das robuste Getriebe mit praxisgerechter Gang-Abstufung ist nahezu unverwüstlich. Der hohe Fahrkomfort schont die Gesundheit des Fahrers und schützt ihn vor Übermüdung.

Bequemer seitlicher Aufstieg

Geräumiger Fahrerstand mit übersichtlichen Kontroll-Instrumenten, hand- und fußgerechter Anordnung der Bedienungselemente

Exakt funktionierende Bosch-ZP-Regel-Hydraulik mit Dreipunkt-Gestänge, Senkdrossel und Zusatz-Steuergerät für Mähwerk

Technische Daten

	D 225	D 230
Motor	Wassergekühlter Zweizylinder-Viertakt-Dieselmotor, Fabrikat HELA.	
Hubraum	2164 ccm	
Hub	125 mm	
Drehzahl	1660 U/min.	2000 U/min.
Dauerleistung	25 PS	30 PS
Getriebe	HELA-Schaltgetriebe mit 6 Vorwärts- und 2 Rückwärtsgängen. 1. Gang vollbelastbarer Kriechgang.	
Fahrgeschwindigkeiten	1. V-Gg. 1,4 2. V-Gg. 3,3 3. V-Gg. 5,4 4. V-Gg. 7,7 5. V-Gg. 12,7 6. V-Gg. 20,0 1. R-Gg. 4,5 2. R-Gg. 7,5	1. V-Gg. 1,4 2. V-Gg. 3,3 3. V-Gg. 5,4 4. V-Gg. 7,7 5. V-Gg. 12,6 6. V-Gg. 20,0 1. R-Gg. 4,6 2. R-Gg. 7,5 Schnellgang-Ausführung mit einer erhöhten Geschwindigkeit um ca. 25%
Zapfwelle	Nach DIN 9611 / Form A Getriebe-Zapfwelle mit 558 und 981 U/min. – Auf Wunsch: Motorzapfwelle	Nach DIN 9611 / Form A, Motor-Zapfwelle 560 und 980 U/min.
Kupplung	Einscheiben-Trockenkupplung-F & S	Doppel-Kupplung für unabhängigen Zapfwellenbetrieb F & S DO 250 / 225 K
Vorderachse	Stabile Vorderachse, pendelnd aufgehängt, mit Einzelradfederung.	
Lenkung	Besonders leichtgängige Schneckenlenkung, im Ölbad laufend, staub- und öldicht gekapselt.	
Bereifung normal		
vorne	5.00–16	6.00–16
hinten	10–28	10–28
auf Wunsch hinten	9–30 9–32	9–32 11–28
Farbe	Rot oder Grün in Einbrennlackierung.	
Bremsen	Doppelte Hinterrad-Innenbacken-Einzelrad-Fußbremse und unabhängige, feststellbare Getriebe-Handbremse.	
Elektr. Ausrüstung	Komplette 12-Volt-Anlage mit Batterie, Anlasser, Lichtmaschine, Scheinwerfer mit Stand-, Abblend- und Fernlicht, Begrenzungs-, Brems- und Rückleuchten, Blinkern, Anhänger- und Geräte-Steckdose, Signalhorn, Anschluß für Scheibenwischer.	

	D 225	D 230
Spurweite	1,25 / 1,50 m	
Radstand	1900 mm	
Länge	3000 mm	
Breite	1550 mm	
Höhe bis oben Haube	1270 mm	
Eigengewicht mit Hydraulik ohne Mähwerk	1655 kg	1685 kg
Anhängehöhen	Anhängekupplung von 705 bis 750 mm verstellbar. Ackerschiene 400 mm.	
Bodenfreiheit	350 mm	
Differentialsperre	Betätigung durch Fußhebeldruck.	
Tankinhalt	35 Liter	35 Liter
Hydraulische Anlage serienmäßig	Regelhydraulik mit Einhebel-Regel-Steuergerät und Senkdrossel, Zusatz-Steuergerät für Mähwerk, unabhängig angetriebener Zahnradpumpe, Dreipunkt-Gestänge nach DIN 9674 / Kategorie I.	
auf Wunsch	Freigang-Hydraulik	
Mähantrieb	Durch Zahnräder im Ölbad laufend mit Sicherheitsrutschkupplung in der Kurbelscheibe.	
Mähwerk	Handaushebung oder hydraulische Aushebung mit separatem Hubzylinder.	
Riemenscheibe	Breite 140 mm, Durchmesser 200 mm, Drehzahl 1560 U/min. schwenkbar für Rechts- und Linkslauf.	
Frontlader	System „Baas", Arbeitswerkzeuge Größe II	
Seilwinde	2,5 oder 3 to Zugkraft	
Normalausrüstung	Kriechgang, gefederte Vorderachse, Zapfwelle mit Norm- und Schnelldrehzahl, Differential-Sperre, Anlasser-Anlage, Hand- und Fußgas, Einzelrad-Fußbremse, feststellbare, unabhängige Getriebe-Handbremse, vorderes Zugmaul, hintere Anhängevorrichtung höhenverstellbar und drehbar, breite Ackerschiene, Regel-Hydraulik mit Dreipunkt-Gestänge und Senkdrossel, Zusatzsteuergerät für Mähwerk, Traktormeter mit Betriebsstundenzähler, komb. Anzeige-Instrument, Beifahrersitz, Kühlerjalousie.	
Sonderausrüstung	Mähantrieb, Mähwerk 5 Fuß, Riemenscheibe, Geräte-Scheinwerfer, Allwetterverdeck, Frontlader, Seilwinde, Front-Hydraulik, Luxus-Sitz.	

Sämtliche Angaben sind gewissenhaft, jedoch unverbindlich.

HELA-SCHLEPPERFABRIK

Hermann Lanz 7960 Aulendorf

Telefon: (07525) 425 – 426 – 427 · Fernschreiber: 0732 870

Telegramme: Lanz Aulendorf

30 PS

HELA DIESEL

HELA-DIESELSCHLEPPER D 230

Jahrzehntelange Erfahrung, neueste Erkenntnisse der Landtechnik und die bekannt robuste HELA-Bauweise wurden in diesem neuen HELA - D 230 vereint.

Das Ergebnis sind praxisverbundene Arbeitseigenschaften, enorme Stabilität und höchste Sicherheit für Fahrer und Maschine.

Der bewährte HELA-Zweizylinder-Motor, als kraftvolles Herz der Maschine, ist temperamentvoll, leistungsstark und wirtschaftlich. Die Kurbelwelle ist besonders stark dimensioniert und 3-fach rollengelagert. Alle wichtigen Lagerstellen sind mit Präzisions-Kugel- und Rollenlagern versehen. Der Kenner schätzt besonders die technischen Feinheiten des HELA-Motors wie Kaltstart- und Stopp-Einrichtung, automat. Ventilzwangsdrehvorrichtung ROTOCAP, automat. Drehzahlverstellregler, Direktantrieb der Hydraulikpumpe u. a. m.

Das besonders robuste HELA-Getriebe mit 6 Vorwärts- und 2 Rückwärtsgängen hat 35 Kugel- und Nadellager und spiralverzahnte Palloid-Kegelräder. Der 1. Gang ist dabei ein echter Kriechgang unter 1,5 km/h.

Auf Wunsch kann das Getriebe auch als Schnellgang-Ausführung bis 28 km/h geliefert werden.

Die Maschine ist serienmäßig mit Motorzapfwelle (umschaltbar auf Wegzapfwelle) mit Norm- und Schnelldrehzahl ausgerüstet. Über Zapfwelle und Riemenscheibe lassen sich alle, auch modernste Arbeitsmaschinen, antreiben. Sämtliche Arbeitsgeräte, gleich ob zum Anhängen, Aufsatteln oder mit Dreipunkt-Anschluß sind verwendbar.

Die in unverwüstlicher Blockbauweise hergestellte Maschine ist lenkstabil und hangsicher.

Der geräumige Führerstand ist auch bequem von der Seite zu besteigen. Alle Bedienungshebel sind hand- und fußgerecht angebracht. Jeder, der auf der Maschine im bequemen Reitsitz Platz nimmt, spürt sofort die Kraft und Sicherheit, die diesem neuen Glied einer bewährten Baureihe eigen sind.

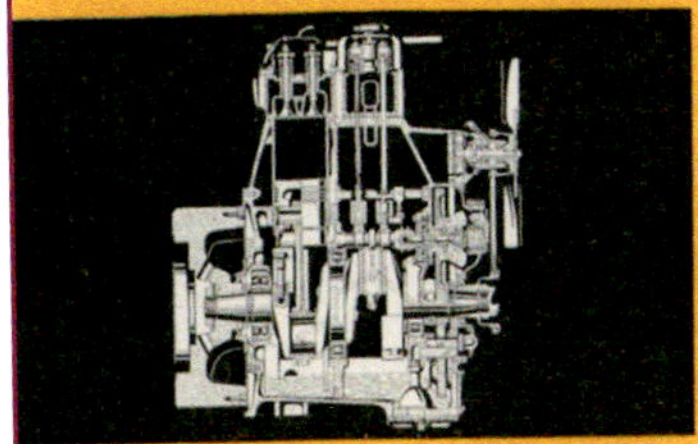

Das interessiert den Praktiker

B I L D 1: Der geräumige und komfortable Führerstand besitzt hand- und fußgerechte Anordnung aller Bedienungshebel und ist bequem auch von der Seite zu besteigen.

B I L D 2: Stabile Stahlvorderachse mit Gummifederung der Vorderräder. Erschütterungen in unebenem Gelände werden weitgehend aufgefangen und dadurch die Gesundheit des Fahrers geschont.

B I L D 3: Der hydr. Kraftheber macht jedes Anbaugerät schnell arbeits- und transportbereit. Die Zapfwelle ist bequem zugänglich.

B I L D 4: Ein wertvolles Hydraulik-Zusatzgerät ist der RADDRUCK-VERSTÄRKER. Ein erheblicher Teil des Gewichtes kann durch ihn vom Anbaugerät über die Hydraulik auf die Hinterachse des Traktors übertragen werden. Der Radschlupf wird verhindert und damit die Arbeit auch bei ungüstigen Bodenverhältnissen möglich.

B I L D 5: Der kraftvolle und wirtschaftliche HELA-Motor ist die zuverlässige Antriebsquelle des D 230. Durch seinen großen Drehmomentanstieg hat er hohe Leistungsreserven und erlaubt ein elastisches Fahren in einem weiten Drehzahlbereich.

B I L D 6: Die hydr. Mähwerksaushebung entlastet den Fahrer von jeder körperlichen Anstrengung.

B I L D 7: Die HELAMATIC zur Bedienung der Maschine vom Boden aus macht den Fahrer frei, so daß er bei vielen Arbeiten selbst Hand anlegen kann. Mit nur einem Hebel kann man fahren, anhalten und lenken.

Das interessiert den Techniker

Motor Stehender Zwei-Zylinder-Viertakt-Dieselmotor, wassergekühlt, Type AZ 2, Fabrikat HELA, Leistung 30 PS, Drehzahl 2000 U/min., Hubraum 2164 ccm, Zylinder-Ø 105 mm, Hub 125 mm.

Lenkung Kräftige, staub- und öldicht gekapselte Schneckenlenkung, im Ölbad laufend.

Getriebe 6 Vorwärtsgänge einschließlich Kriechgang, 2 Rückwärtsgänge mit 35 Kugel- und Nadellagern, spiralverzahnten Palloid-Kegelrädern und Kugelschaltung. Der 1. Gang ist als Kriechgang voll belastbar.

Fahrgeschwindigkeiten Bei Bereifung 10–28 AS: 1,4 – 3,1 – 5,4 – 7,7 – 12,6 – 20 km/h. Rückwärtsgänge: 4,6 – 7,5 km/h.

Kupplung Doppelkupplung für kupplungsunabhängigen Zapfwellenbetrieb.

Vorderachse Aus Stahl mit Gummifederung, pendelnd aufgehängt.

Bremsen Doppelte Hinterrad-Innenbacken-Einzelradfußbremse, feststellbare, unabhängige Getriebe-Handbremse.

Elektrische Ausrüstung Lichtanlage 12 V, Batterie 90 Ah, Anlasser mit Zahnkranz am Motor, Vorglühanlage.

Spurweite 1,25 m, verstellbar auf 1,50 m.

Radstand 1900 mm.

Wenderadius Außen 3,50 m ohne Lenkbremse; 3,00 m mit Lenkbremse.

		normal	auf Wunsch	
Bereifung	vorne	6.00–16	6.00–16	6.00–16
	hinten	10–28	9–32	11–28
Eigengewicht	ohne Mähwerk	1600 kg	1620 kg	1635 kg
	mit Mähwerk	1750 kg	1770 kg	1785 kg
Länge		3,00 m	3,00 m	3,00 m
Breite		1,55 m	1,52 m	1,58 m
Höhe bis oben Haube		1,27 m	1,30 m	1,30 m
Bodenfreiheit		350 mm	380 mm	380 mm

Anhängehöhen Anhängekupplung von 765–855 mm verstellbar. Ackerschiene 400 mm.

Mähantrieb Durch Zahnräder im Ölbad laufend mit Sicherheits-Rutschkupplung in der Kurbelscheibe.

Mähwerk Patentierte HELA-Konstruktion, spielend leicht auszuheben oder hydraulische Mähwerksaushebung mit separatem Hubzylinder.

Riemenscheibe Hinten am Getriebegehäuse, abstellbar, 200x140 mm, 1560 U/min., schwenkbar für Rechts- und Linkslauf.

Zapfwelle Nach DIN 9611 / Form A

1. Motorzapfwelle mit 560 und 980 U/min.
2. Wegzapfwelle mit gangabhängiger Drehzahl, benutzbar im 1.–3. Gang für den Antrieb von Triebachsanhängern u. a. m.

Differentialsperre Das einseitige Gleiten der Hinterräder bei glitschigem Boden kann durch Sperren des Differentials vermieden werden. Die Differentialsperre wird durch einen Fußhebel betätigt.

Tankinhalt 35 Liter.

Sämtliche Angaben sind gewissenhaft, jedoch unverbindlich.

Normalausrüstung Kriechgang, gefederte Vorderachse, Motorzapfwelle mit Norm- und Schnell-Drehzahl, umschaltbar als Wegzapfwelle, Differentialsperre, Anlasseranlage, Fernthermometer, Hand- und Fußgas, Einzelradfußbremse, feststellbare, unabhängige Getriebe-Handbremse, vorderes Zugmaul, hintere Anhängevorrichtung höhenverstellbar, drehbar und gefedert, breite Ackerschiene, 2 Beifahrersitze, Start- und Stoppeinrichtung.

Sonderausrüstung Mähantrieb, Mähwerk 5', hydr. Mähwerksaushebung, Bereifung 9–32, 11–28, Kühlerjalousie, Vorderradkotflügel, Lenkradfeststellung, Riemenscheibe, 2 Stopplichter, Dreipunkt-Kraftheber mit Raddruckverstärker, Holzdoppelsitze, Gerätescheinwerfer, Betriebsstundenzähler, Allwetterverdeck, Seilwinde, Frontlader, HELAMATIC zur Fernbedienung des Schleppers.

HELA-SCHLEPPERFABRIK

Hermann Lanz Aulendorf/Württ.

Telefon-Sammel-Nr. 425 Fernschreiber 0732 870 Telegramme: Lanz Aulendorf

HELA DIESEL

Überreicht durch:

HD 230 IV.61/150

18 PS

HELA-DIESELSCHLEPPER D 218

Voll abgestimmt auf die Forderungen moderner Landtechnik ist die Konstruktion und Ausstattung des neuen HELA D 218. Er eignet sich gleich gut zur Vollmotorisierung von Klein- und Mittelbetrieben, wie auch als Zweitmaschine für Großbetriebe.

Die Kraftquelle des D 218 ist der robuste und elastische Zweizylinder-Viertakt-Dieselmotor mit Luft- oder Wasserkühlung. In fast allen Ländern der Erde hat sich dieser Motor auch unter härtester Dauer-Beanspruchung glänzend bewährt.

Das robuste und besonders stark dimensionierte HELA-Getriebe mit 6 Vorwärts- und 2 Rückwärtsgängen, hat 35 Kugel- und Nadellager, spiralverzahnte Palloid-Kegelräder und Kugelschaltung. Der erste Gang ist dabei ein echter Kriechgang und liegt unter 1,5 km/h.

Für jede Arbeit auf Acker, Hof oder Straße kann im jeweils günstigsten Geschwindigkeitsbereich gefahren werden.

Die Maschine ist serienmäßig mit Getriebezapfwelle, schaltbar auf 2 Drehzahlbereiche und umschaltbar auf Wegzapfwelle, ausgerüstet.

Der Mähantrieb, im Ölbad laufend und mit Sicherheits-Rutschkupplung in der Kurbelscheibe, ist zahnradangetrieben.

Alle modernen Zusatzgeräte wie hydr. Kraftheber, Raddruckverstärker, hydr. Mähwerksaushebung, Helamatic, Frontlader, Seilwinde u. a. können passend geliefert werden. Die hand- und fußgerechte Anordnung aller Bedienungshebel, der geräumige Führerstand mit übersichtlichem Armaturenbrett, die enorme Stabilität und die praxisverbundenen Arbeitseigenschaften bieten höchste Sicherheit für Fahrer und Maschine.

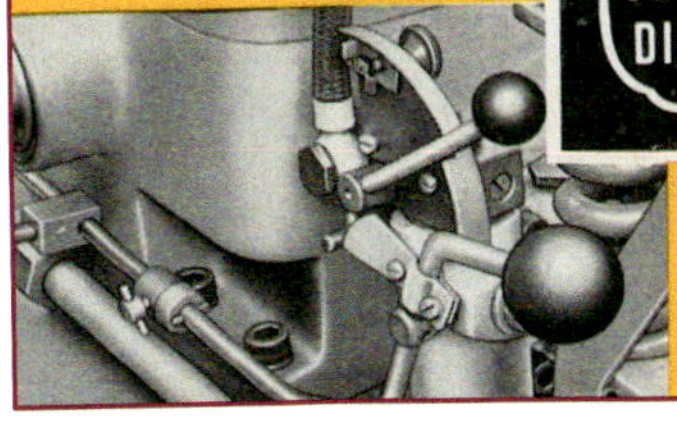

Das interessiert den Praktiker

BILD 1: Der geräumige Führerstand und das übersichtliche Armaturenbrett erleichtern die Bedienung und Überwachung der Maschine.

BILD 2: Der Führerstand ist bequem auch von der Seite zu besteigen.

BILD 3: Stabile Stahlvorderachse mit Gummifederung der Vorderräder. Erschütterungen in unebenem Gelände werden weitgehend aufgefangen und dadurch die Gesundheit des Fahrers geschont.

BILD 4: Die hydr. Mähwerksaushebung mit separatem Hubzylinder entlastet den Fahrer von jeder körperlichen Anstrengung.

BILD 5: Die Helamatic zur Bedienung der Maschine vom Boden aus macht den Fahrer frei, so daß er bei vielen Arbeiten selbst Hand anlegen kann. Mit nur einem Hebel kann man fahren, anhalten und lenken.

BILD 6: Arbeitsentlastend und zeitsparend ist der hydraulische Kraftheber mit Dreipunkt-Aufhängung. Die Zapfwelle ist bequem zugänglich.

BILD 7: Ein wertvolles Hydraulik-Zusatzgerät ist der Raddruckverstärker. Ein erheblicher Teil des Gewichtes kann durch ihn vom Anbaugerät über die Hydraulik auf die Hinterachse des Traktors übertragen werden. Der Radschlupf wird verhindert und damit die Arbeit auch bei ungünstigen Bodenverhältnissen möglich.

Das interessiert den Techniker

Motor Stehender 2-Zylinder-Viertakt-Dieselmotor, Druckumlaufschmierung mittels Zahnradölpumpe, Spaltfilter, automat. Kipphebelschmierung.

Leistung Wasserkühlung – 18 PS mit MWM-Motor KD 211 Z, Zylinderdurchmesser 85 mm, Hub 110 mm, Hubraum 1250 ccm;
Luftkühlung – 18 PS mit MWM-Motor AKD 311 Z, Zylinderdurchmesser 90 mm Hub 110 mm, Hubraum 1400 ccm.

Motordrehzahl Regulierbar durch Hand- und Fußgashebel bis 1980 U/min.

Wasserkühlung Umlaufkühlung durch Wabenkühler, Ventilator und Umwälzpumpe.

Luftkühlung Durch besonders geräuscharmes Kühlluftgebläse.

Lenkung Kräftige, staub- und öldicht gekapselte Schneckenlenkung im Ölbad laufend.

Getriebe Besonders stark dimensioniertes HELA-Getriebe mit 35 Kugel- und Nadellagern, spiralverzahnten Kegelrädern, 6 Vorwärtsgängen einschließl. Kriechgang, 2 Rückwärtsgängen, mit einem Schalthebel durchschaltbar.

Fahrgeschwindigkeiten Bei Bereifung 9–24: 1,4 – 3,3 – 5,3 – 7,6 – 12,5 – 19,5 km/h. Rückwärtsgang 4,5–7,2 km/h.

Kupplung Einscheiben-Trockenkupplung, Fichtel & Sachs. Keine Wartung!

Vorderachse Aus Stahl mit Gummifederung, pendelnd aufgehängt.

Bremsen Doppelte Hinterrad-Innenbacken-Einzelradfußbremse und feststellbare, unabhängige Getriebehandbremse.

Elektrische Ausrüstung Bosch-Lichtanlage und Bosch-Horn, 12 Volt Batterie, 84 Ah, Anlasser und Zahnkranz (Vorglühanlage bei wassergekühltem Motor).

Spurweite Verstellbar 1,25 und 1,50 m.

Wenderadius 3,10 m, bei Benützung der Lenkbremse 2,70 m.

		normal	auf Wunsch	
Bereifung	vorne	5.00–16	5.00–16	5.00–16
	hinten	9–24	10–28	9–30
Eigengewicht	ohne Mähwerk	1390 kg	1425 kg	1440 kg
	mit Mähwerk	1500 kg	1555 kg	1570 kg
Länge		2,90 m	2,90 m	2,90 m
Breite		1,49 m	1,52 m	1,49 m
Höhe bis oben Haube		1,20 m	1,27 m	1,27 m
Bodenfreiheit		275 mm	350 mm	350 mm
Anhängehöhen	Anhängekupplg.	v. 640–775	715–850	715–850
	Ackerschiene	400 mm	400 mm	400 mm

Mähantrieb Durch Zahnräder im Ölbad laufend mit Sicherheits-Rutschkupplung in der Kurbelscheibe.

Mähwerk Spielend leicht auszuheben oder hydr. Aushebung mit separatem Hubzylinder.

Riemenscheibe Hinten am Getriebegehäuse 200x140 mm, 1540 U/min. abstellbar, schwenkbar für Rechts- und Linkslauf.

Zapfwelle 29/35 nach DIN 9611, Normdrehzahl 559 U/min., Schnelldrehzahl 980 U/min., umschaltbar als Wegzapfwelle, benutzbar im 1.–3. Gang.

Differentialsperre Das einseitige Gleiten der Hinterräder bei glitschigem Boden kann durch Sperren des Differentials vermieden werden. Betätigung durch Fußhebel.

Tankinhalt 28 Liter.

Sämtliche Angaben sind gewissenhaft, jedoch unverbindlich.

Normalausrüstung Kriechgang, gefederte Vorderachse, Getriebezapfwelle mit 2 Drehzahlbereichen, umschaltbar als Wegzapfwelle, Differentialsperre, kompl. Anlasser- und Beleuchtungsanlage, Hand- und Fußgas, Einzelradfußbremse, unabhängige, feststellbare Getriebehandbremse, vorderes Zugmaul, hintere Anhängevorrichtung, höhenverstellbar, drehbar und gefedert, breite Ackerschiene, Anhängersteckdose, 2 Beifahrersitze.

Sonderausrüstung Mähantrieb, Mähwerk 4 1/2', hydraulische Mähwerksaushebung, Bereifung 9–24, 10–28, 9–30, Kühlerjalousie, Fernthermometer, Vorderradkotflügel, Riemenscheibe, 2 Stopplichter, Dreipunkt-Kraftheber mit Raddruckverstärker, Holzdoppelsitze, Gerätescheinwerfer, Betriebsstundenzähler, Allwetterverdeck, Seilwinde, Frontlader, Helamatic zur Fernbedienung des Schleppers.

HELA-SCHLEPPERFABRIK

Hermann Lanz Aulendorf/Württ.

Telefon (07525) 425 Fernschreiber 0732 870 Telegramme: Lanz Aulendorf

HELA DIESEL

Überreicht durch:

HD 18 VI.61/200

38 PS

HELA-DIESELSCHLEPPER D138

Als kraftvoller und echter Allesschaffer erfüllt der HELA-Dieselschlepper D 138 die Forderungen der Zukunft für ein noch wirtschaftlicheres und rationelleres Arbeiten der mittelbäuerlichen Betriebe. Auch hohen Leistungsansprüchen im Großbetrieb ist er gewachsen. Mit 3246 ccm besitzt er den größten Hubraum und mit nur 1660 U/min. die niedrigste Drehzahl aller Traktoren dieser Klasse.

Sein hohes Leistungsgewicht garantiert die volle Ausnutzung der Motor-Leistung und damit eine Zugkraft, die weit über dem Durchschnitt liegt. Die vieltausendfach erprobte HELA-Stabilität in Verbindung mit der modernen Konstruktion bieten Gewähr für hohe Wertbeständigkeit.

Das gesunde und kraftvolle Herz des D 138 ist ein HELA-Dreizylinder-Motor, der auch bei stärkster Belastung immer noch die nötigen Reserven hat.

Die kräftig dimensionierte Kurbelwelle ist 3-fach rollengelagert. Ein- und Auslaßventile sind mit automatischer Ventilzwangsdrehvorrichtung ROTOCAP versehen, die ein Verziehen der Ventile verhindert und immer einwandfreie Ventilsitze garantiert. Die Start- und Stoppeinrichtung erlaubt ein müheloses Starten, sowie auch das Abstellen des Motors vom Fahrersitz aus.

Von nahezu unbegrenzter Lebensdauer ist das robuste HELA-Getriebe. Die günstige Abstufung mit 6 Vorwärts- und 2 Rückwärtsgängen erlaubt für jede Arbeit die richtige Geschwindigkeit. Der 1. Gang ist ein echter Kriechgang und liegt unter 1,5 km/h.

Die Maschine ist serienmäßig mit Getriebezapfwelle versehen und kann auf Wunsch auch mit Motor-Zapfwelle ausgerüstet werden. Beide Zapfwellen-Arten haben Norm- und Schnelldrehzahl und sind umschaltbar auf Wegzapfwelle. Die hohe Zapfwellenleistung trägt außerdem dazu bei, daß der D 138 die Arbeit mit Vollerntemaschinen und Zapfwellengeräten mühelos meistert.

Die Spur ist von 1250 auf 1500 mm verstellbar und entspricht somit den Forderungen der Praxis. Die unverwüstliche Blockbauweise mit günstiger Gewichtsverteilung macht den D 138 lenkstabil und hangsicher.

Wohl abgestimmte, moderne Zusatzgeräte wie Dreipunkt-Kraftheber mit Raddruckverstärker, Frontlader, Seilwinde, hydr. Mähwerksaushebung, Riemenscheibe und HELAMATIC für die Ein-Mann-Arbeit machen den D 138 zur universellen Landarbeitsmaschine für höchste Ansprüche.

Als Ergebnis einer langjährigen Erfahrung und Zusammenarbeit mit der Praxis bietet der HELA D 138 durch seine landtechnische Zweckmäßigkeit, komfortable Ausstattung und Formschönheit jedem Besitzer Sicherheit für viele Jahre.

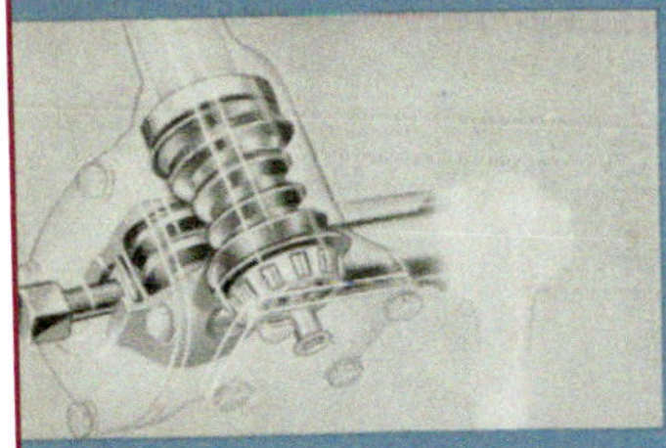

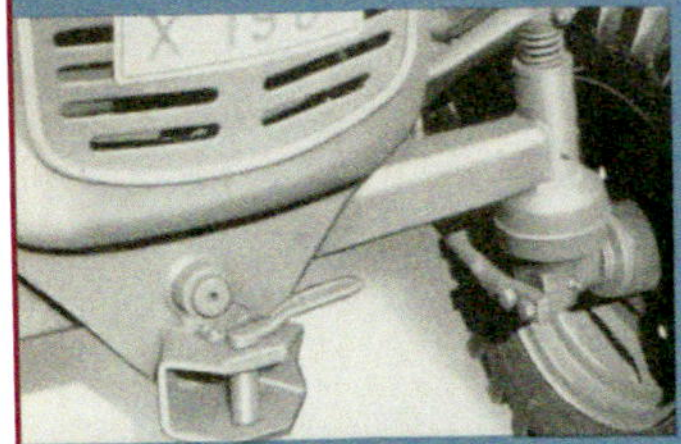

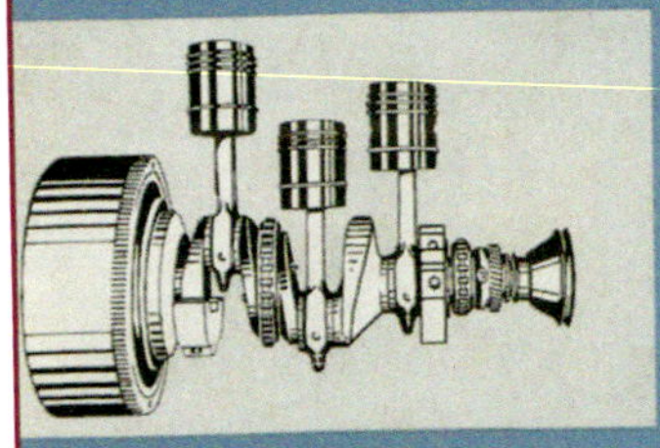

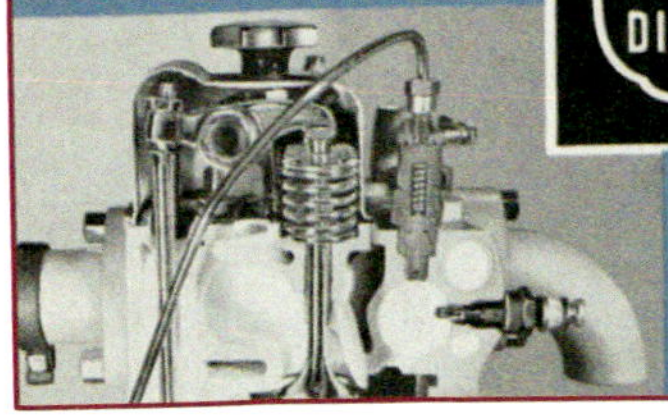

Das interessiert den Praktiker

BILD 1: Ein geräumiger Fahrerstand mit übersichtlichem Armaturenbrett, gefedertem und verstellbarem Sitz sowie griffnahen Bedienungshebeln bieten hohen Fahrkomfort.

BILD 2: Die Lenkung ist so leichtgängig wie die eines PKW und bietet Sicherheit auch auf schwierigstem Gelände. Sie pendelt nach dem Einschlagen selbsttätig in die Geradeausstellung zurück.

BILD 3: Die an der stabilen Stahlvorderachse aufgehängten Vorderräder sind mit Gummifederung versehen, wodurch der Fahrer vor Erschütterungen weitgehend geschont wird.

BILD 4: Das besonders stark dimensionierte Kurbeltriebwerk des HELA-Motors ist rollengelagert. Daraus resultiert die hohe Lebensdauer, der ruhige Lauf und der niedrige Anlaßwiderstand bei Kaltstart.

BILD 5: Der hydr. Dreipunkt-Kraftheber macht auch die Arbeiten mit schweren Anbaugeräten spielend einfach.

BILD 6: Die Zapfwelle mit 2 Drehzahlbereichen und hoher Leistung bietet sicheren und störungsfreien Betrieb aller Zapfwellengeräte.

BILD 7: Die automatische Ventilzwangsdrehvorrichtung des HELA-Motors bringt die Ventile in steten Umlauf, schützt diese vor Überhitzung und einseitiger Abnützung. Sie bringt den Vorteil konstanter Ventilsitze und hoher Lebensdauer.

Das interessiert den Techniker

Motor	Stehender Dreizylinder-Viertakt-Dieselmotor, Type AD, wassergekühlt, Fabrikat HELA, Leistung 38 PS, Drehzahl 1660 U/min., Hubraum 3246 ccm, Zylinder-Ø 105 mm, Hub 125 mm.
Lenkung	Kräftige, staub- und öldicht gekapselte Schneckenlenkung im Ölbad laufend.
Getriebe	6 Vorwärtsgänge einschl. Kriechgang, 2 Rückwärtsgänge, mit 30 Kugel- und Nadellagern, spiralverzahnten Palloid-Kegelrädern und Kugelschaltung. Der 1. Gang ist als Kriechgang voll belastbar.
Fahrgeschwindigkeiten	1,3 – 3,0 – 5 – 8,7 – 11,6 – 20 km/h, auf Wunsch 28 km/h, Rückwärtsgänge 4,4 – 8,5 km/h.
Kupplung	Normal: Einscheibentrockenkupplung Fichtel & Sachs G 280 Z. Für unabhängige Zapfwelle: Doppelkupplung Fichtel & Sachs DO 280/250 K.
Vorderachse	Sehr stabile, gefederte und pendelnd aufgehängte Stahl-Vorderachse.
Bremsen	Doppelte Hinterrad-Innenbacken-Einzelrad-Fußbremse und unabhängige, feststellbare Getriebehandbremse.
Bereifung	normal: vorne 6.00–16, hinten 11–28 auf Wunsch: vorne 6.00–16, hinten 11–32
Elektrische Ausrüstung	Bosch-Licht- und Anlasser-Anlage, Bosch-Horn.
Spurweite	Verstellbar 1,25–1,50 m.
Radstand	2,10 m
Länge	3,30 m
Breite	1,58 m
Höhe bis oben Haube	1,33 m
Bodenfreiheit	ca. 380 mm bei Bereifung 11–28
Eigengewicht	ohne Hydraulik ca. 1870 kg
Anhängehöhen	Drehbares, höhenverstellbares Anhängemaul 750–890 mm, verlängerte Ackerschiene mit Bodenblech 430 mm.
Mähantrieb	Durch Zahnräder im Ölbad laufend mit Sicherheits-Rutschkupplung in der Kurbelscheibe.
Mähwerk	Spielend leicht auszuheben oder hydr. Aushebung mit separatem Hubzylinder.
Riemenscheibe	200 Ø x 140 mm, 1600 U/min.
Zapfwelle	29/34,9; nach DIN 9611, Form A 1. Getriebezapfwelle 544 und 1100 U/min. 2. Wegzapfwelle mit gangabhängiger Drehzahl, benutzbar im 1.–3. Gang. Auf Wunsch Motorzapfwelle mit Norm- und Schnelldrehzahl, umschaltbar als Wegzapfwelle.
Differentialsperre	Durch Fußhebeldruck zu betätigen.
Tankinhalt	ca. 45 Liter.

Sämtliche Angaben sind gewissenhaft, jedoch unverbindlich.

Normalausrüstung	Kriechgang, gefederte Vorderachse, Getriebezapfwelle mit Norm- u. Schnelldrehzahl, umschaltbar als Wegzapfwelle, Differentialsperre, Anlasseranlage, Fernthermometer, Hand- und Fußgas, Einzelradfußbremse, feststellbare unabhängige Getriebehandbremse, vorderes Zugmaul, hintere Anhängevorrichtung höhenverstellbar, drehbar und gefedert, breite Ackerschiene, 2 Beifahrersitze, Kaltstart- und Stoppeinrichtung, Ventilzwangsdrehvorrichtung ROTO-CAP, Blink- und Stopplichter.
Sonderausrüstung	Mähantrieb, Mähwerk 5', Riemenscheibe, Motorzapfwelle, Dreipunkt-Kraftheber mit Raddruckverstärker und Gestänge nach Kat. II, Vorderradkotflügel, Bereifung 11–32, Betriebsstundenzähler, Allwetterverdeck, Lattensitze, Kühlerjalousie, hydr. Mähwerksaushebung, Seilwinde, Frontlader, HELAMATIC zur Ein-Mann-Bedienung.

HELA-SCHLEPPERFABRIK

Hermann Lanz Aulendorf/Württ.

Telefon-Sammel-Nr. (07525) 425 Fernschreiber 0732 870 Telegramme: Lanz Aulendorf

HELA DIESEL

Überreicht durch:

HD 138 XI.62 10M

D420
Jetzt in neuer Form!
Technische Daten unverändert
HELA DIESEL

D 420 - ein Traktor der Sonderklasse

Das zeigt sich in allen Situationen, besonders dort, wo es nicht auf die PS-Angabe, sondern auf die effektive Leistung ankommt.

Der HELA bietet Ihnen noch mehr:
Die enorme Stabilität, der Fahrkomfort und die hervorragende technische Ausstattung sichern von vornherein eine lange Lebensdauer und höchste Wertbeständigkeit.

Vielseitig wie die Praxis . . .

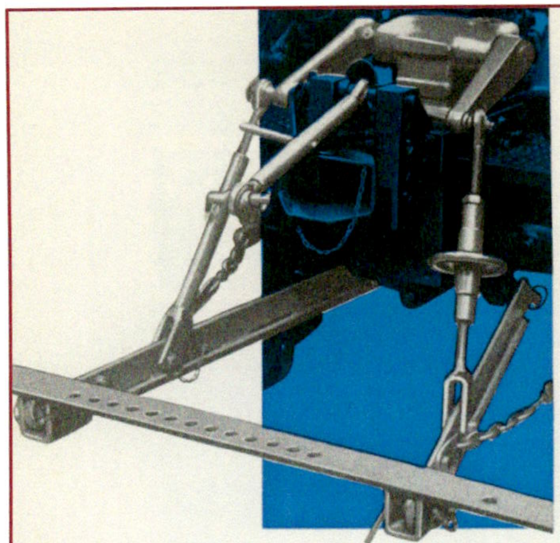

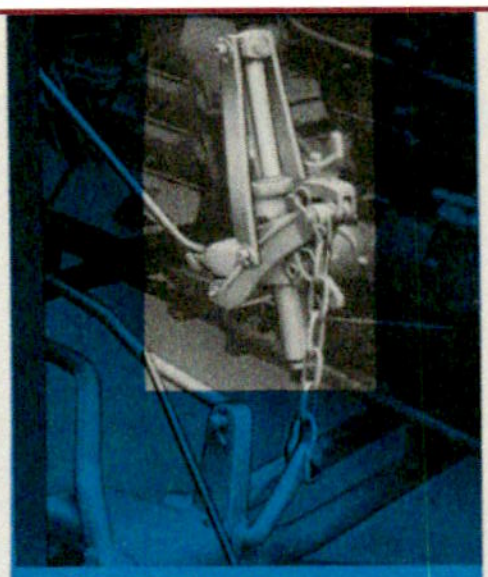

▲ Die hydraulische Mähwerksaushebung (mit separatem Hubzylinder) spart jegliche Muskelkraft.

◀ Die moderne Hydraulik ermöglicht alle einsatztechnischen Kombinationen

Geräumiger Fahrerstand, bequemer seitlicher Aufstieg

Der D 420 hat viel Kraft unter der Haube. Alle Arbeitsmaschinen und -Geräte, die einem Traktor dieser PS-Klasse zumutbar sind, schafft er in zügiger Fahrt. Sitz und Vorderachse sind gut gefedert und das Lenken ist spielend leicht. Auch bei vielseitigem Einsatz und hohen Tagesleistungen ermöglicht die praxisgerechte Konstruktion dem Fahrer ein ermüdungsfreies Arbeiten.

Die formschöne Maschine besitzt dauerhafte Einbrennlackierung. Sie können wählen: Rot oder grün.

TECHNISCHE DATEN:

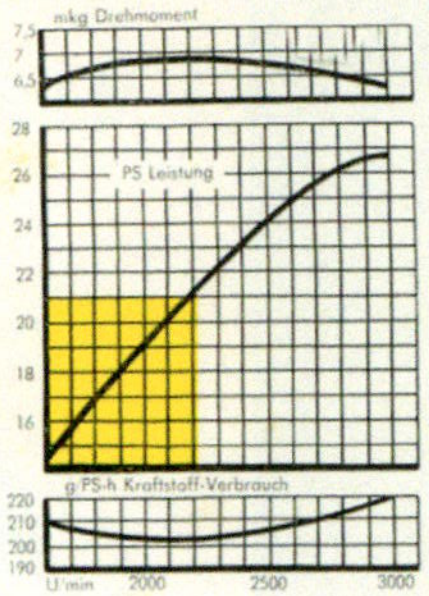

Motor: Wassergekühlter 2-Zylinder-MWM-Viertakt-Diesel-Motor, Leistung 20 PS, Drehzahl 2200 U/min., Hubraum 1488 ccm, Bohrung 95 mm, Hub 105 mm.

Kupplung: Einscheiben-Trocken-Kupplung. Keine Wartung.

Getriebe: HELA-Kriechganggetriebe, kugelgelagert, mit spiralverzahnten Kegelrädern. Fahrgeschwindigkeiten bei Bereifung 9–24:
1. Gang = 1,3; 2. Gang = 2,7; 3. Gang = 4,5; 4. Gang = 7,0; 5. Gang = 10,5; 6. Gang = 19,5 km/h (1. Gang als Kriechgang 0,4–1,3 km/h); 1. Rw.-Gang = 2,4 km/h, 2. Rw.-Gang = 6,5 km/h.

Zapfwelle: Nach DIN 9611, 29/35, 577 U/min., umschaltbar als Wegzapfwelle (benutzbar im 1.–3. Gang)

Vorderachse: Aus Stahl mit Gummihohlfederung der Vorderräder.

Spurweite: Verstellbar 1,25 und 1,50 m.

Wenderadius: 3,20 m (bzw. 2,50 m bei Benutzung der Lenkbremse)

Bereifung: Vorne 5.00–16, hinten 9–24, a. W. 9–30 oder 10–28.

Abmessungen: Radstand 1800 mm, Länge 2900 mm, Breite 1490 mm, Höhe 1200 mm (bis Oberkante Haube), Bodenfreiheit 350 mm.

Gewichte: Betriebsgewicht mit Hydraulik und Mähwerk ca. 1450 kg.

Tankinhalt: 35 Liter.

Sämtliche Angaben sind gewissenhaft, jedoch unverbindlich!

Serienmäßige Normal-Ausrüstung:
Kriechgang, gefederte Vorderachse, Getriebezapfwelle, umschaltbar auf Wegzapfwelle, Differentialsperre, kompl. Anlasser- und Beleuchtungsanlage, Hand- und Fußgas, Einzelradfußbremse, unabhängige, feststellbare Getriebehandbremse, vorderes Zugmaul, hintere Anhängevorrichtung, höhenverstellbar, drehbar und gefedert, breite Ackerschiene, Anhängersteckdose, 2 Beifahrersitze, Kühlerjalousie, Fernthermometer.

Sonderausrüstung gegen Mehrpreis:
Mähantrieb, Mähwerk 4½', hydr. Mähwerksaushebung, Bereifung hinten 9–30 oder 10–28, Vorderradkotflügel, Riemenscheibe, Dreipunkt-Kraftheberanlage, Fronthydraulik, Holzdoppelsitz, Gerätescheinwerfer, Betriebsstundenzähler, Allwetterverdeck, Seilwinde.

HELA ein Schlepper aus gutem Hause

Als unschätzbares Kapital ist in jedem HELA die 50-jährige Erfahrung des Werkes verankert. Schon in den Zwanziger-Jahren schuf der Senior-Chef des Hauses seine ersten Kleinschlepper und gilt als Pionier des deutschen Schlepperbaues. Auch heute noch wacht er ständig darüber, daß sich Altbewährtes und moderne technische Erkenntnisse glücklich verbinden. Das Ergebnis sind wertbeständige Qualitäts-Traktoren, die in allen Teilen Europas das unerschütterliche Vertrauen ihrer Besitzer genießen.

Mit Recht wird HELA als Traktoren-Spezial-Fabrik bezeichnet. Die großen Werkshallen mit modernem Maschinenpark umfassen u. a. auch eigene Zahnrad-, Getriebe- und Motorenfertigungen, so daß mit wenigen Ausnahmen alle Traktorenteile selbst gefertigt werden und deren Qualität auch selbst verantwortet wird. Das Fertigungs-Programm umfaßt Traktoren für jede Hofgröße, ganz gleich, ob Sie einen leichten, mittleren oder schweren Schlepper benötigen. HELA bietet in jeder Klasse praxisgerechte Qualitäts-Maschinen, die auch Sie mehr als zufriedenstellen, und Ihr Vertrauen zu einem guten Namen voll rechtfertigen.

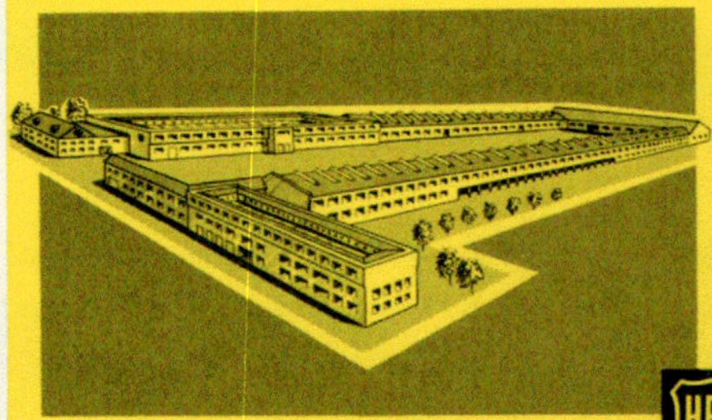

HELA DIESEL

SCHLEPPERFABRIK

Hermann Lanz 7960 Aulendorf

Tel.-Sammel-Nr. (07525) 425, 426, 427 Fernschreiber 0732 870 Telegramme: Lanz Aulendorf

Überreicht durch:

20 PS

HELA DIESEL

HELA-DIESELSCHLEPPER D 420

Den Forderungen moderner Landtechnik voll Rechnung tragend, eignet sich der HELA-Dieselschlepper D 420 in idealer Weise zur Vollmotorisierung von Klein- und Mittelbetrieben. Auch als Zweit-Maschine für Großbetriebe beweist er immer wieder seine hohe Wirtschaftlichkeit.

Als Antriebsquelle dient ein kraftvoller, wassergekühlter Zweizylinder-Viertakt-Dieselmotor, der sich bei allen Temperatur- und Arbeitsverhältnissen auch unter härtester Dauerbeanspruchung glänzend bewährt.

Das nahezu unverwüstliche HELA-Kriechganggetriebe mit 6 Vorwärts- und 2 Rückwärtsgängen erlaubt für jede Arbeit auf Acker, Hof oder Straße, im jeweils günstigsten Geschwindigkeitsbereich zu fahren. Die Maschine ist serienmäßig mit Getriebezapfwelle ausgerüstet, die auf Wegzapfwelle umschaltbar ist.

Der Mähantrieb, im Ölbad laufend und mit Konus-Rutsch-Kupplung ist zahnradangetrieben.

Die besonders stabile und bewährte HELA-Bauweise hat vieltausendfach ihre überdurchschnittliche Lebensdauer erwiesen. Die formschöne Maschine mit hohem Fahrkomfort und universeller Antriebs- und Anbaumöglichkeit garantiert jedem Besitzer Sicherheit und hohe Wertbeständigkeit.

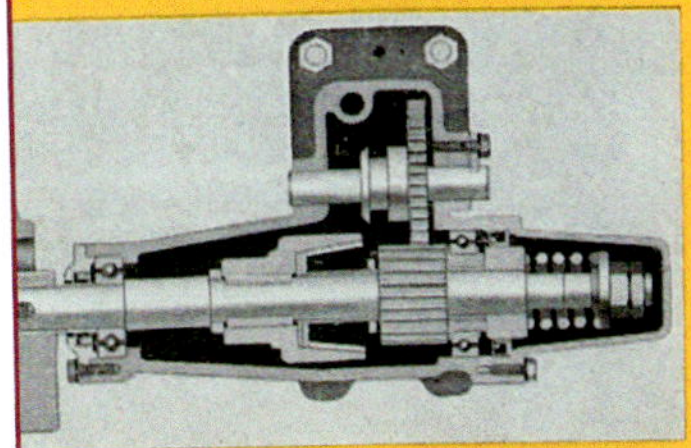

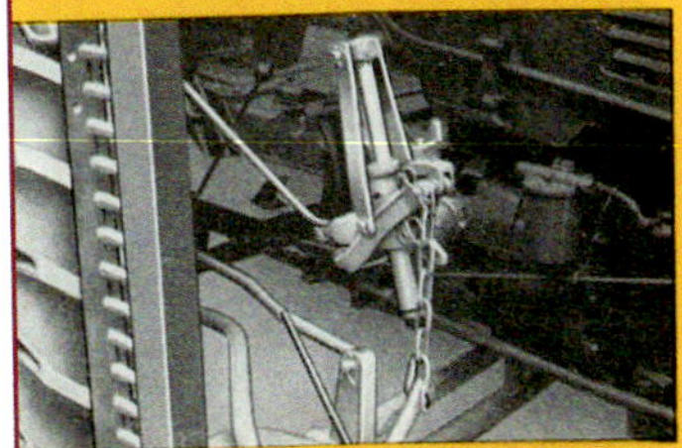

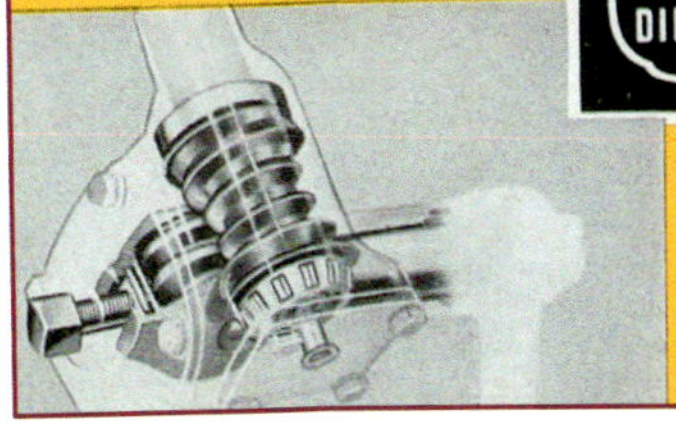

Das interessiert den Praktiker

BILD 1: Der geräumige Führerstand ist bequem von der Seite zu besteigen. Ein übersichtliches Armaturenbrett, hand- und fußgerechte Anordnung aller Bedienungselemente sowie ein bequem und gut gefederter Sitz ergeben einen hohen Fahrkomfort.

BILD 2: Beachtenswert ist die besonders stabile Stahlvorderachse. Die Vorderräder sind mit Gummihohlfederung versehen, wodurch Erschütterungen weitgehend aufgefangen und die Gesundheit des Fahrers geschont wird.

BILD 3: Der Mähantrieb im Ölbad laufend, ist mit dem Getriebe organisch verbunden und zahnradangetrieben.

BILD 4: Die hydraulische Mähwerksaushebung mit separatem Hubzylinder entlastet den Fahrer von jeder körperlichen Anstrengung. Eine „patente Sache" ist auch der Mähbalken-Schnellverschluß.

BILD 5: Von Praktikern geschätzt wird die klare und übersichtliche Bauweise mit leichter Zugänglichkeit zu Motor, Batterie, Werkzeugkasten usw.

BILD 6: Arbeitsentlastend und zeitsparend ist der hydraulische Kraftheber mit Dreipunkt-Aufhängung. Bequem zugänglich ist auch die Zapfwelle.

BILD 7: Die Lenkung ist so leichtgängig wie die eines PKW und bietet Sicherheit auch auf schwierigstem Gelände. Sie pendelt nach dem Einschlagen selbsttätig in die Geradeausstellung zurück.

Das interessiert den Techniker

		normal	auf Wunsch	
Motor	Wassergekühlter, stehender Zweizylinder-Viertakt-Dieselmotor, Druckumlaufschmierung mittels Zahnradölpumpe, Spaltfilter, automatische Kipphebelschmierung, auswechselbare und verchromte Zylinderlaufbüchsen, Zylinderdurchmesser 90 mm, Hub 105 mm, Hubraum 1336 ccm, Leistung 20 PS bei Nenndrehzahl 2200 U/min. Motordrehzahl regulierbar durch Hand- und Fußgashebel. Umlaufkühlung durch Wabenkühler, Ventilator und Umwälzpumpe.			
Lenkung	Staub- und öldicht gekapselte Schneckenlenkung im Ölbad laufend.			
Getriebe	HELA-Getriebe, kugelgelagert mit spiralverzahnten Kegelrädern, 6 Vorwärtsgängen und 2 Rückwärtsgängen, 1. Gang ist als Kriechgang ausgebildet.			
Fahrgeschwindigkeiten	Bei Bereifung 9–24: 1,3 – 2,7 – 4,5 – 7,0 – 10,5 – 19,5; 1. Rw.-Gang 2,4 km/h – 2. Rw.-Gang 6,5 km/h.			
Kupplung	Einscheiben-Trockenkupplung Fichtel & Sachs. Keine Wartung!			
Vorderachse	Aus Stahl mit Gummihohlfederung der Vorderräder.			
Bremsen	Doppelte Hinterrad-Innenbacken-Einzelradfußbremse und feststellbare, unabhängige Getriebehandbremse.			
Elektrische Ausrüstung	Bosch-Lichtanlage komplett mit Blink- und Stopplichtern, Bosch-Horn, Batterie 12 V, 90 Ah, Anlasser und Zahnkranz.			
Spurweite	Verstellbar 1,25 und 1,50 m.			
Wenderadius	3,20 m bzw. 2,50 m bei Benützung der Lenkbremse.			
Bereifung	vorne	5.00–16	5.00–16	5.00–16
	hinten	9–24	9–30	10–28
Eigengewicht	ohne Mähwerk	1230 kg	1265 kg	1280 kg
	mit Mähwerk	1360 kg	1395 kg	1410 kg
Länge	2900 mm			
Breite	1490 mm			
Höhe bis oben Haube	1200 mm			
Radstand	1780			
Anhängekupplung		720	800	800
Anhängeh. d. Ackerschiene	420			
Bodenfreiheit	350			
Mähantrieb	Durch Zahnräder im Ölbad laufend mit Konus-Rutschkupplung.			
Mähwerk	Spielend leicht auszuheben oder hydraulische Aushebung mit separatem Hubzylinder.			
Riemenscheibe	Hinten am Getriebegehäuse 200 x 140 mm, 1573 U/min., schwenkbar für Rechts- und Linkslauf.			
Zapfwelle	29/35 nach DIN 9611. Normdrehzahl 577 U/min., umschaltbar als Wegzapfwelle (benutzbar im 1. bis 3. Gang)			
Differentialsperre	Das einseitige Gleiten der Hinterräder bei glitschigem Boden kann durch Sperren des Differentials vermieden werden. Betätigung durch Fußhebel.			
Tankinhalt	35 Liter.			

Sämtliche Angaben sind gewissenhaft, jedoch unverbindlich.

Normalausrüstung Kriechgang, gefederte Vorderachse, Getriebezapfwelle, umschaltbar auf Wegzapfwelle, Differentialsperre, kompl. Anlasser- und Beleuchtungsanlage, Hand- u. Fußgas, Einzelradfußbremse, unabhängige, feststellbare Getriebehandbremse, vorderes Zugmaul, hintere Anhängevorrichtung, höhenverstellbar, drehbar und gefedert, breite Ackerschiene, Anhängersteckdose, 2 Beifahrersitze.

Sonderausrüstung Mähantrieb, Mähwerk 4½', Mähbalkenschnellverschluß, hydraulische Mähwerksaushebung, Bereifung hinten 9–30 oder 10–28, Vorderradkotflügel, Riemenscheibe , Fernthermometer, Kühlerjalousie, Dreipunkt-Kraftheberanlage mit Raddruckverstärker, Fronthydraulik, Holzdoppelsitz, Gerätescheinwerfer, Betriebsstundenzähler, Allwetterverdeck, Seilwinde, Frontlader.

HELA-SCHLEPPERFABRIK

Hermann Lanz Aulendorf/Württ.

Telefon-Sammel-Nr. (07 525) 425 Fernschreiber 0732 870 Telegramme: Lanz Aulendorf

HELA DIESEL

Überreicht durch:

HELA-Dieselschlepper D 420

20 PS
nach DIN 70 020

22 PS
nach SAE

Qualität und technische Ausstattung dieses vollwertigen Ackerschleppers ermöglichen universellen Einsatz auf dem kleineren Hof, wie auch als Zweitschlepper in Mittel- und Großbetrieben. Alle Arbeitsmaschinen und -Geräte, die einem Traktor dieser PS-Klasse zumutbar sind, schafft der D 420 in zügiger Fahrt. Sitz und Vorderachse sind gut gefedert und das Lenken ist spielend leicht. Auch bei vielseitigem Einsatz und hohen Tagesleistungen ermöglicht die praxisgerechte Konstruktion dem Fahrer ein ermüdungsfreies Arbeiten.

HELA DIESEL

Technische Daten

Ein Blick unter die Haube zeigt den kraftvollen Motor mit klarer Anordnung und guter Zugänglichkeit.

Alle Hebel, Griffe und Pedale sind körpergerecht angeordnet. Traktormeter und komb. Anzeige-Instrument sind genau im Blickfeld des Fahrers.

Die serienmäßige Ausrüstung mit Hydraulik steigert die Schlagkraft dieses wendigen Kleinschleppers.

Motor: Wassergekühlter 2-Zylinder-MWM-Viertakt-Diesel-Motor, Leistung 20 PS nach DIN 70 020, 22 PS nach SAE

Kupplung: Einscheiben-Trockenkupplung. Keine Wartung.

Getriebe: HELA-Kriechganggetriebe, mit spiralverzahnten Kegelrädern.

Fahrgeschwindigkeiten bei Bereifung 9–24:

1. Gang = 1,3; 2. Gang = 2,7; 3. Gang = 4,5;
4. Gang = 7,0; 5. Gang = 10,5; 6. Gang = 19,5 km/h
(1. Gang als Kriechgang 0,4–1,3 km/h);
1. Rw.-Gang = 2,4 km/h, 2. Rw.-Gang = 6,5 km/h.

Zapfwelle: Nach DIN 9611, 29/35, 577 U/min.

Vorderachse: Aus Stahl mit Gummihohlfederung der Vorderräder.

Spurweite: Verstellbar 1,25 und 1,50 m.

Wenderadius: 3,20 m (bzw. 2,50 m bei Benutzung der Lenkbremse).

Bereifung: Vorne 5.00–16, hinten 9–24, a. W. 9–30 oder 10–28.

Abmessungen: Radstand 1800 mm, Länge 2900 mm, Breite 1490 mm, Höhe 1200 mm (bis Oberkante Haube), Bodenfreiheit 350 mm.

Gewichte: Eigengewicht mit Hydraulik ca. 1300 kg.

Tankinhalt: 35 Liter

Sämtl. Angaben sind gewissenhaft, jedoch unverbindlich!

Serienmäßige Ausrüstung:

Kriechgang, gefederte Vorderachse, Getriebezapfwelle, Differentialsperre, kompl. Anlasser- und Beleuchtungsanlage, Hand- und Fußgas, Einzelrad-Fußbremse, feststellbare unabhängige Getriebehandbremse, vorderes Zugmaul, hintere Anhängevorrichtung - höhenverstellbar und drehbar, breite Ackerschiene, Freigang-Hydraulik mit Raddruckverstärker und Dreipunktgestänge, Anhänger-Steckdose, 2 Beifahrersitze, Traktormeter mit Betriebsstundenzähler, komb. Anzeige-Instrument, Thermostat.

Sonderausrüstung:

Mähantrieb, Mähwerk $4^1/_2$ Fuß, hydr. Mähwerksaushebung, Bereifung 9–30 oder 10–28, Vorderradkotflügel, Holz-Doppelsitz, Allwetter-Verdeck, Seilwinde.

HELA-SCHLEPPERFABRIK

Hermann Lanz 7960 Aulendorf

Telefon: (07525) 425 – 426 – 427 – Fernschreiber 0732 870

Telegramme: Lanz Aulendorf

34 PS

HELA-DIESELSCHLEPPER D 434

Er kommt aus einem Traktoren-Spezialwerk, das schon mehr als 50 Jahre besteht. Reiche Erfahrung ist auch bei diesem neuen HELA mit besonders stabiler und langlebiger Bauweise vereint.

Als moderner Schlepper besitzt der D 434 eine universelle Verwendbarkeit und hohe Kraftreserven. Sein wassergekühlter, sehr laufruhiger 3-Zylinder-Dieselmotor ist temperamentvoll und auch bei harter Dauerbelastung von beispielhafter Zuverlässigkeit.

Das praxisbewährte HELA-Getriebe mit 6 Vorwärts- und 2 Rückwärtsgängen hat 34 Kugel- und Nadellager und spiralverzahnte Palloid-Kegelräder. Der erste Gang ist dabei ein echter Kriechgang und liegt unter 1,5 km/h.

Die serienmäßige Ausrüstung mit Motorzapfwelle (mit Norm- und Schnelldrehzahl, umschaltbar auf Wegzapfwelle) sowie die zusätzliche Ausrüstung mit Kraftheber, Frontlader u. a., machen den D 434 zur idealen Maschine für den Mittelbetrieb. Er kann sowohl zu Pflege- und Bestellarbeiten, für Vollernter, für zügige Frontladerarbeit und auch für mehrfurchiges Pflügen eingesetzt werden.

Der geräumige Führerstand mit leichtem Aufstieg und guter Sicht hat griffgünstige Bedienungshebel und einen gut gefederten Muldensitz.

Die Ausstattungsmöglichkeit dieses modernen HELA-Diesel ist so reich, daß kaum ein sinnvoller Wunsch bezüglich Geräteanbringung, Arbeitserleichterung oder zusätzlicher Bequemlichkeit offen bleibt.

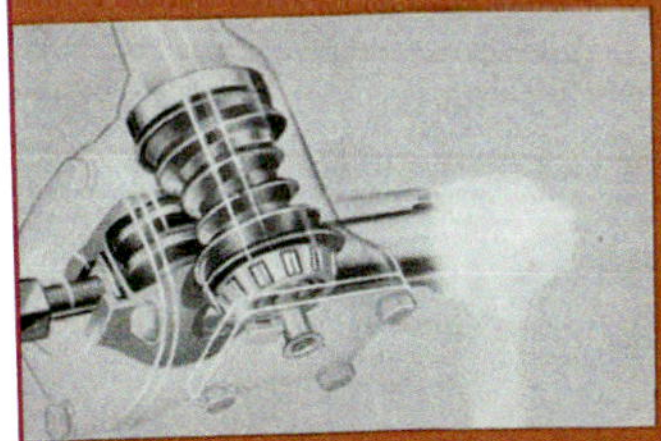

Das interessiert den Praktiker

BILD 1: Klare Übersicht der Armaturen, griffnahe Bedienungshebel sowie verstellbaren und gut gefederten Sitz bietet der komfortable Fahrerstand.

BILD 2: Die Lenkung ist so leichtgängig, daß sie nach dem Einschlagen selbsttätig in die Geradeausstellung zurückpendelt.

BILD 3: Die an der stabilen Stahlvorderachse aufgehängten Vorderräder sind mit Gummifederung versehen.

BILD 4: Ein Blick unter die Haube läßt den formschönen Dreizylinder-Motor sowie die zweckmäßige Anordnung von Batterie, Tank und Werkzeugkasten erkennen.

BILD 5: Auch mit schweren Anbaugeräten wird die Arbeit spielend leicht durch die Freigang- oder Regelhydraulik.

BILD 6: Ungehinderte Aufstiegsmöglichkeit, auch von der Seite. Klare Anordnung der Bedienungshebel.

Das interessiert den Techniker

Motor — Stehender Dreizylinder-Viertakt-Dieselmotor, Typ KD 1105 D, wassergekühlt, Fabrikat MWM, Leistung 34 PS, Drehzahl 2100 U/min., Hubraum 2233 ccm, Zylinder-Ø 95 mm, Hub 105 mm.

Lenkung — Kräftige, staub- und öldicht gekapselte Schneckenlenkung, im Ölbad laufend.

Getriebe — 6 Vorwärtsgänge (einschl. Kriechgang), 2 Rückwärtsgänge mit 34 Kugel- und Nadellagern, spiralverzahnten Palloid-Kegelrädern und Kugelschaltung. Der 1. Gang ist als Kriechgang voll belastbar.

Fahrgeschwindigkeiten — 1,4 – 3,3 – 5,3 – 7,6 – 12,5 – 19,5; auf Wunsch 27,5 km/h. Rückwärtsgänge 4,5 – 7,2 km/h.

Kupplung — Doppelkupplung Fichtel & Sachs DO 250/225 K.

Vorderachse — Aus Stahl mit Gummifederung, pendelnd aufgehängt.

Bremsen — Doppelte Hinterrad-Innenbacken-Einzelrad-Fußbremse, feststellbare, unabhängige Getriebehandbremse.

Bereifung

	normal	auf Wunsch
vorne	6.00–16 AS	6.00–16 ASF
hinten	10–28 AS	9–32, 11–28

Elektrische Ausrüstung — Lichtanlage 12 Volt, Batterie 90 Ah, Anlasser, Vorglühanlage.

Spurweite — Verstellbar 1,25–1,50 m.

Radstand — 2000 mm

Länge — 3250 mm

Breite — 1555 mm

Höhe bis oben Haube — 1300 mm

Bodenfreiheit — 380 mm

Eigengewicht — ohne Mähwerk 1750 kg

Anhängehöhen — Anhängekupplung von 720–765 mm verstellbar, Ackerschiene 350 mm.

Mähantrieb — Durch Zahnräder im Ölbad laufend, mit Sicherheits-Rutschkupplung in der Kurbelscheibe.

Mähwerk — Patentierte HELA-Konstruktion, spielend leicht auszuheben oder hydraulische Mähwerksaushebung mit separatem Hubzylinder.

Riemenscheibe — Hinten am Getriebegehäuse, abstellbar, 200 x 140 mm, 1572 U/min., schwenkbar für Rechts- und Linkslauf.

Zapfwelle — nach DIN 9611 / Form A
1. Motorzapfwelle mit 560 und 960 U/min.
2. Wegzapfwelle mit gangabhängiger Drehzahl, benutzbar im 1. bis 3. Gang für den Antrieb von Triebachsanhängern u. a. m.

Differentialsperre — Das einseitige Gleiten der Hinterräder bei glitschigem Boden kann durch Sperren des Differentials vermieden werden. Die Differentialsperre wird durch Fußhebel betätigt.

Tankinhalt — 35 Liter.

Sämtliche Angaben sind gewissenhaft, jedoch unverbindlich.

Normalausrüstung — Kriechgang, gefederte Vorderachse, Motorzapfwelle mit Norm- und Schnelldrehzahl, umschaltbar als Wegzapfwelle, Differentialsperre, Anlasseranlage, Fernthermometer, Hand- und Fußgas, Einzelradfußbremse, feststellbare, unabhängige Getriebehandbremse, vorderes Zugmaul, hintere Anhängevorrichtung höhenverstellbar, drehbar und gefedert, breite Ackerschiene, 2 Beifahrersitze, Start- und Stoppeinrichtung, Blink- und Stopplichter

Sonderausrüstung — Mähantrieb, Mähwerk 5', hydr. Mähwerksaushebung, Bereifung 9–32, 11–28, Kühlerjalousie, Vorderradkotflügel, Lenkradfeststellung, Riemenscheibe, Dreipunkt-Kraftheber mit Raddruckverstärker, Regelhydraulik, Holzdoppelsitze, Gerätescheinwerfer, Betriebsstundenzähler, Allwetterverdeck, Seilwinde, Frontlader.

HELA-SCHLEPPERFABRIK

Hermann Lanz Aulendorf/Württ.

Telefon-Sammel-Nr. (07 525) 425 Fernschreiber 0732 870 Telegramme: Lanz Aulendorf

HELA DIESEL

Überreicht durch:

HELA DIESEL
40 PS
45 PS
HELA-DIESEL D 540 / 548
der kraftvolle Allesschaffer
RW X 198

Der robuste HELA-Motor mit großem Hubraum und niedriger Drehzahl ist an Kraft, Wirtschaftlichkeit und Lebensdauer kaum zu übertreffen.

Das Kurbeltriebwerk ist besonders stark dimensioniert und dreifach rollengelagert.

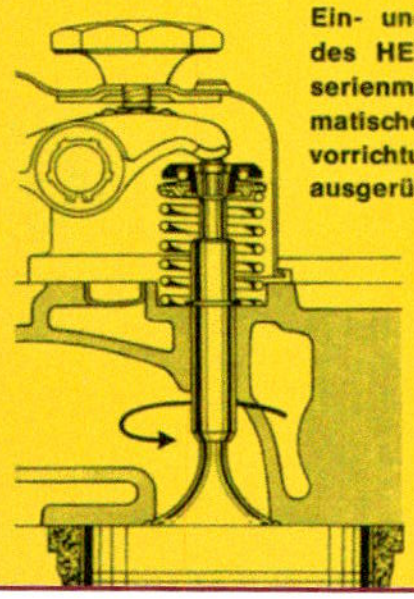

Ein- und Auslaßventile des HELA-Motors sind serienmäßig mit automatischer Zwangsdrehvorrichtung ROTACAP ausgerüstet.

Schlagkraft ist entscheidend

Auch für Ihren Hof bedeutet der leistungsstarke, vielseitige und zuverlässige HELA eine entscheidende Steigerung der Schlagkraft. Aus Erfahrung ist diese moderne Maschine voll auf die harte Praxis abgestimmt. Zugleistung, Kraft an Zapfwelle und Hydraulik sind für schwerste Arbeiten ausgelegt. Das fein abgestimmte Gruppenschaltgetriebe mit 9 Vorwärts- und 4 Rückwärtsgängen ermöglicht wirtschaftlichste Ausnutzung. Die Kraft und Vielseitigkeit dieser eleganten Maschine mit dem hohen Fahrkomfort ermöglicht eine rasche und störungsfreie Bestellung, Pflege und Ernte und damit eine entscheidende Steigerung des Ertrages.

Qualität bis ins letzte Detail

EIN FAHRKOMFORT, DER FREUDE MACHT

Großer, geräumiger Fahrerstand mit bequemem, seitlichem Einstieg. Die rutschfesten Bodenbleche schützen vor Spritzschmutz. Alle Hebel, Griffe und Pedale sind körpergerecht angeordnet. Traktormeter, komb. Anzeige-Instrument und Betriebsstundenzähler sind genau im Blickpunkt des Fahrers. Ein gepolsterter Fahrersitz kann nach Größe und Körpergewicht eingestellt werden. Die einzeln gefederten Vorderräder und die leichtgängige Lenkung runden den hohen Fahrkomfort ab.

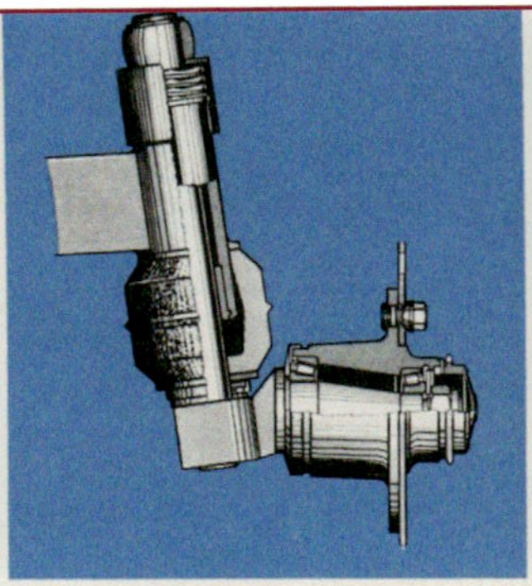

PRAXISGERECHTE AUSRÜSTUNG

Exakt funktionierende Bosch-ZP-Regelhydraulik mit Dreipunktgestänge, Senkdrossel und Zusatz-Steuergerät für Mähwerk, leistungsstarke Motorzapfwelle mit Norm- und Schnelldrehzahl sowie die feine Gangabstufung mit 9 Vorwärts- und 4 Rückwärtsgängen gehören zum serienmäßigen Lieferumfang. Die zusätzliche Ausrüstung mit Frontlader, Mähwerk, Fronthydraulik, Seilwinde und Allwetter-Verdeck machen den HELA zur universellen Arbeitsmaschine.

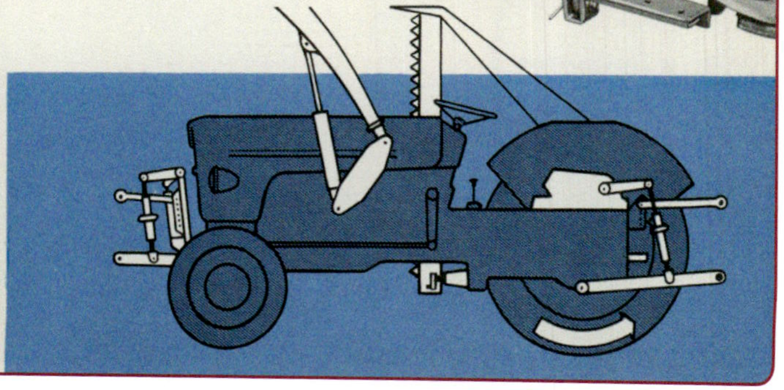

Technische Daten D540 / D548

	D 540 Normal	D 540 Schnellgang	D 548 Normal	D 548 Schnellgang
Motor	HELA-Dreizylinder-Viertakt-Dieselmotor wassergekühlt			
Hubraum	3246 ccm		3246 ccm	
Hub	125 mm		125 mm	
Bohrung	105 mm		105 mm	
Drehzahl	1750 U/min.		2000 U/min.	
Leistung in DIN PS	40		45	
Max. Drehmoment bei 1610 U/min	17,5 mkg		17,5 mkg	

Getriebe HELA-Gruppenschaltgetriebe mit 9 Vorwärts- und 4 Rückwärtsgängen. 1. Gang vollbelastbarer Kriechgang. Die Gruppenschaltung ermöglicht optimale Arbeitsleistung. Mit kurzer Schalthebelbewegung kann vor allem beim Frontlader-Einsatz mit hoher Geschwindigkeit vorwärts und rückwärts gefahren werden.

Fahrgeschwindigkeiten	D 540 Normal	D 540 Schnellgang	D 548 Normal	D 548 Schnellgang
1. V.-Gang	0,5– 0,9	0,7– 1,3	0,5– 0,9	0,6– 1,2
2. V.-Gang	0,8– 1,3	1,1– 1,8	0,8– 1,3	1,0– 1,7
3. V.-Gang	1,3– 2,1	1,8– 2,9	1,3– 2,1	1,6– 2,7
4. V.-Gang	2,0– 3,1	2,6– 4,3	2,0– 3,1	2,5– 4,1
5. V.-Gang	3,0– 5,3	4,2– 7,4	3,0– 5,4	3,9– 6,9
6. V.-Gang	5,1– 7,8	6,9–11,1	5,2– 7,9	6,5–10,3
7. V.-Gang	5,8– 9,0	7,8–12,6	5,9– 9,1	7,6–11,8
8. V.-Gang	8,6–13,3	11,6–18,7	8,9–13,5	11,3–17,5
9. V.-Gang	13,0–20,0	17,0–27,4	13,1–20,0	16,8–25,6
1. R.-Gang	1,8– 2,9	2,2– 4,0	1,8– 2,9	2,1– 3,8
2. R.-Gang	2,8– 4,3	3,7– 6,0	2,8– 4,3	3,5– 5,6
3. R.-Gang	4,2– 6,5	5,7– 9,2	4,2– 6,6	5,0– 8,6
4. R.-Gang	6,3– 9,7	8,5–13,6	6,4– 9,8	8,2–12,7

Zapfwelle Nach Din 9611 / Form A, Motorzapfwelle mit 540 U/min., umschaltbar auf 1100 U/min. bei Nenndrehzahl des Motors.

Kupplung Doppelkupplung für unabhängigen Zapfwellenbetrieb F & S DO 280 / 250 K.

Vorderachse Stabile Stahlvorderachse; pendelnd aufgehängt; mit Einzelradfederung.

Lenkung Besonders leichtgängige Schneckenlenkung, im Ölbad laufend, staub- und öldicht gekapselt.

Bereifung	D 540	D 548
vorne normal	6.00–16	6.00–16
vorne auf Wunsch		6.00–19
hinten normal	11–28	11–32
hinten auf Wunsch	11–32	13–30

Bremsen Doppelte Hinterrad-Innenbacken-Einzelrad-Fußbremse und unabhängige, feststellbare Getriebe-Handbremse.

Elektr. Ausrüstung Kompl. 12-Volt-Anlage mit Batterie, Anlasser, Lichtmaschine, Scheinwerfer mit Stand-, Abblend- und Fernlicht, Begrenzungs-, Brems- und Rückleuchten, Blinkern, Anhänger- und Gerätesteckdose, Signalhorn.

	D 540 Normal	D 540 Schnellgang	D 548 Normal	D 548 Schnellgang
Spurweite	1,25–1,50 m		1,25–1,50 m (11–32) 1,35–1,44 m (13–30)	
Radstand	2,10 m		2,10 m	
Länge	3,37 m		3,37 m	
Breite	1,58 m		1,58 m	
Höhe bis oben Haube	1350 mm		1400 mm	
Eigengewicht mit Hydraulik	2020 kg		2250 kg	
Anhängehöhen	685–730 mm		735–790 mm	
Bodenfreiheit	380 mm (bei Bereifung 11–28)		430 mm (bei Bereifung 11–32)	
Differentialsperre	Betätigung durch Fußhebeldruck.			
Tankinhalt	45 Liter		45 Liter	
Farbe	Rot oder Grün in Einbrennlackierung.			

Hydraul. Anlage serienmäßig: Regel-Hydraulik mit Einhebel-Regel-Steuergerät, Senkdrossel und Zusatz-Steuergerät für Mähwerk, unabhängig-angetriebener abschaltbarer Zahnradpumpe, Dreipunkt-Gestänge nach DIN 9674, Kategorie I, Hubkraft an der Ackerschiene 1600 kg.
auf Wunsch: Freigang-Hydraulik

Mähantrieb Durch Zahnräder im Ölbad laufend mit Sicherheits-Rutschkupplung in der Kurbelscheibe.

Mähwerk Spielend leicht gängig (hydraulische Aushebung mit separatem Hubzylinder).

Riemenscheibe Breite 140 mm, Durchmesser 200 mm, Drehzahl 1540 U/min.

Frontlader System „Baas", Arbeitswerkzeuge Größe II und III.

Seilwinden Seilwinden mit automatischer Seilführung und 4 bzw. 6 to Zugkraft, Doppeltrommel-Winden mit 3 oder 5 to Zugkraft.

Sämtliche Angaben sind gewissenhaft, jedoch unverbindlich.

Normalausrüstung Kriechgang, gefederte Vorderachse, Motorzapfwelle mit Norm- und Schnelldrehzahl, Differentialsperre, Anlasser-Anlage, Hand- und Fußgas, Einzelrad-Fußbremse, feststellbare, unabhängige Getriebe-Handbremse, vorderes Zugmaul, hintere Anhänge-Vorrichtung, höhenverstellbar, drehbar, gefedert; breite Ackerschiene, Regel-Hydraulik mit Dreipunkt-Gestänge, Senkdrossel und Zusatz-Steuergerät für Mähwerk, Traktormeter mit Betriebsstundenzähler, komb. Anzeige-Instrument, Beifahrersitz, Kühlerjalousie.

Sonderausrüstung Mähantrieb, Mähwerk 5 oder 6 Fuß, Riemenscheibe, Geräte-Scheinwerfer, Allwetterverdeck, Frontlader, Seilwinde, Fronthydraulik.

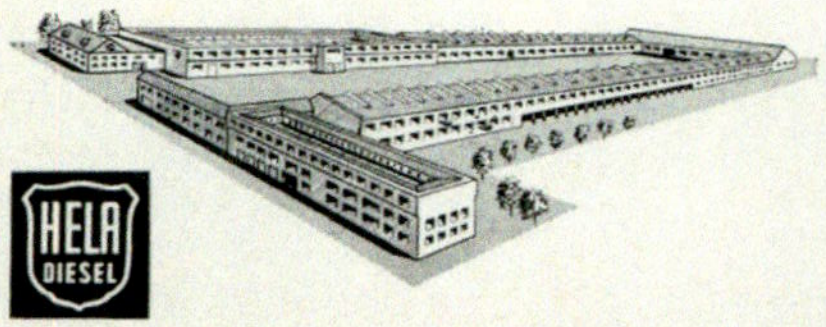

HELA-SCHLEPPERFABRIK

Hermann Lanz 7960 Aulendorf

Telefon: (07525) 425 – 426 – 427 · Fernschreiber: 0732 870 · Telegramme: Lanz Aulendorf

HD 40 I.67

HELA - D 548 S - der Spezialschlepper für den Obstbau

45 PS
nach DIN 70020

50 PS
nach SAE

In engster Zusammenarbeit mit Praktikern des Obstbaues geschaffen, ist der HELA - D 548 S voll auf die Belange dieser Spezial-Kultur abgestimmt. Mit seiner schmalen und niedrigen Bauweise können die Anlagen beschädigungsfrei durchfahren werden. Die Spurweite liegt zwischen Normal- und Schmalspur, so daß eine gute Standfestigkeit beim Kisten-Transport und Stapeln gegeben ist.

Ein bewährter Motor mit hohen Leistungs-Reserven gibt dem D 548 S viel Kraft. Steigungen von 10 % sind für ihn kein Problem. Die schafft er auch mit schweren Anbaugeräten. Die Zapfwelle (mit Norm- und Schnelldrehzahl) hat selbst beim Betrieb einer Gebläse-Spritze mit 70 000 m^3 Luftumwälzung noch reichlich Reserven. Das robuste Getriebe bietet mit 9 Vorwärts- und 4 Rückwärtsgängen immer die richtige Geschwindigkeitsabstufung. Von jedermann und von jeder Frau spielend leicht zu bedienen ist die Hydro-Lenkung — auch bei belastetem Front-Stapler! Vorderachse und Vorderräder sind als zusätzliche Sicherheit verstärkt. Der Fahrkomfort ist so, daß sich der Fahrer bei der Arbeit wohlfühlt. Alles ist zweckgerecht an dieser stabilen und kraftvollen Maschine. Ganz gleich, ob sie zum Mulchen, Spritzen, Transport, Stapeln von Paletten oder zu Arbeiten in der allgemeinen Landwirtschaft eingesetzt wird, immer zeigt sich die reiche Erfahrung des Herstellers und seine enge Zusammenarbeit mit der Landwirtschaft.

Hohe Flächenleistung beim Mulchen

Standfest und leicht zu lenken ist der D 548 S auch mit belastetem Frontstapler.

Die Kraftreserven schätzt man, wenn es mit schwerer Gebläse-Spritze bergauf geht.

TECHNISCHE DATEN

Motor: Wassergekühlter HELA-Dreizylinder-Dieselmotor, Hubraum 3246 ccm, Hub 125 mm, Bohrung 105 mm, Drehzahl 2000 U/min, Leistung 45 PS nach DIN 70 020, 50 PS nach SAE, max. Drehmoment bei 1610 U/min = 17,5 mkg.

Getriebe: HELA-Gruppenschaltgetriebe mit 9 Vorwärts- und 4 Rückwärtsgängen. 1. Gang vollbelastbarer Kriechgang. Die Gruppenschaltung ermöglicht optimale Arbeitsleistung. Mit kurzer Schalthebelbewegung kann vor allem beim Hubstapler-Einsatz mit hoher Geschwindigkeit vor- und rückwärtsgefahren werden.

Fahrgeschwindigkeiten bei Bereifung 13–24 AS
Schnellgang: V-Gänge = 1,2 – 1,9 – 2,9 – 4,4 – 7,5 – 11,1 – 12,8 – 19,0 – 27,7 km/h.
R-Gänge = 4,1 – 6,1 – 9,3 – 13,8 km/h.

Zapfwelle: Nach DIN 9611 / Form A, Motorzapfwelle mit 540 U/min, umschaltbar auf 1100 U/min bei Nenndrehzahl des Motors.

Kupplung: Doppelkupplung für unabhängigen Zapfwellenbetrieb F & S DO 280 / 250 K.

Vorderachse: Stabile Stahlvorderachse, pendelnd aufgehängt.

Lenkung: ZF-Hydrolenkung

Bereifung: vorne 7.50–16 ASF, hinten 13–24 AS, auf Wunsch 11–28 oder 11–24 AS.

Bremsen: Doppelte Hinterrad-Innenbacken-Einzelrad-Fußbremse und unabhängige, feststellbare Getriebe-Handbremse.

Elektr. Ausrüstung: Kompl. 12-Volt-Anlage mit Batterie, Anlasser, Lichtmaschine, Scheinwerfer mit Stand-, Abblend- und Fernlicht, Begrenzungs-, Brems- und Rückleuchten, Blinkern, Anhänger- und Gerätesteckdose, Signalhorn.

Spurweite: vorne = 1140 mm, hinten = 1135 mm

Radstand: 2100 mm.

Schleppermaße: Länge = 3370 mm, Breite = 1500 mm, Höhe bis oben Haube = 1300 mm, Anhängehöhen = 600–720 mm, Bodenfreiheit = 380 mm.

Differentialsperre: Betätigung durch Fußhebeldruck.

Eigengewicht mit Hydraulik: 2245 kg.

Tankinhalt: 50 Liter.

Lackierung: Wahlweise rot oder grün in dauerhafter Einbrennlackierung.

Hydr. Anlage (serienmäßig): Regel-Hydraulik mit Einhebel-Regel-Steuergerät, Senkdrossel mit Zusatzsteuergerät, unabhängig-angetriebener abschaltbarer Zahnradpumpe, Dreipunkt-Gestänge nach DIN 9674, Kategorie I, Hubkraft an der Ackerschiene 1600 kg. Auf Wunsch Freigang-Hydraulik.

Frontlader: System „Baas", Arbeitswerkzeuge Größe II oder III.

Normalausrüstung: Kriechgang, Motorzapfwelle mit Norm- und Schnelldrehzahl, Differentialsperre, Anlasser-Anlage, Hand- und Fußgas, Einzelrad-Fußbremse, feststellbare, unabhängige Getriebe-Handbremse, vorderes Zugmaul, hintere Anhänge-Vorrichtung – höhenverstellbar und drehbar, breite Ackerschiene, Regel-Hydraulik mit Dreipunkt-Gestänge, Senkdrossel und Zusatzsteuergerät, Traktormeter mit Betriebsstundenzähler, komb. Anzeige-Instrument, Thermostat.

Sonderausrüstung: Fronthydraulik, Hubstapler, vordere Kotflügel, Geräte-Scheinwerfer, Frontlader.

Sämtliche Angaben sind gewissenhaft, jedoch unverbindlich!

SCHLEPPERFABRIK

Hermann Lanz 7960 Aulendorf

Telefon: (07525) 425 – 426 – 427 · Fernschreiber: 0732 870
Telegramme: Lanz Aulendorf

HELA DIESEL
Der elegante
HELA-DIESEL
im Stil moderner
Landtechnik
35 PS
Type D 434
D 534

Die Kraftquelle des D 434 ist ein kompakter MWM-Dreizylinder-Motor mit Direkteinspritzung. Vorteile dieser modernen Antriebsmaschine sind hohe Leistung, niedriger Kraftstoffverbrauch, gute Kaltstartfähigkeit und geräuscharmer Lauf durch Wasserkühlung.

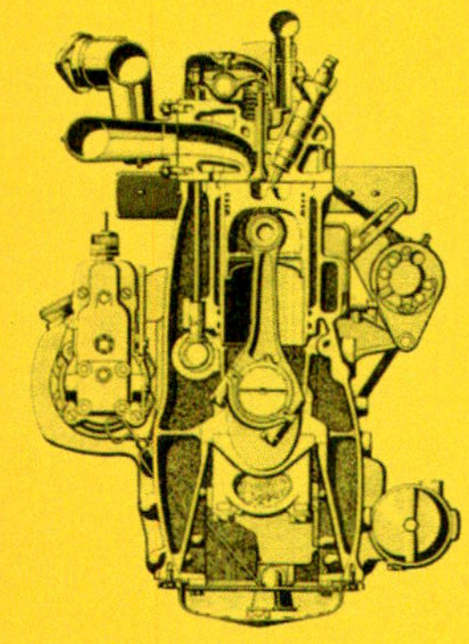

Schnittbild des Motors

Die vielseitigen Aufgaben der Landwirtschaft erfordern einen vielseitigen Traktor. Der HELA D 434 ist darauf abgestimmt. Heckhydraulik, Fronthydraulik, Frontlader, Mähwerk, Zapfwelle mit Norm- und Schnelldrehzahl, Riemenscheibe, die feine Gangabstufung mit 10 Vorwärts- und 2 Rückwärtsgängen und dazu eine enorme Zugkraft machen den HELA zur universellen Arbeitsmaschine.

Erwarten Sie viel von diesem HELA

Er vereinigt Kraft mit Vielseitigkeit, modernste Konstruktion mit Wirtschaftlichkeit und Stabilität mit eleganter Form.

Alle Aufgaben, die man einer Maschine dieser PS-Klasse zumuten kann, bewältigt der HELA stets rasch, zuverlässig und wirtschaftlich.

Der sparsame Dreizylinder-Motor mit Direkteinspritzung ermöglicht nicht nur hohe Zugleistung, sondern auch viel Kraft an der Zapfwelle und an der exakt wirkenden Hydraulikanlage. Das robuste Getriebe gibt es wahlweise mit 6 oder 10 Vorwärts-und 2 Rückwärtsgängen. Außerdem ist Schnellgang-Ausführung lieferbar.

Die zusätzliche Ausrüstung mit Fronthydraulik, Mähwerk, Frontlader, Seilwinde, Riemenscheibe machen diesen eleganten und komfortablen Schlepper zur universellen Kraftquelle Ihres Hofes – und

er wird Sie nie enttäuschen!

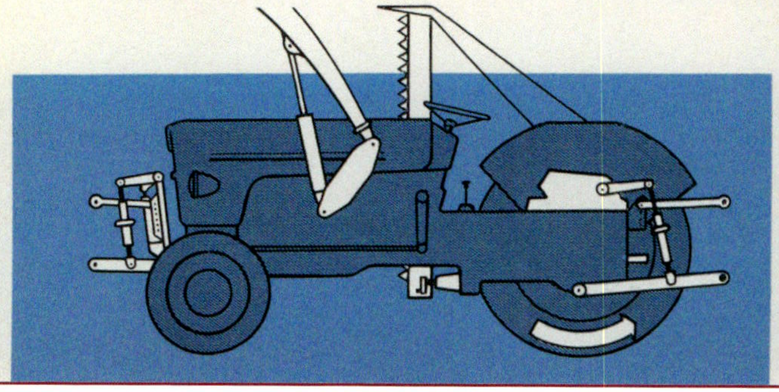

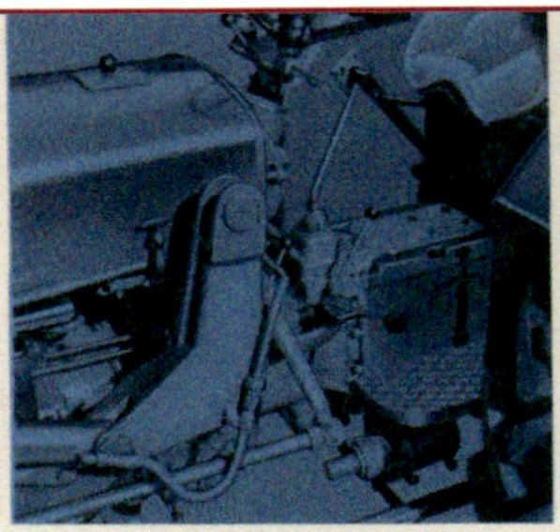
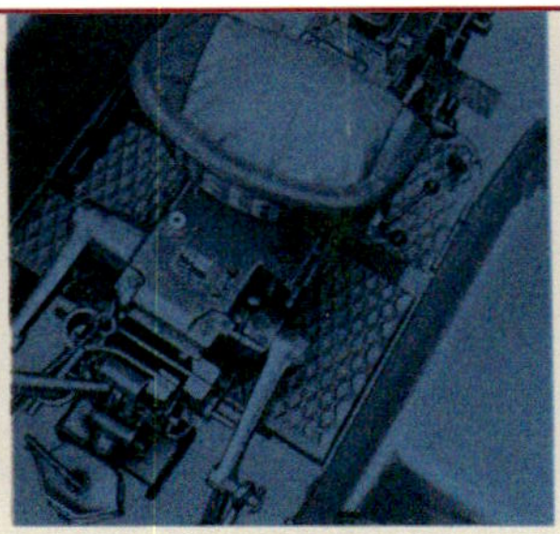

FREUDE AN DER ARBEIT DURCH GUTEN KOMFORT

Bequemer, breiter Einstieg – selbst bei angebautem Frontlader –, geräumige Plattform, die geriffelten Bodenflächen sind rutschfest und schützen gegen Spritzschmutz. Der Fahrer sitzt auf einem bequemen, gepolsterten Sitz – auf Wunsch wird sogar ein hydraulisch gedämpfter Luxussitz geliefert. Alle Hebel, Griffe und Pedale sind körpergerecht angeordnet. Traktormeter, komb. Anzeigeinstrument und Betriebsstundenzähler sind genau im Blickfeld des Fahrers. Die einzeln gefederten Vorderräder schützen Maschine und Fahrer vor Erschütterungen.

Die moderne Bosch-ZP-Regelhydraulik steigert die Schlagkraft des Schleppers und ermöglicht eine intensive Bodenbearbeitung.

Weitere Vorteile: Größere Flächenleistung durch Schlupfminderung, Kraftstoffersparnis und geringere Reifenabnützung.

TECHNISCHE DATEN

Motor Wassergekühlter Dreizylinder-Viertakt-Dieselmotor Type D 208/3, Fabrikat MWM

Hubraum	2233 ccm
Hub	105 mm
Drehzahl	2100 U/min.
Dauerleistung	35 PS

	D 434	D 534
Getriebe	HELA-Schaltgetriebe mit 6 Vorwärts- u. 2 Rückwärtsgängen. 1. Gang vollbelastbarer Kriechgang.	Gruppenschaltgetriebe mit 10 Vorwärts- und 2 Rückwärtsgängen. 1. Gang vollbelastbarer Kriechgang. Die Gruppenschaltung ermöglicht optimale Arbeitsleitung. Mit kurzer Schalthebelbewegung kann vor allem beim Frontlader-Einsatz mit hoher Geschwindigkeit vor- und rückwärts gefahren werden.
Fahrgeschwindigkeiten	1. V-Gg. 1,4 / 5. V-Gg. 12,5 2. V-Gg. 3,3 / 6. V-Gg. 20,0 3. V-Gg. 5.3 / 1. R-Gg. 4,5 4. V-Gg. 7,8 / 2. R-Gg. 7,2	1. V-Gg. 0,9 / 7. V-Gg. 9,5 2. V-Gg. 1,4 / 8. V-Gg. 12,4 3. V-Gg. 2,1 / 9. V-Gg. 15,1 4. V-Gg. 3,3 / 10. V-Gg. 19,93 5. V-Gg. 4,9 / 1. R-Gg. 5,0 6. V-Gg. 7,8 / 2. R-Gg. 8,1

Schnellgang-Ausführung mit einer Erhöhung der Geschwindigkeiten um ca. 25 %.

Zapfwelle Nach DIN 9611 / Form A, Motorzapfwelle (kupplungsunabhängig) mit 560 U/min., umschaltbar auf 980 U/min.

Kupplung Doppelkupplung für unabhängigen Zapfwellenbetrieb F & S DO 250/225 K.

Vorderachse Stabile Stahlvorderachse; pendelnd aufgehängt; mit Einzelrad-federung.

Lenkung Besonders leichtgängige Schneckenlenkung, im Ölbad laufend, staub- und öldicht gekapselt.

Bereifung normal

vorne	6.00 – 16
hinten	10 – 28
auf Wunsch hinten	9 – 32, 9 – 36 oder 11 – 28

Farbe Rot oder Grün in Einbrennlackierung.

Bremsen Doppelte Hinterrad-Innenbacken-Einzelrad-Fußbremse und unabhängige, feststellbare Getriebe-Handbremse.

Elektrische Ausrüstung Komplette 12-Volt-Anlage mit Batterie, Anlasser, Lichtmaschine, Scheinwerfer mit Stand-, Abblend- und Fernlicht, Begrenzungs-, Brems- und Rückleuchten, Blinkern, Anhänger- und Geräte-Steckdose, Signalhorn.

Spurweite	1,25 / 1,50 m
Radstand	2000 mm
Länge	3250 mm
Breite	1555 mm
Höhe bis Lenkrad	1560 mm
Eigengewicht mit Hydraulik	ca. 1800 kg
Anhängehöhen	630 – 675 mm
Bodenfreiheit	380 mm
Differentialsperre	Betätigung durch Fußhebeldruck
Tankinhalt	35 Liter

Hydraulische Anlage serienmäßig: Regel-Hydraulik mit Einhebel-Regel-Steuergerät, Senkdrossel mit Zusatz-Steuergerät für Mähwerk, unabhängig angetriebener Zahnradpumpe, Dreipunkt-Gestänge nach DIN 9674 / Kategorie I, Hubkraft an der Ackerschiene 1400 kg.
auf Wunsch: Freigang-Hydraulik

Mähantrieb Durch Zahnräder im Ölbad laufend mit Sicherheits-Rutschkupplung in der Kurbelscheibe.

Mähwerk Hydraulische Aushebung mit separatem Hubzylinder.

Riemenscheibe Breite 140 mm, Durchmesser 200 mm, Drehzahl 1570 U/min.

Frontlader System „Baas", Arbeitswerkzeuge Größe I.

Seilwinde mit 50-m-Seil, 2,5 oder 3 to Zugkraft.

Normalausrüstung Kriechgang, gefederte Vorderachse, Motor-Zapfwelle mit Norm- und Schnelldrehzahl, Differentialsperre. Anlasser-Anlage, Hand- und Fußgas, Einzelrad-Fußbremse, feststellbare, unabhängige Getriebe-Handbremse, vorderes Zugmaul, hintere Anhänge-Vorrichtung, höhenverstellbar, drehbar, gefedert; breite Ackerschiene, Regelhydraulik mit Dreipunkt-Gestänge, Senkdrossel und Zusatz-Steuergerät für Mähwerk, Traktormeter mit Betriebsstundenzähler, komb. Anzeige-Instrument, Beifahrersitz, Thermostat.

Sonderausrüstung Mähantrieb, Mähwerk 5 Fuß, Riemenscheibe, Geräte-Scheinwerfer, Allwetterverdeck, Frontlader, Seilwinde, Fronthydraulik.

Sämtliche Angaben sind gewissenhaft, jedoch unverbindlich!

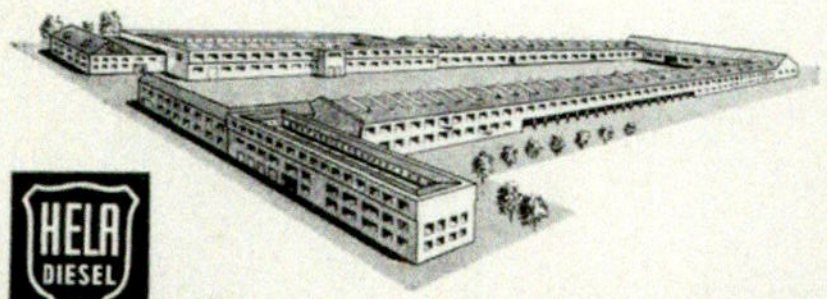

HELA DIESEL

SCHLEPPERFABRIK

Hermann Lanz 7960 Aulendorf

Telefon: (07525) 425 – 426 – 427 – Fernschreiber 0732 870
Telegramme: Lanz Aulendorf

D 434 · 12.66

HELA-Schmalspur-Schlepper

Die Spezial-Maschine für den Wein-, Obst- und Hopfenbau

D 538 S
40 PS

Kompakt gebaut, wendig und leistungsstark erfüllt der formschöne HELA-Schmalspur-Schlepper alle Forderungen der Praxis in Reihenkulturen.
Seine glatten Außenfronten, die niedrige Bauhöhe und die Spursicherheit ermöglichen ein Durchfahren der Zeilen ohne Beschädigung von Ästen und Trieben.
Der robuste Dreizylinder-Motor mit 40 PS gewährleistet auch beim Einsatz mit kraftaufwendigen Zapfwellen-Geräten ein zügiges Arbeiten. Die exakt funktionierende Hydraulik-Anlage, die feine Gang-Abstufung des Getriebes, sowie ein hoher Fahrkomfort machen das Arbeiten mit dieser Maschine zur Freude.

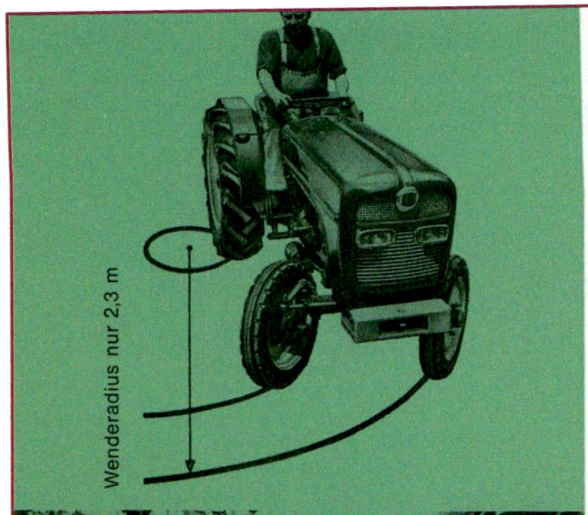

Technische Daten für den HELA-Schmalspur-Schlepper 40 PS - Type 538 S

Motor: Wassergekühlter Dreizylinder-Viertakt-Dieselmotor mit Direkteinspritzung Type D 208-3, Fabrikat MWM, Leistung 40 PS, Drehzahl 2300 U/min., Hubraum 2232 ccm, Zylinder ⌀ 95 mm, Hub 105 mm.

Bauart: Blockkonstruktion

Gruppenschaltgetriebe: 10 Vorwärtsgänge: 0,9 – 1,5 – 2,2 – 3,4 – 4,8 – 7,8 – 9,4 – 12,3 – 15,2 – 20,0 km/h.
2 Rückwärtsgänge: 5,0 – 8,0 km/h

Zapfwelle: Profil 29 x 35 DIN 9611, Form A
Motorzapfwelle mit Normdrehzahl 548 U/min.
Umschaltung auf 1050 U/min.

Kupplung: Wartungsfreie Zweischeiben-Trockenkupplung F & S DO 250/225 K

Bremsen: Unabhängige Handbremse als Feststellbremse, Hinterrad-Fußbremse m. Einzelrad-Bedienung als Lenkbremse

Vorderachse: Ausziehbare Rohrachse mit Einzelradfederung.

Spurweite: vorne 860, verstellbar auf 1060 mm
hinten 768, verstellbar auf 1018 mm

Federung: Komfortsitz nach Fahrergewicht und -größe verstellbar, gut gefedert und hydraulisch gedämpft mit Parallelogrammführung.

Elektrische Ausrüstung: Licht- und Anlasser-Anlage 12 Volt, Schlußleuchten mit Brems- und Kennzeichenlicht, Steckdose für Anhängerbeleuchtung 7-polig, Blinkanlage komplett nach StVZO für 2 Anhänger mit Begrenzungsleuchten kombiniert, Signalhorn.

Bereifung: normal: vorne 4.50–16 ASF, hinten 10–24 AS,
auf Wunsch hinten 9–24 AS

Schleppermaße: (bei normaler Bereifung)

Größte Länge:	3300 mm
Größte Breite:	1040 mm
Höhe bis oben Haube:	1230 mm
Bodenfreiheit:	300 mm
Radstand:	1860 mm
Kleinster Wenderadius mit Lenkbremse:	2300 mm

Eigengewicht:

Mit Kraftheber:	1520 kg
Vorderachslast:	500 kg
Hinterachslast:	1020 kg

Kraftheber: Fabrikat BOSCH-ZP (Type A 5) mit kupplungsunabhängigem Pumpenantrieb, Dreipunkt-Gestänge und Akkerschiene (Kategorie I)

Lackierung: Dauerhafte Einbrenn-Lackierung (wahlweise rot oder grün)

Tankinhalt: 42 Liter

Sämtliche Angaben gewissenhaft, jedoch unverbindlich!

Serienmäßige Ausrüstung: Ausziehbare Vorderachse, Differentialsperre, Einzelrad-Fußbremse, unabhängige Getriebe-Handbremse, Hand- und Fußgas, verstellbarer Fahrersitz mit Parallelogrammführung, Motor-Zapfwelle (kupplungsunabhängig) mit 2 Drehzahlbereichen (548 und 1050 U/min.), Traktormeter, Kombi-Anzeigeinstrument, vollst. elektr. Beleuchtungs- und Anlasser-Anlage 12 Volt, Blinkanlage, Freigang-Hydraulik mit Dreipunktgestänge.

Überreicht durch:

HELA DIESEL

HELA-SCHLEPPERFABRIK

Hermann Lanz 7960 Aulendorf

Telefon: (07525) 425, 426, 427 · Fernschreiber: 0732870 · Telegramme: Lanz Aulendorf

Das Beste ist für Ihren Hof gerade gut genug,
darum einen HELA-D 254
Wenn's hart auf hart geht, ist der rassige HELA D 254 in seinem Element. Die Konstruktion und stabile Bauweise sind ganz darauf ausgelegt. Vielseitig sind die Möglichkeiten, mit dem auf Sicherheit gebauten und mit Kraftreserven ausgestatteten HELA stets rentabel zu arbeiten. Er ist ein unermüdlicher Allesschaffer, der nur zufriedene Besitzer kennt. Darum ist auch für Sie die Anschaffung eines HELA ein Kauf ohne Risiko.
54 PS
nach DIN 70 020
60 PS
nach SAE
HELA
DIESEL

Ein Blick unter die Haube zeigt den kraftvollen Vier-Zylinder-Motor mit klarer Anordnung und guter Zugänglichkeit.

Der Fahrerstand bietet seitlichen Aufstieg, viel Raum und klare Arbeitsübersicht.

Die exakt funktionierende Regel-Hydraulik macht das Arbeiten mit Anbau-Geräten zur Freude.

TECHNISCHE DATEN FÜR DEN HELA D 254

Motor: Wassergekühlter Vierzylinder-Viertakt-Dieselmotor mit Direkteinspritzung, Type D 208–4, Fabrikat MWM, Leistung nach DIN 70 020 = 54 PS, nach SAE = 60 PS, Drehzahl 2400 U/min., Hubraum 2980 ccm, Zylinder-Durchmesser 95 mm, Hub 105 mm, max. Drehmoment bei 1600 U/min. = 18,1 mkp.
Schmiersystem: Automatische Öldruckschmierung. Drehzahlregulierung: Hand- und Fußgas.

Bauart: Block-Konstruktion

Gruppenschaltgetriebe: 8 Vorwärtsgänge: 1.6, 2.7, 4.3, 5.8, 7.3, 9.6, 15.5, 26.1 km/h, 4 Rückwärtsgänge: 2.8, 4.7, 7.5, 12.6 km/h

Zapfwelle: Profil 29 x 35 DIN 9611, Form A, Motor-Zapfwelle mit Norm-Drehzahl 588 U/min., umschaltbar auf 1153 U/min.

Kupplung: Wartungsfreie Zweischeiben-Trockenkupplung F & S DO 280/250

Bremsen: Unabhängige Handbremse als Feststellbremse, Hinterrad-Fußbremse mit Einzelrad-Bedienung als Lenkbremse.

Federung: Vorderachse Einzelrad-gummigefedert, Sitz nach Fahrergewicht und Größe verstellbar, gut gefedert und hydraulisch gedämpft mit Parallelogrammführung.

Elektr. Ausrüstung: Licht- und Anlasseranlage 12 Volt, Scheinwerfer mit Stand-, Abblend- und Fernlicht, Schlußleuchten mit Brems- und Kennzeichenlicht, Steckdose für Anhänger-Beleuchtung 7-polig, Blinkanlage komplett nach StVZO für 2 Anhänger mit Begrenzungsleuchten kombiniert, Signalhorn.

Bereifung: normal – vorne: 7.50–16 ASF, hinten: 11–36 AS. Auf Wunsch hinten: 14–30

Schleppermaße: (bei normaler Bereifung) Größte Länge: 3580 mm, größte Breite: 2000 mm, Höhe bis oben Haube: 1320 mm, Spurweite vorne: 1500 mm, Spurweite hinten: 1500 mm, verstellbar auf 1750 mm, Bodenfreiheit: 400 mm, kleinster Wenderadius mit Lenkbremse: 3200 mm

Eigengewicht: mit Kraftheber: 2420 kg, Vorderachslast: 820 kg, Hinterachslast: 1600 kg

Kraftheber: Regel-Kraftheber Fabrikat Bosch ZP, Type A 216 mit kupplungsunabhängigem Pumpen-Antrieb und breiter Anhänge-Schiene (Kategorie II). Hubkraft an der Ackerschiene = 1800 kg

Lackierung: Dauerhafte Einbrennlackierung, wahlweise rot oder grün.

Tankinhalt: 60 Liter.

Technische Angaben und Abbildungen sind gewissenhaft. Im Interesse des technischen Fortschrittes behalten wir uns jedoch Änderungen vor.

Serienmäßige Ausrüstung:

Gefederte Vorderachse, Vorderrad-Kotflügel, Motor-Zapfwelle mit Norm- und Schnell-Drehzahl, Differential-Sperre, Anlasser-Anlage, Beleuchtungs- und Blinkanlage nach StVZO, Hand- und Fußgas, Einzelrad-Fußbremse, feststellbare, unabhängige Getriebe-Handbremse, vorderes Zugmaul, hintere Anhänge-Vorrichtung höhenverstellbar und drehbar, Abstellvorrichtung vom Sitz aus, Regel-Kraftheber mit Dreipunkt-Gestänge und breiter Ackerschiene, Traktormeter und kombiniertes Anzeigeinstrument, Tachometer, Rückspiegel, Thermostat, Werkzeugkasten mit Inhalt.

Sonderausrüstung:

Bereifung 14–30, Allwetter-Verdeck, Frontlader, Seilwinde, Front-Hydraulik, Geräte-Scheinwerfer.

HELA DIESEL

HELA-SCHLEPPERFABRIK

Hermann Lanz 7960 Aulendorf

Telefon: (07525) 425, 426, 427, Fernschreiber: 0732 870, Telegramme: Lanz Aulendorf

Überreicht durch:

54 PS
D 254

Das Beste ist für Ihren Hof gerade gut genug,
darum einen HELA

Wenn's hart auf hart geht, ist der rassige HELA D 254 in seinem Element. Die Konstruktion und stabile Bauweise sind ganz darauf ausgelegt. Vielseitig sind die Möglichkeiten, mit dem auf Sicherheit gebauten und mit Kraftreserven ausgestatteten HELA stets rentabel zu arbeiten. Er ist ein unermüdlicher Allesschaffer, der nur zufriedene Besitzer kennt. Darum ist auch für Sie die Anschaffung eines HELA ein Kauf ohne Risiko.

HELA DIESEL

Ein Blick unter die Haube zeigt den kraftvollen Vier-Zylinder-Motor mit klarer Anordnung und guter Zugänglichkeit.

Der Fahrerstand bietet seitlichen Aufstieg, viel Raum und klare Arbeitsübersicht.

Die exakt funktionierende Regel-Hydraulik macht das Arbeiten mit Anbau-Geräten zur Freude.

TECHNISCHE DATEN FÜR DEN HELA D 254

Motor: Wassergekühlter Vierzylinder-Viertakt-Diesel-Motor mit Direkt-Einspritzung, Type D 208–4, Fabrikat MWM, Leistung 54 PS, Drehzahl 2400 U/min., Hubraum 2980 ccm, Zylinder-Durchmesser 95 mm, Hub 125 mm, max. Drehmoment bei 1600 U/min. = 18,1 mkp, Kraftstoffverbrauch: 177 g/PSh, Schmiersystem: Automatische Öldruckschmierung, Drehzahl-Regulierung: Hand- und Fußgas-Regulierung.

Bauart: Block-Konstruktion

Gruppenschaltgetriebe: 8 Vorwärtsgänge: 1.6, 2.7, 4.3, 5.8, 7.3, 9.6, 15.5, 26.1 km/h, 4 Rückwärtsgänge: 2.8, 4.7, 7.5, 12.6 km/h

Zapfwelle: Profil 29 x 35 DIN 9611, Form A, Motor-Zapfwelle mit Norm-Drehzahl 588 U/min., umschaltbar auf 1153 U/min.

Kupplung: Wartungsfreie Zweischeiben-Trockenkupplung F & S DO 280/250

Bremsen: Unabhängige Handbremse als Feststellbremse, Hinterrad-Fußbremse mit Einzelrad-Bedienung als Lenkbremse.

Federung: Vorderachse Einzelrad-gummigefedert, Sitz nach Fahrergewicht und Größe verstellbar, gut gefedert und hydraulisch gedämpft mit Parallelogrammführung.

Elektr. Ausrüstung: Licht- und Anlasseranlage 12 Volt, Scheinwerfer mit Stand-, Abblend- und Fernlicht, Schlußleuchten mit Brems- und Kennzeichenlicht, Steckdose für Anhänger-Beleuchtung 7-polig, Blinkanlage komplett nach StVZO für 2 Anhänger mit Begrenzungsleuchten kombiniert, Signalhorn.

Bereifung: normal – vorne: 7.50–16 ASF, hinten: 11–36 AS. Auf Wunsch hinten: 14–30

Schleppermaße: (bei normaler Bereifung) Größte Länge: 3580 mm, größte Breite: 2000 mm, Höhe bis oben Haube: 1320 mm, Spurweite vorne: 1500 mm, Spurweite hinten: 1500 mm, verstellbar auf 1750 mm, Bodenfreiheit: 400 mm, kleinster Wenderadius mit Lenkbremse: 3200 mm

Eigengewicht: mit Kraftheber: 2420 kg, Vorderachslast: 820 kg, Hinterachslast: 1600 kg

Kraftheber: Regel-Kraftheber Fabrikat Bosch ZP, Type A 216 mit kupplungsunabhängigem Pumpen-Antrieb und breiter Anhänge-Schiene (Kategorie II). Hubkraft an der Ackerschiene = 1800 kg

Lackierung: Dauerhafte Einbrennlackierung, wahlweise rot oder grün.

Tankinhalt: 60 Liter.

Technische Angaben und Abbildungen sind gewissenhaft. Im Interesse des technischen Fortschrittes behalten wir uns jedoch Änderungen vor.

Serienmäßige Ausrüstung:

Gefederte Vorderachse, Vorderrad-Kotflügel, Motor-Zapfwelle mit Norm- und Schnell-Drehzahl, Differential-Sperre, Anlasser-Anlage, Beleuchtungs- und Blinkanlage nach StVZO, Hand- und Fußgas, Einzelrad-Fußbremse, feststellbare, unabhängige Getriebe-Handbremse, vorderes Zugmaul, hintere Anhänge-Vorrichtung höhenverstellbar und drehbar, Abstellvorrichtung vom Sitz aus, Regel-Kraftheber mit Dreipunkt-Gestänge und breiter Ackerschiene, Traktormeter und kombiniertes Anzeigeinstrument, Tachometer, Rückspiegel, Kühlerjalousie, Werkzeugkasten mit Inhalt.

Sonderausrüstung:

Bereifung 14–30, Allwetter-Verdeck, Frontlader, Seilwinde, Front-Hydraulik, Geräte-Scheinwerfer.

HELA DIESEL

HELA-SCHLEPPERFABRIK

Hermann Lanz 7960 Aulendorf

Telefon: (07525) 425, 426, 427, Fernschreiber: 0732 870, Telegramme: Lanz Aulendorf

Überreicht durch:

HELA-Allrad-Schlepper D 254 A 54 PS

Bei schwerster Arbeit beweist der HELA-Allrad-Schlepper seine enorme Zugkraft, Zapfwellen-Leistung und Geländegängigkeit.

Dem HELA - D 254 A ist es gleich, ob er auf schwierigsten Bodenverhältnissen, auf Steigungen, vor größten Zapfwellen-Geräten, zum Pflügen mit großen Arbeitsbreiten, in Kies- und Sandgruben oder im Forst eingesetzt wird, immer geht er durch dick und dünn.

HELA DIESEL

TECHNISCHE DATEN

Motor: Wassergekühlter Vierzylinder-Viertakt-Diesel-Motor mit Direkteinspritzung, Type D 208–4, Fabrikat MWM, Leistung 54 PS, Drehzahl 2400 U/min., Hubraum 2980 ccm, Zylinder-Durchmesser 95 mm, Hub 105 mm, max. Drehmoment bei 1600 U/min. = 18,1 mkp,
Schmiersystem: Automatische Öldruckschmierung, Drehzahlregulierung: Hand- und Fußgas.

Bauart: Allrad-Block-Konstruktion

Gruppenschaltgetriebe: bei Bereifung 14–30
8 Vorwärtsgänge: 1,5–2,4–3,9–5,2–6,6–8,6–14,0–23,4 km/h
4 Rückwärtsgänge: 2,5–4,2–6,7–11,3 km/h
bei Bereifung 13–30
8 Vorwärtsgänge: 1,5–2,4–3,9–5,2–6,6–8,6–14,0–23,1 km/h
4 Rückwärtsgänge: 2,5–4,2–6,7–11,3 km/h

Zapfwelle: Profil 29x35 DIN 9611, Form A, Motor-Zapfwelle mit Norm-Drehzahl 588 U/min., umschaltbar auf 1153 U/min.

Kupplung: Wartungsfreie Zweischeiben-Trockenkupplung F & S DO 280/250.

Bremsen: Unabhängige Handbremse als Feststellbremse, Hinterrad-Fußbremse mit Einzelrad-Bedienung als Lenkbremse.

Lenkung: ZF-Gemmer-Lenkung, auf Wunsch ZF-Hydro-Lenkung.

Fahrersitz: Sitz nach Fahrergewicht und Größe verstellbar, gut gefedert und hydraulisch gedämpft mit Parallelogrammführung.

Elektr. Ausrüstung: Licht- und Anlasseranlage 12 Volt, Scheinwerfer mit Stand-, Abblend- und Fernlicht, Schlußleuchten mit Brems- und Kennzeichenlicht, Steckdose für Anhänger-Beleuchtung 7-polig, Blinkanlage kompl. nach StVZO für 2 Anhänger mit Begrenzungsleuchten kombiniert, Signalhorn.

Bereifung:

normal	vorne 9-24 ASF, hinten 14-30 AS
auf Wunsch	vorne 8-24 ASF, hinten 13-30 AS

Schleppermaße: (bei normaler Bereifung)

größte Länge:	3700 mm
größte Breite:	2000 mm
Höhe b. ob. Haube:	1320 mm
Spurweite vorne:	1500 mm
Spurweite hinten:	1500 mm, verstb. a. 1750 mm
Bodenfreiheit:	400 mm

Eigengewicht:

mit Kraftheber:	2560 kg
Vorderachslast:	1130 kg
Hinterachslast:	1430 kg

Kraftheber: Regel-Kraftheber Fabrikat Bosch/ZP, Type A 216 mit kupplungsunabhängigem Pumpen-Antrieb und breiter Anhängeschiene (Kategorie II).
Hubkraft an der Ackerschiene = 1800 kg.

Lackierung: Dauerhafte Einbrennlackierung, wahlweise rot oder grün.

Tankinhalt: 60 Liter.

Technische Angaben und Abbildungen sind gewissenhaft. Im Interesse des technischen Fortschrittes behalten wir uns jedoch Änderungen vor.

Serienmäßige Ausrüstung:
ZF-Schlepper-Lenkachse, Vorderrad-Kotflügel, Motor-Zapfwelle mit Norm- und Schnell-Drehzahl, Differentialsperre, Anlasser-Anlage, Beleuchtungs- und Blinkanlage nach StVZO, Hand- und Fußgas, Einzelrad-Fußbremse, feststellbare, unabhängige Getriebe-Handbremse, vorderes Zugmaul, hintere Anhänge-Vorrichtung höhenverstellbar und drehbar, Abstellvorrichtung vom Sitz aus, Regel-Kraftheber mit Dreipunkt-Gestänge und breiter Ackerschiene, Traktormeter und komb. Anzeigeinstrument, Tachometer, Rückspiegel, Thermostat, Werkzeugkasten mit Inhalt.

Sonderausrüstung:
Allwetter-Verdeck, Frontlader, Seilwinde, Front-Hydraulik, Geräte-Scheinwerfer.

HELA-SCHLEPPERFABRIK

Hermann Lanz 7960 Aulendorf

Telefon: (07525) 425 – 426 – 427 **Fernschreiber: 0732 870**
Telegramme: Lanz Aulendorf

Der rasante HELA-Diesel-Kleinschlepper

D 416
16 PS

Der HELA – D 416 ist ein wendiger Allesschaffer für den kleineren Hof. Auch als Zweitschlepper in Mittel- und Großbetrieben beweist er seine hervorragende Eignung. Er ist aus Erfahrung wertbeständig gebaut. Seine technische Ausrüstung ist zukunftssicher. Ein temperamentvoller und wirtschaftlicher Zweizylinder-Motor ist die zuverlässige Kraftquelle. Das robuste Getriebe mit 6 Vor- und 2 Rückwärtsgängen ermöglicht Arbeits- und Fahrgeschwindigkeiten in praxisgerechter Abstufung vom Kriechgang bis zur raschen Straßenfahrt. Neben landtechnischer Zweckmäßigkeit bietet dieser formschöne Kleinschlepper auch hohen Fahrkomfort mit geräumigem Fahrerstand, seitlichem Einstieg, Luxus-Sitz und Einzelrad-Federung der Vorderräder.

HELA DIESEL

Bequemer seitlicher Aufstieg zum geräumigen Fahrerstand mit Luxus-Sitz

Alle Hebel, Griffe und Pedale sind körpergerecht angeordnet. Traktormeter und komb. Anzeige-Instrument sind genau im Blickfeld des Fahrers.

Die serienmäßige Ausrüstung mit Hydraulik steigert die Schlagkraft dieses wendigen Kleinschleppers.

Technische Daten

Motor: Stehender Zweizylinder-Viertakt-Dieselmotor, luftgekühlt, Typ D 301-2, Fabrikat MWM, 16 PS bei 2200 U/min Bohrung 80 mm, Hub 100 mm, Hubraum 1005 ccm.

Getriebe: HELA-Wechselgetriebe mit 6 Vorwärts- und 2 Rückwärtsgängen.

Fahrgeschwindigkeiten: 1,3 – 2,6 – 4,7 – 7,0 – 10,4 – 19,4 km/h Rückwärtsgänge: 2,3 – 6,4 km/h

Kupplung: Einscheibentrockenkupplung F & S, K 180 Z, mit Torsionsdämpfer. Keine Wartung!

Lenkung: Kräftige, staub- und öldicht gekapselte Schneckenlenkung, im Ölbad laufend.

Vorderachse: Aus Stahl mit Gummihohlfederung der Vorderräder.

Bremsen: Die Betriebsbremse ist eine Innenbackenbremse und kann als Einzelradbremse benützt werden. Die Feststellbremse ist unabhängig von der Betriebsbremse und ist als Bandbremse ausgebildet.

Elektr. Ausrüstung: 12-Volt-Anlage, mit Anlasser, Batterie und Signalhorn.

Zapfwelle: Genormt, Profil 29 x 35 DIN 9611, Form A, Normdrehzahl: U = 577

Differentialsperre: Betätigung durch Fußhebel.

Eigengewicht: 1250 kg (mit Hydraulik)

Bereifung: vorn: 4.50 – 16 ASF – hinten: 9 – 24 AS, auf Wunsch hinten: 9 – 30

Farbe: Rot oder Grün in Einbrennlackierung.

Maße:

Länge:	2950	mm
Höhe bis oben Haube:	1220	mm
Spurweite vorn:	1300/1460	mm
Spurweite hinten:	1250/1500	mm
Wenderadius:	3,2	m
Breite:	1500	mm
Radstand:	1780	mm
Bodenfreiheit:	340	mm

Tankinhalt: 35 Liter

Sämtl. Angaben sind gewissenhaft, jedoch unverbindlich!

Serienmäßige Ausrüstung:
Gefederte Vorderachse, Getriebezapfwelle, Differentialsperre, Anlasser-Anlage, Hand- und Fußgas, Einzelrad-Fußbremse, feststellbare unabhängige Getriebe-Handbremse, vorderes Zugmaul, hintere Anhänge-Vorrichtung – höhenverstellbar und drehbar, breite Ackerschiene, Freigang-Hydraulik mit Raddruckverstärker und Dreipunktgestänge, Brendel-Komfort-Sitz, Beifahrersitz, Traktormeter mit Betriebsstundenzähler, komb. Anzeige-Instrument.

Sonderausrüstung:
Mähantrieb, Mähwerk $4^1/_2$ Fuß, hydr. Mähwerksaushebung, Allwetter-Verdeck, Vorderradkotflügel, Bereifung 9 – 30, Holz-Doppelsitz.

HELA-SCHLEPPERFABRIK

Hermann Lanz 7960 Aulendorf

Telefon Nr. (07525) 425/426/427 · Fernschreiber 0732870
Telegramme: Lanz Aulendorf

D 416 / 3/67

HELA-Dieselschlepper D 532

30 PS
nach DIN 70020

33 PS
nach SAE

Ganz auf die vielseitige Praxis abgestimmt, ermöglicht der formschöne HELA D 532 universellen Einsatz und damit optimale Ausnutzung. Durch seine Qualität und Ausstattung ist er weit über den Durchschnitt hinaus wertbeständig. Sein Fahrkomfort bewahrt auch nach vielen Arbeitsstunden den Fahrer vor Ermüdung. Einfach und leicht ist der D 532 zu bedienen – von jedermann und von jeder Frau! Alles ist zweckgerecht. Er hat hohe Leistungsreserven und kennt keine Probleme. Auch schwere Arbeiten macht er zur einfachen Sache. Immer und überall zeigt sich die 40-jährige HELA-Erfahrung.

HELA DIESEL

Extrem breiter Aufstieg zum geräumigen Fahrerstand

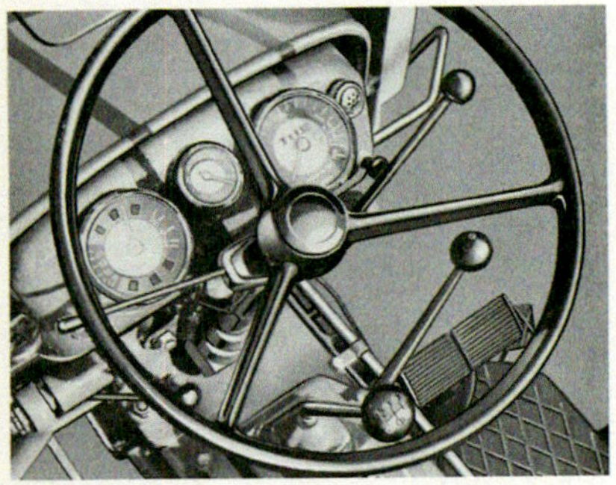

Alle Hebel, Griffe und Pedale sind körpergerecht. Genau im Blickfeld des Fahrers liegen Traktormeter und komb. Anzeige-Instrument.

Die moderne Regelhydraulik trägt wesentlich zur hohen Schlagkraft des D 532 bei.

Technische Daten

Motor: Stehender Dreizylinder-Viertakt-Dieselmotor, wassergekühlt, Fabrikat MWM, Typ D 208–3, 30 PS nach DIN 70020, 33 PS nach SAE bei 2100 U/min, Bohrung 95 mm, Hub 105 mm, Hubraum 2232 ccm.

Getriebe: HELA-Gruppenschaltgetriebe mit 8 Vorwärts- und 2 Rückwärtsgängen.

Fahrgeschwindigkeiten:
Normalausführung V-Gänge: 1,4 – 2,4 – 3,2 – 5,4 – 7,4 – 11,1 – 12,5 – 20,0 km/h.
R-Gänge: 4,5 und 7,6 km/h.
Schnellgang V-Gänge: 1,4 – 2,6 – 3,0 – 5,8 – 7,2 – 10,9 – 15,6 – 25,0 km/h.
R-Gänge: 4,4 und 9,5 km/h.

Kupplung: Doppelkupplung DO 250 / 225 K mit Torsionsdämpfer. Keine Wartung!

Lenkung: Kräftige, staub- und öldicht gekapselte Schneckenlenkung, im Ölbad laufend.

Vorderachse: Stahl-Pendelachse, mit Einzelradfederung, auf Wunsch ausziehbare Rohrachse.

Bremsen: Die Betriebsbremse ist eine Innenbackenbremse. Sie kann als Einzelbremse benützt werden.
Die Feststellbremse ist unabhängig von der Betriebsbremse und ist als Bandbremse ausgebildet.

Elektr. Ausrüstung: 12-Volt-Anlage mit Anlasser, Batterie und Signalhorn, gem. STVZO.

Zapfwelle: Die Zapfwelle ist genormt, Profil 29x35 DIN 9611 Form A Normdrehzahl = 544 U/min, Schnelldrehzahl = 1050 U/min.

Differentialsperre: Betätigung durch Fußhebel.

Bereifung: vorne 6.00–16 ASF, hinten 10–28 AS auf Wunsch 11–28 AS / 9–32 AS

Eigengewicht: 1710 kg mit Kraftheberanlage.

Hydraulikanlage: Regel-Kraftheber Fabrikat Bosch-ZP, Type A 210, mit unabhängig angetriebener Zahnradpumpe, Zusatzsteuergerät für Mähwerk, Dreipunktgestänge nach DIN 9674 Kategorie I, Hubkraft an der Ackerschiene 1400 kg.
Auf Wunsch Freiganghydraulik A 210.

Lackierung: Dauerhafte Einbrennlackierung, wahlweise rot oder grün.

Tankinhalt: 35 Liter

Schleppermaße: (bei Bereifung 10–28 AS) größte Länge = 3300 mm, größte Breite = 1520 mm, größte Höhe bis Lenkrad = 1470 mm, Höhe bis oben Haube = 1300 mm, Bodenfreiheit = 330 mm, Spurweite = 1250 / 1500 mm, Radstand = 2080 mm.

Mähantrieb: Durch Zahnräder, im Ölbad laufend, mit Sicherheits-Rutschkupplung in der Kurbelscheibe.

Mähwerk: Hydr. Aushebung mit separatem Hubzylinder (bei vorhandener Hydraulik)

Riemenscheibe: Breite 140 mm, Durchmesser 200 mm, Drehzahl 1548 U/min.

Frontlader: System „Baas", Arbeitswerkzeuge Größe II.

Seilwinde: mit 50 m Seil, 2,5 oder 3 to Zugkraft.

Normalausrüstung: Kriechgang, gefederte Vorderachse, Motor-Zapfwelle mit Norm- und Schnelldrehzahl, Differentialsperre, Anlasser-Anlage, Hand- und Fußgas, Einzelrad-Fußbremse, feststellbare unabhängige Getriebe-Handbremse, vorderes Zugmaul, hintere Anhänge-Vorrichtung – höhenverstellbar und drehbar, breite Ackerschiene, Regelhydraulik mit Dreipunkt-Gestänge, Senkdrossel und Zusatzsteuergerät für Mähwerk, Traktormeter mit Betriebsstundenzähler, komb. Anzeige-Instrument, Beifahrersitz, Thermostat.

Sonderausrüstung: Mähantrieb, Mähwerk 5 Fuß, Riemenscheibe, Geräte-Scheinwerfer, Allwetterverdeck, Frontlader, Seilwinde, Fronthydraulik.

Sämtliche Angaben sind gewissenhaft, jedoch unverbindlich!

HELA DIESEL

SCHLEPPERFABRIK

Hermann Lanz 7960 Aulendorf

Telegramme: Lanz Aulendorf
Telefon: (07525) 425 – 426 – 427 Fernschreiber 0732 870

HELA-Dieselschlepper D 527

Ein vielseitiger Traktor mit allen Vorteilen modernster Landtecnnik. Kraftvoller Zweizylinder-Motor mit Direkteinspritzung – Gruppenschaltgetriebe mit 8 Vorwärts- und 2 Rückwärtsgängen – Motorzapfwelle mit Norm- und Schnelldrehzahl – Regelhydraulik – Hoher Arbeits- und Fahrkomfort mit Luxussitz, bequemem Aufstieg von beiden Seiten, Traktormeter, achtfachem Kombi-Instrument und einzeln gefederten Vorderrädern. Der formschöne D 527 ermöglicht universellen Einsatz auf dem mittleren Hof und arbeitet auch als Zweitschlepper im Großbetrieb stets wirtschaftlich und zuverlässig. Die besonders wertbestandige und zweckgerecnte Konstruktion ist das Ergebnis einer 40-jährigen Erfahrung des Herstellers und seiner engen Verbindung mit der Landwirtschaft.

24 PS	27 PS
Normal	Schnellgang
nach DIN 70 020	
27 PS	30 PS
Normal	Schnellgang
nach SAE	

HELA DIESEL

Extrem breiter Aufstieg zum geräumigen Fahrerstand

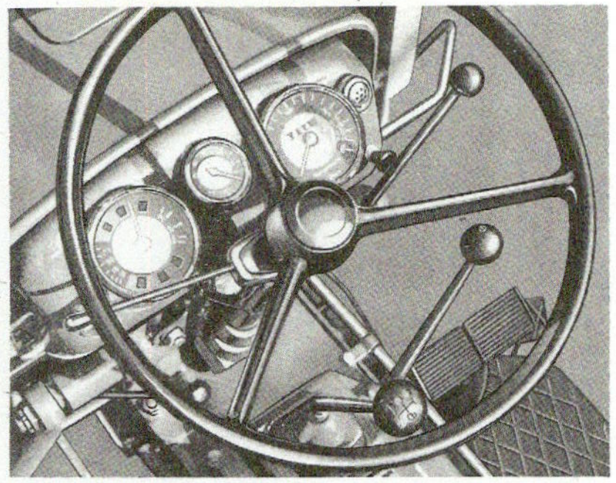

Alle Hebel, Griffe und Pedale sind körpergerecht. Genau im Blickfeld des Fahrers liegen Traktormeter und komb. Anzeige-Instrument.

Die moderne Regelhydraulik trägt wesentlich zur hohen Schlagkraft des D 527 bei.

Technische Daten

Motor: Stehender Zweizylinder-Viertakt-Dieselmotor, wassergekühlt Fabrikat MWM, Typ D 208 – 2, 24 PS bei 2200 U/min. (Normalgeschwindigkeit) 27 PS bei 2400 U/min (Schnellgang-ausführung), Bohrung 95 mm, Hub 105 mm, Hubraum 1488 ccm.

Getriebe: HELA-Gruppenschaltgetriebe mit 8 Vorwärts- und 2 Rückwärtsgängen.

Fahrgeschwindigkeiten:
Normalausführung V-Gänge: 1,3 – 2,6 – 3,4 – 5,7 – 7,7 – 11,7 – 13,0 – 19,8 km/h.
R-Gänge: 4,5 und 7,6 km/h.
Schnellgang V-Gänge: 1,3 – 2,6 – 3,2 – 5,9 – 6,9 – 10,5 – 16,0 – 24,3 km/h.
R-Gänge: 4,3 und 9,8 km/h.

Kupplung: Doppelkupplung DO 225/200 K – keine Wartung!

Lenkung: Kräftige, staub- und öldicht gekapselte Schneckenlenkung, im Ölbad laufend.

Vorderachse: Stahl-Pendelachse, mit Einzelradfederung, auf Wunsch ausziehbare Rohrachse.

Bremsen: Die Betriebsbremse ist eine Innenbackenbremse. Sie kann als Einzelbremse benützt werden.
Die Feststellbremse ist unabhängig von der Betriebsbremse und ist als Bandbremse ausgebildet.

Elektr. Ausrüstung: 12-Volt-Anlage mit Anlasser, Batterie und Signalhorn, gem. STVZO.

Zapfwelle: Die Zapfwelle ist genormt, Profil 29x35 DIN 9611 Form A Normdrehzahl = 570 U/min, Schnelldrehzahl 1100 U/min.

Differentialsperre: Betätigung durch Fußhebel.

Bereifung: vorne 5.00 – 16 ASF, hinten 10 – 28 AS oder 9 – 30 bei Normalgeschwindigkeit,
10 – 28, 9 – 30 oder 9 – 32 bei Schnellgangausführung

Eigengewicht: 1680 kg mit Kraftheberanlage

Hydraulikanlage: Regel-Kraftheber Fabrikat Bosch-ZP, Type A 210, mit unabhängig angetriebener Zahnradpumpe, Zusatzsteuergerät für Mähwerk, Dreipunktgestänge nach DIN 9674 Kategorie I, Hubkraft an der Ackerschiene 1400 kg.
Auf Wunsch Freiganghydraulik A 210.

Lackierung: Dauerhafte Einbrennlackierung, wahlweise rot oder grün.

Tankinhalt: 35 Liter

Schleppermaße: (bei Bereifung 10 – 28 AS)
größte Länge = 3200 mm, größte Breite = 1520 mm, größte Höhe bis Lenkrad = 1470 mm, Höhe bis oben Haube = 1250 mm, Bodenfreiheit = 340 mm. Spurweite = 1250/1500 mm, Radstand = 1930 mm.

Mähantrieb: Durch Zahnräder, im Ölbad laufend, mit Sicherheits-Rutschkupplung in der Kurbelscheibe.

Mähwerk: Hydr. Aushebung mit separatem Hubzylinder (bei vorhandener Hydraulik)

Riemenscheibe: Breite 140 mm, Durchmesser 200 mm, Drehzahl 1548 U/min.

Frontlader: System „Baas", Arbeitswerkzeuge Größe II.

Seilwinde: mit 50 m Seil, 2,5 oder 3 to Zugkraft.

Normalausrüstung: Kriechgang, gefederte Vorderachse, Motor-Zapfwelle mit Norm- und Schnelldrehzahl, Differentialsperre, Anlasser-Anlage, Hand- und Fußgas, Einzelrad-Fußbremse, feststellbare unabhängige Getriebe-Handbremse, vorderes Zugmaul, hintere Anhänge-Vorrichtung – höhenverstellbar und drehbar, breite Ackerschiene, Regelhydraulik mit Dreipunkt-Gestänge, Senkdrossel und Zusatzsteuergerät für Mähwerk, Traktormeter mit Betriebsstundenzähler, komb. Anzeige-Instrument, Beifahrersitz, Thermostat.

Sonderausrüstung: Mähantrieb, Mähwerk 5 Fuß, Riemenscheibe. Geräte-Scheinwerfer, Allwetterverdeck, Frontlader, Seilwinde. Fronthydraulik.
Sämtliche Angaben sind gewissenhaft, jedoch unverbindlich!

SCHLEPPERFABRIK

HELA DIESEL

Hermann Lanz 7960 Aulendorf

Telegramme: Lanz Aulendorf
Telefon: (07525) 425 – 426 – 427 Fernschreiber 0732 870

HELA-Allrad-Schlepper D 340 A 40 PS

Das enorme Durchstehvermögen des D 340 A kommt nicht alleine von seinem hervorragenden Motor und seinem Allrad-Antrieb. Erst die reiche Erfahrung von rund 40 Jahren (solange baut HELA schon Traktoren!) ließ den D 340 A zu dem werden, was er für den praktischen Landwirt ist: Ein Qualitäts-Traktor modernster Ausstattung! Auch bei härtester Waldarbeit und schwierigsten Bodenverhältnissen beweist er immer

mehr Kraft
bessere Geländegängigkeit
größere Sicherheit

HELA DIESEL

TECHNISCHE DATEN

Motor: Wassergekühlter Dreizylinder-Viertakt-Dieselmotor mit Direkteinspritzung, Type D 208–3, Fabrikat MWM, Leistung 40 PS, Drehzahl 2300 U/min., Hubraum 2232 ccm, Zylinder-Durchmesser 95 mm, Hub 105 mm.
Schmiersystem: Automatische Öldruckschmierung.
Drehzahlregulierung: Hand- und Fußgas.

Bauart: Allrad-Block-Konstruktion.

Gruppenschaltgetriebe: bei Bereifung 11–28 AS
8 Vorwärtsgänge: 1,65 – 2,83 – 4,65 – 5,97 – 7,54 – 10,21 – 16,76 – 27,15 km/h.
4 Rückwärtsgänge: 2,98 – 5,10 – 8,38 – 13,57 km/h.
bei Bereifung 11–32 AS
8 Vorwärtsgänge: 1,8 – 3,1 – 5,1 – 6,5 – 8,3 – 11,2 – 18,4 – 29,8 km/h.
4 Rückwärtsgänge: 3,3 – 5,6 – 9,2 – 14,9 km/h.

Zapfwelle: Profil 29 x 35 DIN 9611, Form A, Normdrehzahl 575 U/min., umschaltbar auf 1150 U/min.

Kupplung: Wartungsfreie Zweischeiben-Trockenkupplung F & S DO 250/225 K.

Bremsen: Unabhängige Handbremse als Feststellbremse, Hinterrad-Fußbremse mit Einzelradbedienung als Lenkbremse.

Lenkung: ZF-Gemmer-Lenkung, auf Wunsch ZF-Hydro-Lenkung.

Fahrersitz: Luxus-Sitz nach Fahrergewicht und Größe verstellbar, gut gefedert und hydraulisch gedämpft, mit Parallelogrammführung.

Elektr. Ausrüstung: Licht- und Anlasseranlage 12 Volt, Scheinwerfer mit Stand-, Abblend- und Fernlicht, Schlußleuchten komb. mit Brems- und Kennzeichenleuchten, Steckdose für Anhänger-Beleuchtung, Blinkanlage kompl. nach StVZO für 2 Anhänger mit Begrenzungsleuchten kombiniert, Signalhorn.

Bereifung:
normal: vorne 6.50–20 AS, hinten 11–28 AS
a. Wunsch: vorne 6.50–20 AS, hinten 11–32 AS

Schleppermaße: (bei normaler Bereifung)

größte Länge:	3360 mm	
größte Breite:	1650 mm	
größte Höhe:	1650 mm	
Höhe b. ob. Haube:	1300 mm	
Bodenfreiheit:	260 mm	
Spurweite vorne:	1385 mm	
Spurweite hinten:	1360 mm	(vstb. a. 1500 mm)
Radstand:	1960 mm	

Eigengewicht:

Mit Kraftheber:	2160 kg
Vorderachslast:	940 kg
Hinterachslast:	1220 kg

Kraftheber: Regel-Kraftheber Fabrikat Bosch/ZP, Type A 210 mit kupplungsunabhängigem Pumpen-Antrieb und breiter Anhängeschiene (Kategorie I).
Hubkraft an der Ackerschiene = 1500 kg.

Lackierung: Dauerhafte Einbrennlackierung, wahlweise rot oder grün.

Tankinhalt: 50 Liter.

Technische Angaben und Abbildungen sind gewissenhaft. Im Interesse des technischen Fortschrittes behalten wir uns jedoch Änderungen vor.

Serienmäßige Ausrüstung:
ZF-Schlepper-Lenkachse, Vorderrad-Kotflügel, Motor-Zapfwelle mit Norm- und Schnell-Drehzahl, Differentialsperre, Anlasser-Anlage, Beleuchtungs- und Blinkanlage nach StVZO, Hand- und Fußgas, Einzelrad-Fußbremse, feststellbare, unabhängige Getriebe-Handbremse, vorderes Zugmaul, hintere Anhänge-Vorrichtung höhenverstellbar und drehbar, Abstellvorrichtung vom Sitz aus, Regel-Kraftheber mit Dreipunkt-Gestänge und breiter Ackerschiene, Traktormeter und komb. Anzeige-Instrument, Tachometer, Rückspiegel, Thermostat, Werkzeugkasten mit Inhalt.

Sonderausrüstung:
Allwetterverdeck, Frontlader, Seilwinde, Fronthydraulik, Geräte-Scheinwerfer.

HELA-SCHLEPPERFABRIK

Hermann Lanz 7960 Aulendorf

Telefon: 07525 – 425 / 426 / 427 – Fernschreiber: 0732 870
Telegramme: Lanz Aulendorf

HELA-Dieselschlepper

D 260

66 PS
nach SAE

60 PS
nach DIN 70020

Mit moderner Technik und robuster Bauart ist der HELA - D 260 ganz auf Kraft und Zuverlässigkeit abgestimmt. Vierzylinder-Motor mit Direkteinspritzung und gegenläufigem Massenausgleich — sparsam und laufruhig. Leichtschaltgetriebe mit 16 Vorwärts- und 8 Rückwärtsgängen, auf Wunsch Super-Kriechgang. Völlig freie und lastschaltbare Motorzapfwelle mit Norm- und Schnelldrehzahl. Wegzapfwelle mit automatischer Sicherung. Leichtgängige Lenkung. Luftgekühlte Bremsen. Komfortsitz mit Höhen- und Längsverstellung. Automatische Regelhydraulik. Dreipunktanschluss mit Seitenstabilisierung. Kugelgelagerte Hubstrebenverstellung. Weitere Hydraulik-Kreise für Frontlader, Mähaufzug und Kipper. Verstopfungsfreie Kotflügel. Tanken, ohne die Haube zu öffnen. Hohe Stabilität, hervorragend abgestimmtes Leistungsgewicht und viele andere Vorzüge bietet dieser unermüdliche Allesschaffer mit der überdurchschnittlich langen Lebensdauer.

Ein Blick unter die Haube zeigt den kraftvollen Vier-Zylinder-Motor mit klarer Anordnung und guter Zugänglichkeit.

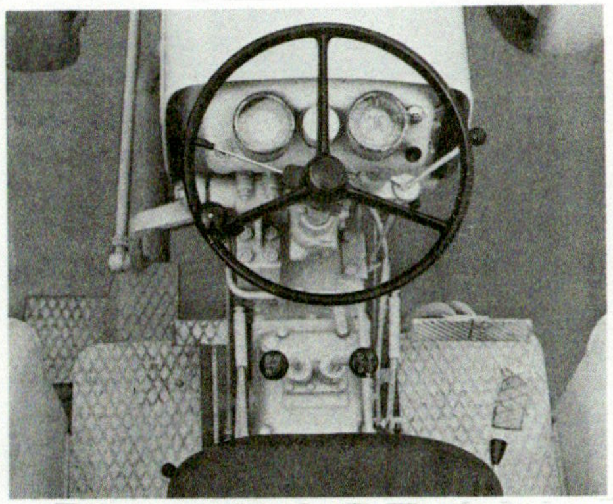

Der Fahrerstand bietet seitlichen Aufstieg, viel Raum und klare Arbeitsübersicht.

Die exakt funktionierende Regel-Hydraulik macht das Arbeiten mit Anbau-Geräten zur Freude.

TECHNISCHE DATEN

Motor: Wassergekühlter Vierzylinder-Viertakt-Dieselmotor mit Direkteinspritzung, Type D 225-4, Fabrikat MWM, Leistung nach DIN 70 020 = 60 PS, nach SAE = 66 PS, Drehzahl 2300 U/min., Hubraum 3400 ccm, Zylinder-Durchmesser 95 mm, Hub 120 mm, max. Drehmoment bei 1600 U/min. = 20,8 mkp. Schmiersystem: Automatische Öldruckschmierung. Drehzahlregulierung: Hand- und Fußgas.

Bauart: Block-Konstruktion.

Gruppenschaltgetriebe: bei Bereifung 11 – 36
16 Vorwärtsgänge: 1,5 – 1,8 – 2,9 – 3,5 – 4,0 – 4,8 – 5,0 – 5,9 – 6,5 – 7,8 – 9,5 – 11,4 – 13,1 – 15,7 – 21,1 – 25,4 km/h.

8 Rückwärtsgänge: 1,5 – 2,9 – 4,0 – 5,0 – 6,5 – 9,6 – 13,3 – 21,5 km/h.

Zapfwelle: Profil 29 x 35 DIN 9611, Form A, lastschaltbare Motorzapfwelle mit Norm-Drehzahl 556 U/min., umschaltbar auf 1000 U/min. – Wegzapfwelle.

Kupplung: Wartungsfreie Einscheiben-Trockenkupplung.

Bremsen: Unabhängige Handbremse als Feststellbremse, Hinterrad-Fußbremse mit Einzelrad-Bedienung als Lenkbremse.

Federung: Vorderachse Einzelrad-gummigefedert, Sitz nach Fahrergewicht und Größe verstellbar, gut gefedert und gedämpft mit Parallelogrammführung.

Elektr. Ausrüstung: Licht- und Anlasseranlage 12 Volt, Scheinwerfer mit Stand-, Abblend- und Fernlicht, Schlußleuchten mit Brems- und Kennzeichenlicht, Steckdose für Anhänger-Beleuchtung 7-polig, Blinkanlage kompl. nach StVZO für 2 Anhänger mit Begrenzungsleuchten kombiniert, Signalhorn, Warnblinkanlage.

Bereifung: normal – vorne 7.50 – 16, hinten 11 – 36.
Auf Wunsch: hinten 13 – 30 oder 14 – 30.

Schleppermaße: Größte Länge 3600 mm, größte Breite 1930 mm, Höhe bis Haubenoberkante 1400 mm, Spurweite vorn 1500 mm, Spurweite hinten 1500 mm, Bodenfreiheit 420 mm, kleinster Wenderadius mit Lenkbremse 7,50 m.

Eigengewicht: mit Kraftheber 2480 kg, zul. Vorderachslast 1420 kg, zul. Hinterachslast 3520 kg, zul. Gesamtgewicht 4500 kg.

Kraftheber: Regel-Kraftheber, mit Bosch-Steuergerät, Zweistufen-Zugkraftregelung mit Lagesteuerung und Schwimmstellung, Anhängeschiene (Kategorie II).
Hubkraft an der Ackerschiene 1950 – 2400 kg.

Lackierung: Dauerhafte Einbrennlackierung, wahlweise rot oder grün.

Tankinhalt: 70 Liter.

Technische Angaben und Abbildungen sind gewissenhaft. Im Interesse des technischen Fortschrittes behalten wir uns jedoch Änderungen vor.

Serienmäßige Ausrüstung: Gefederte Vorderachse, Vorderrad-Kotflügel, Motorzapfwelle mit Norm- und Schnelldrehzahl, Wegzapfwelle, Differentialsperre, Anlasser-Anlage, Beleuchtungs- und Blinkanlage nach StVZO, Hand- und Fußgas, Einzelrad-Fußbremse, feststellbare unabhängige Getriebe-Handbremse, vorderes Zugmaul, hintere Anhänge-Vorrichtung höhenverstellbar und drehbar, Abstellvorrichtung vom Sitz aus, Regel-Kraftheber mit Dreipunkt-Gestänge und Ackerschiene, Traktormeter und komb. Anzeige-Instrument, Tachometer, Rückspiegel, Thermostat, Werkzeugkasten mit Inhalt, Brendel-Komfortsitz, Warnblinkanlage, Überschlagschutzbügel.

Sonderausrüstung: Bereifung 13 – 30 oder 14 – 30, Allwetter-Verdeck, Frontlader, Seilwinde, Mähwerk.

HELA DIESEL

HELA-SCHLEPPERFABRIK

Hermann Lanz 7960 Aulendorf

Telefon: (07525) 425, 426, 427, Fernschreiber: 0732 870, Telegramme: Lanz Aulendorf

Überreicht durch:

HELA-Dieselschlepper

D 260

70 PS
nach DIN 70020

52 KW

HELA DIESEL

Mit moderner Technik und robuster Bauart ist der HELA - D 260 ganz auf Kraft und Zuverlässigkeit abgestimmt. Vierzylinder-Motor mit Direkteinspritzung und gegenläufigem Massenausgleich — sparsam und laufruhig. Leichtschaltgetriebe mit 16 Vorwärts- und 8 Rückwärtsgängen, auf Wunsch Super-Kriechgang. Völlig freie und lastschaltbare Motorzapfwelle mit Norm- und Schnelldrehzahl. Wegzapfwelle mit automatischer Sicherung. Leichtgängige Lenkung. Luftgekühlte Bremsen. Komfortsitz mit Höhen- und Längsverstellung. Automatische Regelhydraulik. Dreipunktanschluss mit Seitenstabilisierung. Kugelgelagerte Hubstrebenverstellung. Weitere Hydraulik-Kreise für Frontlader, Mähaufzug und Kipper. Verstopfungsfreie Kotflügel. Tanken, ohne die Haube zu öffnen. Hohe Stabilität, hervorragend abgestimmtes Leistungsgewicht und viele andere Vorzüge bietet dieser unermüdliche Allesschaffer mit der überdurchschnittlich langen Lebensdauer.

Ein Blick unter die Haube zeigt den kraftvollen Vier-Zylinder-Motor mit klarer Anordnung und guter Zugänglichkeit.

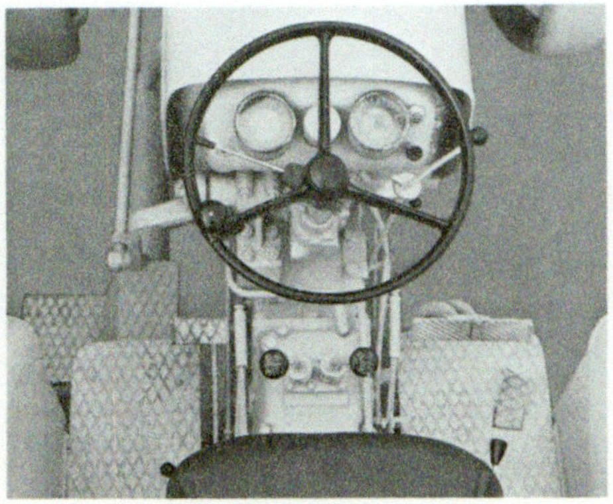

Der Fahrerstand bietet seitlichen Aufstieg, viel Raum und klare Arbeitsübersicht.

Die exakt funktionierende Regel-Hydraulik macht das Arbeiten mit Anbau-Geräten zur Freude.

TECHNISCHE DATEN

Motor: Wassergekühlter Vierzylinder-Viertakt-Dieselmotor mit Direkteinspritzung, Type D 226-4. Fabrikat MWM, Leistung nach DIN 70 020 = 70 PS, (52 KW) Drehzahl 2400 U/min., Hubraum 4160 ccm, Zylinder-Durchmesser 105 mm Hub 120 mm, max. Drehmoment bei 1600 U/min. = 24,6 mkp. Schmiersystem: Automatische Öldruckschmierung. Drehzahlregulierung: Hand- und Fußgas.

Bauart: Block-Konstruktion.

Gruppenschaltgetriebe: bei Bereifung 11 – 36
16 Vorwärtsgänge: 1,5 – 1,8 – 2,9 – 3,5 – 4,0 – 4,8 – 5,0 – 5,9 – 6,5 – 7,8 – 9,5 – 11,4 – 13,1 – 15,7 – 21,1 – 25,4 km/h.
8 Rückwärtsgänge: 1,5 – 2,9 – 4,0 – 5,0 – 6,5 – 9,6 – 13,3 – 21,5 km/h.

Zapfwelle: Profil 29 x 35 DIN 9611, Form A, lastschaltbare Motorzapfwelle mit Norm-Drehzahl 556 U/min., umschaltbar auf 1000 U/min. – Wegzapfwelle.

Kupplung: Wartungsfreie Einscheiben-Trockenkupplung.

Bremsen: Unabhängige Handbremse als Feststellbremse, Hinterrad-Fußbremse mit Einzelrad-Bedienung als Lenkbremse.

Federung: Vorderachse Einzelrad-gummigefedert, Sitz nach Fahrergewicht und Größe verstellbar, gut gefedert und gedämpft mit Parallelogrammführung.

Elektr. Ausrüstung: Licht- und Anlasseranlage 12 Volt, Scheinwerfer mit Stand-, Abblend- und Fernlicht, Schlußleuchten mit Brems- und Kennzeichenlicht, Steckdose für Anhänger-Beleuchtung 7-polig, Blinkanlage kompl. nach StVZO für 2 Anhänger mit Begrenzungsleuchten kombiniert, Signalhorn, Warnblinkanlage.

Bereifung: normal – vorne 7.50 – 16, hinten 11 – 36.
Auf Wunsch: hinten 13 – 30 oder 14 – 30.

Schleppermaße: Größte Länge 3600 mm, größte Breite 1930 mm, Höhe bis Haubenoberkante 1400 mm, Spurweite vorn 1500 mm, Spurweite hinten 1500 mm, Bodenfreiheit 420 mm, kleinster Wenderadius mit Lenkbremse 7,50 m.

Eigengewicht: mit Kraftheber 2750 kg, zul. Vorderachslast 1420 kg, zul. Hinterachslast 3520 kg, zul. Gesamtgewicht 4500 kg.

Kraftheber: Regel-Kraftheber, mit Bosch-Steuergerät, Zweistufen-Zugkraftregelung mit Lagesteuerung und Schwimmstellung, Anhängeschiene (Kategorie II).
Hubkraft an der Ackerschiene 1950 – 2400 kg.

Lackierung: Dauerhafte Einbrennlackierung, wahlweise rot oder grün.

Tankinhalt: 70 Liter.

Technische Angaben und Abbildungen sind gewissenhaft. Im Interesse des technischen Fortschrittes behalten wir uns jedoch Änderungen vor.

Serienmäßige Ausrüstung: Gefederte Vorderachse, Vorderrad-Kotflügel, Motorzapfwelle mit Norm- und Schnelldrehzahl, Wegzapfwelle, Differentialsperre, Anlasser-Anlage, Beleuchtungs- und Blinkanlage nach StVZO, Hand- und Fußgas, Einzelrad-Fußbremse, feststellbare unabhängige Getriebe-Handbremse, vorderes Zugmaul, hintere Anhänge-Vorrichtung höhenverstellbar und drehbar, Abstellvorrichtung vom Sitz aus, Regel-Kraftheber mit Dreipunkt-Gestänge und Ackerschiene, Traktormeter und komb. Anzeige-Instrument, Tachometer, Rückspiegel, Thermostat, Werkzeugkasten mit Inhalt, Brendel-Komfortsitz, Warnblinkanlage, Überschlagschutzbügel.

Sonderausrüstung: Bereifung 13 – 30 oder 14 – 30, Allwetter-Verdeck, Frontlader, Seilwinde, Mähwerk.

Überreicht durch:

HELA DIESEL

Schlepperfabrik Hermann Lanz 7960 Aulendorf

Telefon: (07525) 425, 426, 427, Fernschreiber: 0732 870, Telegramme: Lanz Aulendorf

HELA-Allrad D 260 A

70 PS
nach DIN 70020

52 KW

Bei schwerster Arbeit beweist dieser geländegängige HELA-Allradschlepper seine enorme Zugkraft und Zapfwellenleistung.
Ob auf schwierigsten Bodenverhältnissen, auf Steigungen, vor großen Zapfwellen-Geräten, beim Pflügen mit großer Arbeitsbreite, in Kies- und Sandgruben oder im Forst, immer geht der HELA-D 260 A durch dick und dünn.
Auch in Technik und Fahrkomfort läßt dieser moderne Traktor mit seinen 16 Vorwärts- und 8 Rückwärtsgängen und der völlig freien, unter Last schaltbaren Zapfwelle keine Wünsche offen.

TECHNISCHE DATEN

Motor: Wassergekühlter Vierzylinder-Viertakt-Dieselmotor mit Direkteinspritzung, Fabrikat MWM, Type D 226-4, mit gedrosselter Leistung nach DIN 70 020 = 70 PS, (52 KW), Drehzahl 2400 U/min., Hubraum 4160 ccm, Zylinder-Durchmesser 105 mm, Hub 120 mm, max. Drehmoment bei 1600 U/min. = 23,0 mkp.
Schmiersystem: Automatische Öldruckschmierung. Drehzahlregulierung: Hand- und Fußgas.

Bauart: Allrad-Block-Konstruktion

Gruppenschaltgetriebe: bei Bereifung 14–30
16 Vorwärtsgänge: 1,5 – 1,8 – 2,9 – 3,5 – 4,0 – 4,8 – 5,0 – 5,9 – 6,5 – 7,8 – 9,5 – 11,4 – 13,1 – 15,7 – 21,1 – 25,4 km/h.
8 Rückwärtsgänge: 1,5 – 2,9 – 4,0 – 5,0 – 6,5 – 9,6 – 13,3 – 21,5 km/h.

Zapfwelle: Profil 29x35 DIN 9611, Form A, lastschaltbare Motorzapfwelle mit Norm-Drehzahl 552 U/min., umschaltbar auf 1000 U/min. – Wegzapfwelle.

Kupplung: Wartungsfreie Einscheiben-Trockenkupplung.

Bremsen: Unabhängige Handbremse als Feststellbremse, Vierrad-Öldruckbremse mit Einzelrad-Bedienung als Lenkbremse.

Lenkung: ZF-Hydro-Lenkung.

Vorderrad-Antrieb: Planeten-Lenktriebachse mit Differential, Lenkungsdämpfer.

Fahrersitz: Sitz nach Fahrergewicht und Größe verstellbar, gut gefedert und hydraulisch gedämpft mit Parallelogrammführung.

Elektr. Ausrüstung: Licht- und Anlasseranlage 12 Volt, Scheinwerfer mit Stand-, Abblend- und Fernlicht, Schlußleuchten mit Brems- und Kennzeichenlicht, Steckdose für Anhänger-Beleuchtung 7-polig, Blinkanlage kompl. nach StVZO für 2 Anhänger mit Begrenzungsleuchten kombiniert, Signalhorn, Warnblinkanlage.

Bereifung: vorne 10,5-20 ASF, hinten 14-30 AS

Schleppermaße:

größte Länge:	3600 mm
größte Breite:	1930 mm
Höhe b. ob. Haube:	1400 mm
Höhe mit Überschlag-Schutzbügel:	2270 mm
Höhe mit Verdeck:	2330 mm
Spurweite vorne:	1500 mm
Spurweite hinten:	1500 mm
Radstand:	2350 mm
Bodenfreiheit:	400 mm
Wendekreis-Radius:	5,5 m

Eigengewicht:

mit Kraftheber:	3020 kg
zul. Vorderachslast:	2650 kg
zul. Hinterachslast:	3520 kg
zul. Gesamtgewicht:	4400 kg

Kraftheber: Regel-Kraftheber mit Bosch-Steuergerät, Zweistufen-Zugkraftregelung mit Lagesteuerung und Schwimmstellung, Anhängeschiene (Kategorie II).
Hubkraft an der Ackerschiene = 1950 kg – 2400 kg.

Lackierung: Dauerhafte Einbrennlackierung, wahlweise rot oder grün.

Tankinhalt: 70 Liter.
Technische Angaben und Abbildungen sind gewissenhaft. Im Interesse des technischen Fortschrittes behalten wir uns jedoch Änderungen vor.

Serienmäßige Ausrüstung:
Planeten-Lenktriebachse, Lenkungsdämpfer, Vorderrad-Kotflügel, Motor-Zapfwelle mit Norm- und Schnell-Drehzahl, Wegzapfwelle, Differentialsperre. Anlasser-Anlage, Beleuchtungs- und Blinkanlage nach StVZO, Hand- und Fußgas, Einzelrad-Fußbremse, feststellbare, unabhängige Getriebe-Handbremse, vorderes Zugmaul, hintere Anhänge-Vorrichtung höhenverstellbar und drehbar, Abstellvorrichtung vom Sitz aus, Regel-Kraftheber mit Dreipunkt-Gestänge und Ackerschiene, Traktormeter und komb. Anzeigeinstrument, Tachometer, Rückspiegel, Thermostat, Werkzeugkasten mit Inhalt, Brendel-Komfortsitz, Warnblinkanlage, Überschlag-Schutzbügel.

Sonderausrüstung:
Allwetter-Verdeck, Frontlader, Seilwinde, Riemenscheibe, Mähwerk, Geräte-Scheinwerfer.

HELA DIESEL

Schlepperfabrik *Hermann Lanz 7960 Aulendorf*

Telefon: (07525) 425, 426, 427, Fernschreiber: 0732 870, Telegramme: Lanz Aulendorf

HELA-Dieselschlepper
D 542
Durch moderne Technik und besonders stabile Bauweise nimmt der D 542 in seiner Klasse eine Sonderstellung ein. Dreizylinder-Motor mit Direkteinspritzung – sparsam und laufruhig. Leichtschaltgetriebe mit 10 Vorwärts- und 2 Rückwärtsgängen. Völlig freie und lastschaltbare Motorzapfwelle mit Norm- und Schnelldrehzahl. Komfortsitz auf Größe und Gewicht des Fahrers einstellbar. Automatische Regelhydraulik, Dreipunktanschluß mit Seitenstabilisierung, Senkdrossel. Verstopfungsfreie Kotflügel. Tanken ohne die Haube zu öffnen. Hervorragend abgestimmtes Leistungsgewicht. Viel Kraft unter der Haube und an der Zapfwelle mit Reserven, wie sie die harte Praxis verlangt. Dazu eine überdurchschnittlich lange Lebensdauer.
33 KW
45 PS
nach DIN 70020
Hermann Lanz Aulendorf
HELA
DIESEL

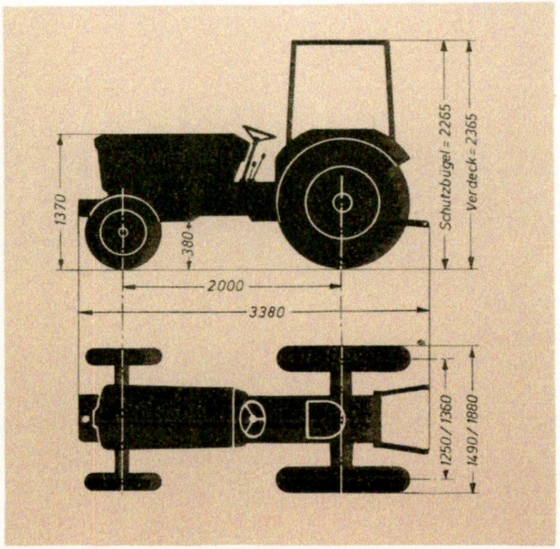

TECHNISCHE DATEN

Motor: Wassergekühlter Dreizylinder-Viertakt-Dieselmotor mit Direkteinspritzung, Type D 226-3, Fabrikat MWM. Leistung nach DIN 70020 = 33 kW (45 PS), Hubraum 3120 ccm, Zylinderdurchmesser 105 mm, Hub 120 mm, Drehzahl 2100 U/min., max. Drehmoment bei 1600 U/min. = 18,3 mkp. Schmiersystem: Automatische Öldruckschmierung, Drehzahlregulierung: Hand- und Fußgas.

Bauart: Block-Konstruktion

Gruppenschaltgetriebe: Bei Bereifung 12,4 / 11 – 32
10 Vorwärtsgänge: 1,6 – 2,1 – 3,7 – 4,8 – 7,1 – 9,5 – 12,7 – 16,8 – 19,0 – 25,0 km/h.
2 Rückwärtsgänge: 6,8 – 9,0 km/h.

Zapfwelle: Profil 29 x 35 DIN 9611, Form A, lastschaltbare Motorzapfwelle mit 540 und 1120 U/min.

Bereifung serienmäßig: vorne 6.00 – 16, hinten 12,4 / 11 – 32.

Kupplung: Zweifachkupplung für unabhängigen Zapfwellenbetrieb (Pedal für Fahrkupplung, Handhebel für Zapfwellenkupplung).

Bremsen: Doppelte Hinterrad- (Servo) Innenbacken-Einzelrad-Fußbremse und unabhängige, feststellbare Getriebe-Handbremse.

Federung: Vorderachse Einzelrad-gummigefedert, Sitz nach Fahrergröße und -gewicht verstellbar, gut gefedert und gedämpft mit Parallelogrammführung.

Elektrische Ausrüstung: Komplette 12-Volt-Anlage mit Batterie, Anlasser, Drehstrom-Lichtmaschine, Scheinwerfer mit Stand-, Abblend- und Fernlicht, Begrenzungs-, Brems- und Rückleuchten, Blinkern, Anhänger- und Gerätesteckdose, Signalhorn, Warnblinkanlage.

Spurweite: 1250 mm, auf Wunsch 1360 mm oder mit Spurverstellfelgen.

Radstand: 2000 mm

Länge: 3380 mm

Breite: 1490 / 1880 mm

Höhe bis Oberkante Bügel: 2265 mm

Eigengewicht mit Hydraulik: ca. 2200 kg

Anhängehöhen: 700 – 760 mm

Bodenfreiheit: 380 mm

Differentialsperre: Betätigung durch Fußhebeldruck

Tankinhalt: 52 Liter

Hydraulische Anlage: Regelhydraulik mit Einhebel-Regelsteuergerät, Senkdrosel, unabhängig angetriebener Zahnradpumpe, Dreipunkt-Gestänge nach DIN 9674 / Kategorie I und II, Hubkraft an der Ackerschiene = 1850 kg.

Mähantrieb: Durch Zahnräder im Ölbad laufend mit Sicherheits-Rutschkupplung in der Kurbelscheibe.

Mähwerk: Hydraulische Aushebung mit separatem Hubzylinder, Zusatz-Steuergerät.

Riemenscheibe: Breite 140 mm, Durchmesser 200 mm, Drehzahl 1570 U/min.

Frontlader: System „Baas", Arbeitswerkzeuge Größe II.

Serienmäßige Ausrüstung: Kriechgang, lastschaltbare Zapfwelle mit Norm- und Schnelldrehzahl, Differentialsperre, Einzelrad-Fußbremse, feststellbare unabhängige Getriebehandbremse, gefederte Vorderachse, Vorderradkotflügel, Hand- und Fußgas, Frontgewicht 150 kg mit eingegossenem vorderen Zugmaul, hintere Anhängevorrichtung dreh- und höhenverstellbar, Abstellvorrichtung vom Sitz aus, Rückspiegel, Werkzeugkasten mit Inhalt, Komfortsitz, Überschlagschutzbügel in bauartgeprüfter Ausführung, Regelhydraulik mit Dreipunktgestänge Kategorie I und II mit langer Ackerschiene, Senkdrossel, Anlasseranlage 12 V, Drehstrom-Lichtmaschine, vollst. Beleuchtungsanlage, Blink- und Bremslichteinrichtung, Warnblinkanlage, Vorglühanlage, Steckdose für Anhängerbeleuchtung, Traktormeter, achtfaches Kombi-Anzeige-Instrument, Tachometer, Thermostat, Anlassersperre.

Sonderausrüstung: Bereifung 9,5 / 9 – 36, 12,4 / 11 – 28, 13,6 / 12 – 28, 14,9 / 13 – 28, Allwetter-Verdeck, Frontlader, Seilwinde, Mähwerk, Kipperanschluß, Zusatz-Steuergerät, Bostrom-Komfortsitz, Hydroblocklenkung, Riemenscheibe.

Sämtliche Angaben gewissenhaft, jedoch unverbindlich!

Schlepperfabrik **Hermann Lanz 7960 Aulendorf**

Telefon: 07525 – 425 / 426 / 427 – Fernschreiber: 0732 870
Telegramme: Lanz Aulendorf

HELA DIESEL

HELA-SPEZIALSCHLEPPER FÜR DEN OBSTBAU

37 KW

50 PS

nach DIN 70020

In jahrelanger, enger Zusammenarbeit mit Praktikern des Obstbaues geschaffen, wurde diese Maschine voll auf die Belange dieser Spezialkultur abgestimmt. Mit ihrer schmalen und niedrigen Bauweise können die Anlagen zu jeder Jahreszeit beschädigungsfrei durchfahren werden. Hohes Eigengewicht, tiefe Schwerpunktlage und ideale Spurweiten geben der Maschine auch in schwierigem Gelände, sowie beim Kistentransport und Stapeln höchste Sicherheit. Ein bewährter Motor mit hohen Leistungsreserven verleiht dem HELA die Kraft, auch Steigungen mit schweren Anbaugeräten problemlos zu schaffen. Auch die völlig freie, unter Last schaltbare Zapfwelle hat selbst beim Betrieb einer Gebläse-Spritze mit 70 000 m³ Luftumwälzung noch reichlich Reserven. Das robuste Leichtschaltgetriebe mit 10 Vorwärts- und 2 Rückwärtsgängen ermöglicht zu jeder Zeit die beste Geschwindigkeitsabstufung. Der Fahrkomfort ist so, daß sich der Fahrer bei der Arbeit wohlfühlt. Alles ist zweckgerecht an dieser stabilen und kraftvollen Maschine. Ganz gleich ob sie zum Mulchen, Spritzen, Transport, Stapeln von Paletten oder in der allgemeinen Landwirtschaft eingesetzt wird, immer zeigt sich die reiche Erfahrung des Herstellers und seine enge Zusammenarbeit mit den Obstbaubetrieben.

TECHNISCHE DATEN

Motor:
Wassergekühlter Dreizylinder-Viertakt-Dieselmotor mit Direkteinspritzung, Typ D 226–3, Fabrikat MWM, Leistung nach DIN 70020 = 50 PS (37 KW), Drehzahl 2400 U/min., Hubraum 3120 ccm, Zylinderdurchmesser 105 mm, Hub 120 mm, max. Drehmoment bei 1600 U/min. = 18,3 mkp.
Schmiersystem: Automatische Öldruckschmierung, Drehzahlregulierung: Hand- und Fußgas.

Bauart:
Block-Konstruktion

Gruppenschaltgetriebe:
mit 10 Vorwärts- und 2 Rückwärtsgängen, Geschwindigkeit bei Bereifung 11–24 vorwärts: 1,3; 2,0; 2,9; 4,6; 5,6; 9,0; 11,4; 14,9; 18,1; 24,0 km/h.
Geschwindigkeit rückwärts: 6,9; 11,1 km/h.

Zapfwelle:
Profil 29 x 35 DIN 9611, Form A, lastschaltbare Motorzapfwelle mit 540 und 1120 U/min.

Bereifung serienmäßig:
vorne 6.00–16,
hinten 11–24

Kupplung:
Zweifach-Kupplung für unabhängigen Zapfwellenbetrieb. (Pedal für Fahrkupplung, Handhebel für Zapfwellenkupplung)

Bremsen:
Doppelte Hinterrad (Servo)-Innenbacken-Einzelrad-Fußbremse und unabhängige, feststellbare Getriebe-Handbremse.

Fahrersitz:
Sitz nach Fahrergröße und -gewicht verstellbar, gut gefedert und gedämpft mit Parallelogrammführung.

Elektrische Ausrüstung:
Komplette 12 Volt-Anlage mit Batterie, Anlasser, Lichtmaschine, Scheinwerfer mit Stand-, Abblend- und Fernlicht, Begrenzungs-, Brems- und Rückleuchten, Blinkern, Anhänger- und Gerätesteckdose, Signalhorn, Warnblinkanlage.

Spurweite:
bei Bereifung 11–24 mit Spurverstellfelgen = 1044, 1144 und 1244 mm
bei Bereifung 13–24 mit Spurverstellfelgen = 1144 und 1244 mm

Radstand:
2000 mm

Länge:
3250 mm

Breite:
bei Bereifung 11–24 mit Spurverstellfelgen = 1360, 1460 oder 1560 mm
bei Bereifung 13–24 mit Spurverstellfelgen = 1510 oder 1610 mm

Höhe bis Lenkrad:
1450 mm

Eigengewicht mit Hydraulik:
ca. 2250 kg

Anhängehöhen:
670–715 mm

Bodenfreiheit:
380 mm

Differentialsperre:
Betätigung durch Fußhebeldruck

Tankinhalt:
52 Liter

Hydraulische Anlage:
Regel-Hydraulik mit Einhebel-Regel-Steuergerät, Senkdrossel, unabhängig angetriebener Zahnradpumpe, Drei-Punkt-Gestänge nach DIN 9674/Kategorie I und II, Hubkraft an der Ackerschiene = 2000 kg.

Serienmäßige Ausrüstung:
Bereifung 11–24 mit Spurverstellfelgen, Vorderrad-Kotflügel, lastschaltbare Zapwelle mit Norm- und Schnelldrehzahl, Differentialsperre, Anlasser-Anlage, Beleuchtungs- und Blinkanlage nach StVZO, Hand- und Fußgas, Einzelrad-Fußbremse, vorderes Zugmaul, hintere Anhänge-Vorrichtung höhenverstellbar, Abstellvorrichtung vom Sitz aus, Regelkraftheber mit Dreipunktgestänge und Ackerschiene, Traktormeter und komb. 3-fachem Anzeige-Instrument, Tachometer, Rückspiegel, Thermostat, Werkzeugkasten mit Inhalt, Komfortsitz, Warnblinkanlage, einsteckbarer Überschlag-Schutzbügel.

Sonderausrüstung:
Bereifung 13–24 mit Spurverstell-Felgen, Vorderrad-Bereifung 7,5 L–15, Allwetter-Verdeck, Hydro-Blocklenkung mit hydraulischer Lenkbegrenzung, Frontlader System BAAS mit Parallelführung (Arbeitswerkzeuge Größe II), oder Ege-Frontladerschwinge mit Parallelführung und Palettengabel.

HELA DIESEL

Sämtliche Angaben gewissenhaft, jedoch unverbindlich!

Schlepperfabrik *Hermann Lanz 7960 Aulendorf*

Telefon: (07525) 425 – 426 – 427 · Fernschreiber: 0732 870
Telegramme: Lanz Aulendorf

HELA-Allrad D 648 A

48 PS
nach DIN 70020

35 KW

Mit der überlegenen Technik des HELA – D 648 A fahren Sie sicherer und schaffen die Arbeit in kürzerer Zeit.
Keine Wünsche läßt diese moderne Allradmaschine offen: 16 Vorwärts- und 8 Rückwärtsgänge, leichtschaltbarer Allradantrieb, ZF-Hydro-Blocklenkung mit hydraulischem Endanschlag, lastschaltbare Motorzapfwelle, Wegzapfwelle, vierfache Öldruckbremse und ein Fahrkomfort, der die Arbeit zur Freude macht.

TECHNISCHE DATEN

Motor: Wassergekühlter Dreizylinder-Viertakt-Dieselmotor mit Direkteinspritzung, Type D 226 – 3 Fabrikat MWM, Leistung nach DIN 70020 = 48 PS, (35 KW) Drehzahl 2400 U/min., Hubraum 3120 ccm, Bohrung 105 mm, Hub 120 mm, max. Drehmoment bei 1600 U/min. – 18,3 mkp. Schmiersystem: Automatische Öldruckschmierung.

Bauart: Allrad-Blockkonstruktion

Gruppenschaltgetriebe:
16 Vorwärts- und 8 Rückwärtsgänge
Geschwindigkeiten bei Bereifung 11 – 32:
vorwärts: 1,51 – 1,71 – 2,92 – 3,28 – 4,34 – 4,88 – 5,28 – 5,94 – 7,17 – 8,07 – 10,15 – 11,42 – 15,09 – 16,98 – 24,92 – 28,04 km/h,
rückwärts: 1,72 – 3,30 – 4,90 – 5,98 – 8,12 – 11,49 – 17,09 – 28,21 km/h.

Zapfwelle: Profil 29x35 DIN 9611, Form A, lastschaltbar, Normdrehzahl 595 U/min., Schnelldrehzahl 980 U/min. – Wegzapfwelle.

Kupplung: Wartungsfreie Einscheiben-Trockenkupplung

Bremsen: Unabhängige Handbremse als Feststellbremse. Vierrad-Öldruckbremse mit Einzelrad-Bedienung als Lenkbremse.

Lenkung: ZF-Hydro-Lenkung

Vorderrad-Antrieb: Lenktriebachse mit Differential.

Fahrersitz: Sitz nach Fahrergewicht und Größe verstellbar, gut gefedert und hydraulisch gedämpft mit Parallelogrammführung.

Elektr. Ausrüstung: Licht- und Anlasseranlage 12 Volt, Scheinwerfer mit Stand-, Abblend- und Fernlicht. Schlußleuchten mit Brems- und Kennzeichenlicht. Steckdose für Anhänger-Beleuchtung 7-polig, Blinkanlage kompl. nach StVZO für 2 Anhänger mit Begrenzungsleuchten kombiniert., Signalhorn, Warnblinkanlage.

Bereifung: vorne 10.5 – 20
hinten 11 – 32 AS (a. W. 13 – 28 AS)

Schleppermaße:

größte Länge:	3600 mm
größte Breite:	1700 mm (1770 bei 13 – 28)
Höhe bis oben Haube:	1300 mm
Spurweite vorn:	1390 mm
Spurweite hinten:	1370 mm
Radstand:	2140 mm
Bodenfreiheit:	370 mm
Wendekreisradius:	4350 mm

Eigengewicht: mit Kraftheber: 2400 kg

zul. Achslast vorn:	2710 kg
zul. Achslast hinten:	3720 kg
zul. Gesamtgewicht:	4500 kg

Kraftheber: Regel-Kraftheber mit Bosch-Steuergerät, Zweistufen-Zugkraftregelung mit Lagesteuerung und Schwimmstellung, Anhängeschiene (Kategorie II). Hubkraft an der Ackerschiene = 1850 kg.

Lackierung: Dauerhafte Einbrennlackierung, wahlweise rot oder grün.

Tankinhalt: 70 Liter.

Serienmäßige Ausrüstung:
Allrad-Lenkachse, Vorderrad-Kotflügel, Motor-Zapfwelle mit Norm- und Schnell-Drehzahl, Wegzapfwelle, Differentialsperre, Anlasser-Anlage, Beleuchtungs- und Blinkanlage nach StVZO, Hand- und Fußgas, Einzelrad-Fußbremse, feststellbare, unabhängige Getriebe-Handbremse, vorderes Zugmaul, hintere Anhänge-Vorrichtung höhenverstellbar und drehbar, **Abstellvorrichtung vom Sitz aus,** Regel-Kraftheber mit Dreipunktgestänge und kurzer Ackerschiene, Traktormeter und komb. Anzeigeinstrument, Rückspiegel, Thermostat, Werkzeugkasten mit Inhalt, Brendel-Komfortsitz, Warnblinkanlage.

Sonderausrüstung:
Allwetter-Verdeck, Frontlader, Seilwinde, Riemenscheibe, Mähwerk, Geräte-Scheinwerfer.

Technische Daten und Abbildungen sind gewissenhaft. Im Interesse des technischen Fortschrittes behalten wir uns jedoch Änderungen vor.

HELA DIESEL

SCHLEPPERFABRIK

Hermann Lanz 7960 Aulendorf

Telefon: (07525) 425 – 426 – 427 – Fernschreiber 0732 870
Telegramme: Lanz Aulendorf

HELA-Dieselschlepper D 634

Ein vielseitiger Traktor mit allen Vorteilen modernster Landtechnik. Kraftvoller Zweizylinder-Motor mit Direkteinspritzung – Gruppenschaltgetriebe mit 8 Vorwärts- und 2 Rückwärtsgängen – Motorzapfwelle mit Norm- und Schnelldrehzahl – Regelhydraulik – Hoher Arbeits- und Fahrkomfort mit Luxussitz, bequemem Aufstieg von beiden Seiten, Traktormeter, achtfachem Kombi-Instrument und einzeln gefederten Vorderrädern. Der formschöne D 634 ermöglicht universellen Einsatz auf dem mittleren Hof und arbeitet auch als Zweitschlepper im Großbetrieb stets wirtschaftlich und zuverlässig. Die besonders wertbeständige und zweckgerechte Konstruktion ist das Ergebnis einer 45-jährigen Erfahrung des Herstellers und seiner engen Verbindung mit der Landwirtschaft.

34 PS
nach DIN 70020

25 KW

HELA DIESEL

Extrem breiter Aufstieg zum geräumigen Fahrerstand

Alle Hebel, Griffe und Pedale sind körpergerecht. Genau im Blickfeld des Fahrers liegen Traktormeter und komb. Anzeige-Instrument.

Die moderne Regelhydraulik trägt wesentlich zur hohen Schlagkraft bei.

Technische Daten

Motor: Stehender Zweizylinder-Viertakt-Dieselmotor, wassergekühlt, Fabrikat MWM, Typ D 226–2 34 PS nach DIN 70020, (25 KW) bei 2400 U/min, Bohrung 105 mm, Hub 120 mm, Hubraum 2080 ccm.

Getriebe: HELA-Gruppenschaltgetriebe mit 8 Vorwärts- und 2 Rückwärtsgängen.

Fahrgeschwindigkeiten:

vorwärts:	1,5 –	2,9 –	3,7 –	6,9
	8,1 –	12,2 –	18,6 –	28,1 **km/h,**
rückwärts.	4,9 –	11,4 **km/h.**		

Kupplung: F & S-Doppelkupplung

Lenkung: Kräftige, staub- und öldicht gekapselte Schneckenlenkung, im Ölbad laufend.

Vorderachse: Stahl-Pendelachse, mit Einzelradfederung,

Bremsen: Die Betriebsbremse ist eine Innenbackenbremse. Sie kann als Einzelbremse benützt werden.
Die Feststellbremse ist unabhängig von der Betriebsbremse und ist als Bandbremse ausgebildet.

Elektr. Ausrüstung: 12-Volt-Anlage mit Anlasser, Batterie und Signalhorn, gem. STVZO.

Zapfwelle: Die Zapfwelle ist genormt, Profil 29x35 DIN 9611 Form A Normdrehzahl = 580 U/min, Schnelldrehzahl = 1120 U/min.

Differentialsperre: Betätigung durch Fußhebel.

Bereifung: vorne 6.00 – 16 ASF, hinten 11 – 28 AS auf Wunsch 9 – 32 AS

Eigengewicht: 1780 kg mit Kraftheberanlage.

Lackierung: Dauerhafte Einbrennlackierung, wahlweise rot oder grün

Tankinhalt: 35 Liter

Schleppermaße: (bei Bereifung 11 – 28 AS) größte Länge = 3300 mm, größte Breite = 1520 mm, größte Höhe bis Lenkrad = 1470 mm, Höhe bis oben Haube = 1300 mm, Bodenfreiheit = 330 mm, Spurweite = 1250 / 1500 mm, Radstand = 2080 mm.

SCHLEPPERFABRIK

Hermann Lanz 7960 Aulendorf

Telefon: (07525) 425 – 426 – 427 – Fernschreiber 0732 870
Telegramme: Lanz Aulendorf

Hydraulikanlage: Regel-Kraftheber mit unabhängig angetriebener Zahnradpumpe, Dreipunktgestänge nach DIN 9674 Kategorie I, Hubkraft an der Ackerschiene = 1850 kg.

Mähantrieb: Durch Zahnräder, im Ölbad laufend, mit Sicherheits-Rutschkupplung in der Kurbelscheibe.

Mähwerk: Hydr. Aushebung mit separatem Hubzylinder (bei vorhandener Hydraulik)

Riemenscheibe: Breite 140 mm, Durchmesser 200 mm, Drehzahl 1627 U/min.

Frontlader: System „Baas", Arbeitswerkzeuge Größe II.

Seilwinde: auf Anfrage

Normalausrüstung: Kriechgang, gefederte Vorderachse, Motor-Zapfwelle mit Norm- und Schnelldrehzahl, Differentialsperre, Anlasser-Anlage, Hand- und Fußgas, Einzelrad-Fußbremse, feststellbare unabhängige Getriebe-Handbremse, vorderes Zugmaul, hintere Anhänge-Vorrichtung – höhenverstellbar und drehbar, breite Ackerschiene, Regelhydraulik mit Dreipunkt-Gestänge, Senkdrossel, Traktormeter mit Betriebsstundenzähler, komb. Anzeige-Instrument, Beifahrersitz, Thermostat.

Sonderausrüstung: Mähantrieb, Mähwerk 5 Fuß, Riemenscheibe, Geräte-Scheinwerfer, Allwetterverdeck, Frontlader, Seilwinde, Überschlagschutzbügel in bauartgeprüfter Ausführung.

Sämtliche Angaben sind gewissenhaft, jedoch unverbindlich!

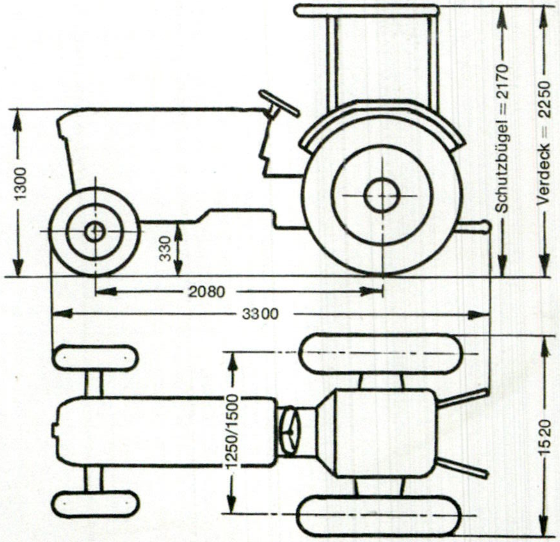

HELA-Dieselschlepper D 634

34 PS
nach DIN 70020

25 KW

Ein vielseitiger Traktor mit allen Vorteilen modernster Landtechnik. Kraftvoller Zweizylinder-Motor mit Direkteinspritzung – Gruppenschaltgetriebe mit 8 Vorwärts- und 2 Rückwärtsgängen – Motorzapfwelle mit Norm- und Schnelldrehzahl – Regelhydraulik – Hoher Arbeits- und Fahrkomfort mit Luxussitz, bequemem Aufstieg von beiden Seiten, Traktormeter, achtfachem Kombi-Instrument und einzeln gefederten Vorderrädern. Der formschöne D 634 ermöglicht universellen Einsatz auf dem mittleren Hof und arbeitet auch als Zweitschlepper im Großbetrieb stets wirtschaftlich und zuverlässig. Die besonders wertbeständige und zweckgerechte Konstruktion ist das Ergebnis einer 45-jährigen Erfahrung des Herstellers und seiner engen Verbindung mit der Landwirtschaft.

N e u !
Getriebe mit 10 Vorw.
und 2 Rw. Gängen,
lastschaltbare
Motorzapfwelle

N e u !
Ausführung mit luftgekühltem
Dreizylinder MWM-Motor
26 kW/35 PS, Hubraum 2550 ccm
Drehzahl 2100 U/min.
übrige techn. Daten unverändert!

HELA DIESEL

TECHNISCHE DATEN

Motor: Wassergekühlter MWM-Dreizylinder-Viertakt-Dieselmotor, Typ D 226-3 mit Direkteinspritzung, Bohrung 105 mm, Hub 120 mm, Hubraum 3120 ccm, Drehzahl 2400 U/min.

Bauart: Robuste Block-Konstruktion

Getriebe: Gruppenschaltgetriebe mit 16 Vorwärts- und 8 Rückwärtsgängen, davon 8 Vorwärts- und 4 Rückwärtsgänge synchronisiert
Geschwindigkeiten bei Bereifung 14,9/13-30
vorwärts: 1,5 – 1,9 – 3,0 – 3,6 – 4,1 – 4,8 – 5,1 – 6,0 – 6,6 – 7,9 – 9,7 – 11,6 – 13,3 – 16,0 – 21,5 – 25,0 km/h
rückwärts: 1,6 – 3,0 – 4,1 – 5,1 – 6,7 – 9,8 – 13,5 – 21,5 km/h

Zapfwelle: Profil 29 × 35 DIN 9611, Form A lastschaltbar, Normdrehzahl 580 U/min., Schnelldrehzahl 1047 U/min. – Wegzapfwelle

Kupplung: Wartungsfreie Einscheiben-Trockenkupplung

Bremsen: Unabhängige Handbremse; Hinterrad-Fußbremse mit Einzelrad-Bedienung als Lenkbremse.

Federung: Vorderachse einzelrad-gummigefedert, Komfort-Fahrersitz mit Höhen- und Längsverstellung, auf Fahrergewicht einstellbar.

Elektr. Ausrüstung: Komplette 12 V-Anlage mit Batterie, Anlasser, Drehstrom-Lichtmaschine, Scheinwerfer mit Stand-, Abblend- und Fernlicht, Begrenzungs- und Rückleuchten, Blinkern, Anhänger- und Gerätesteckdose, Signalhorn, Warnblinkanlage.

Spurweite: 1360 mm, auf Wunsch 1500 mm

Radstand: 2350 mm

Bereifung: vorne 7.50-16,
hinten 9,5/9-36; 12,4/11-32; 11,2/10-36; 14,9/13-28; 14.9/13-30.

Schleppermaße bei Bereifung 14,9/13-30: Größte Länge 3700 mm, größte Breite 1910 mm, Höhe bis Hauben-Oberkante 1405 mm, Bodenfreiheit 450 mm, Höhe bis Oberkante Schutzbügel 2360 mm, Höhe bis Oberkante Kabine 2415 mm, kleinster Wenderadius 2,80 m.

Eigengewicht bei Bereifung 14,9/13-30: 2400 kg (mit Kraftheber), zul. Vorderachslast 1490 kg, zul. Hinterachslast 3330 kg, zul. Gesamtgewicht 3950 kg.

Kraftheber: Regelhydraulik mit Bosch-Steuergerät, Zweistufen-Zugkraftregelung mit Lagesteuerung und Schwimmstellung, Anhängeschiene (Kategorie II), Hubkraft an der Ackerschiene 1950 – 2400 kg.

Lackierung: Dauerhafte Einbrennlackierung, wahlweise rot oder grün

Tankinhalt: 62 Liter

Serienmäßige Ausrüstung: Gefederte Vorderachse, Vorderrad-Kotflügel, Motorzapfwelle mit Norm- und Schnelldrehzahl, Wegzapfwelle, Differentialsperre, Anlasseranlage, Beleuchtungs- und Blinkanlage nach StVZO, Hand- und Fußgas, Einzelrad-Fußbremse, feststellbare unabhängige Getriebe-Handbremse, vorderes Zugmaul, hintere Anhängevorrichtung höhenverstellbar und drehbar, Abstellvorrichtung vom Sitz aus, Regelkraftheber mit Dreipunktgestänge und Ackerschiene, Traktormeter und komb. Anzeige-Instrument, Tachometer, Rückspiegel, Thermostat, Anlassersperre, Bostrom-Komfortsitz, Warnblinkanlage, Werkzeugkasten mit Inhalt, Überschlag-Schutzbügel.

Sonderausrüstung: Frontlader, Seilwinde, Mähwerk, hydrostatische Lenkung, Kipperanschluß, Fritzmeier-EUROPA-Kabine, DIETEG-Verdeck-Kabine.

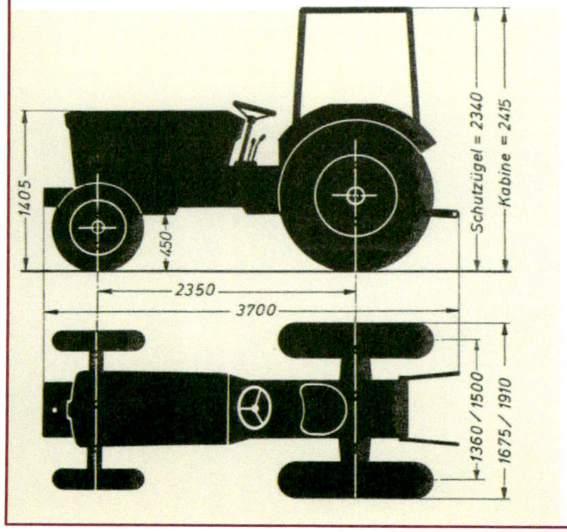

Sämtliche Angaben gewisenhaft, jedoch unverbindlich!

Lanz

Ein Unternehmen der IBH-Gruppe

Maschinenfabrik AG & Co
7960 AULENDORF
Tel.: 0 75 25 – 4 25 / 4 26 / 4 27
Telex: 0732870
Telegramme: Lanz Aulendorf

HELA
DIESEL
Hermann Lanz
Aulendorf
RAIBLE

Hier entstehen die

„Hela"-Traktoren!

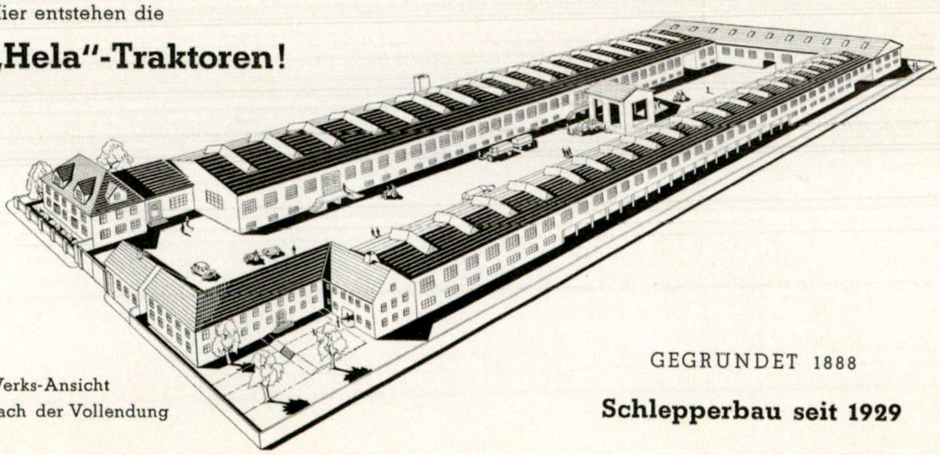

Werks-Ansicht
nach der Vollendung

GEGRÜNDET 1888

Schlepperbau seit 1929

HELA
DIESEL

Wir bieten unseren Kunden:

25-jährige Erfahrung im Schlepper-Bau,
Qualitätsarbeit, solide Konstruktionen
mit besonders **langer Lebensdauer**
Gefällige, einfache u. zweckmäßige Bauform
Patentiertes Handaufzugswerk für
Mähbalken, Pflug und Geräte
spielend leicht gehend

Baujahr 1930

Blick in unsere Getriebebau-Straße

LÄNGSSCHNITT

durch den 2-Zylinder-Kriechgang-Schlepper (17 PS) mit 6 durchschaltbaren Gängen mit „Hela"-Patentgetriebe

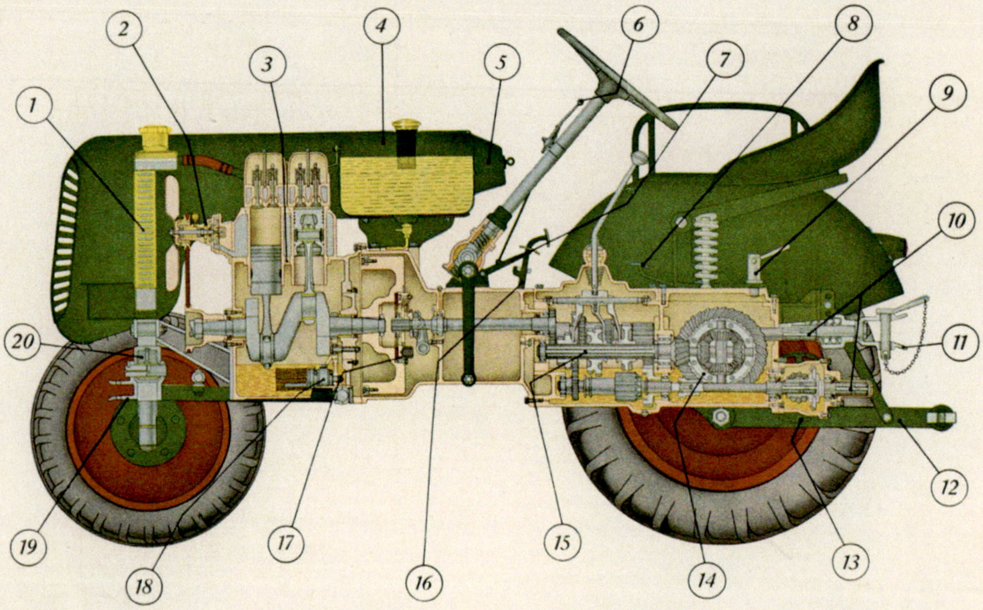

1 *Kühler*
2 *Wasserpumpe*
3 *Diesel-Motor*
4 *Brennstofftank*
5 *Armaturenkasten*
6 *Handgashebel*
7 *Fußgaspedal*
8 *Diff.-Sperre-Hebel*
9 *Aufsattelbolzen*
10 *Zapfwelle*
11 *Zugmaul gefedert*
12 *Kraftheberarm*
13 *Riemenscheibe*
14 *Ausgleichgetriebe*
15 *Schaltgetriebe*
16 *Fußbremse*
17 *Kupplung*
18 *Schmierölpumpe*
19 *Schiebekupplung*
20 *Vorderachsfeder*

3-Zylinder 40 PS

2-Zylinder 25/28 und 30/32 PS

EIGENE ZAHNRADFABRIK

Selbstherstellung eigener, besonders stabiler „Hela"-Getriebetypen

20 Jahre

GETRIEBEBAU

Automatisch arbeitende **Lorenz-Zahnrad-Stoßmaschinen**

Kegelräder

Auf Kegelrad-Vorfräs- und Kegelrad-Hobel-Automaten werden die Differential-Kegelräder gefertigt.

Die **Palloid**-Bogenverzahnungen von Tellerradpaaren werden auf **Klingelnberg-Automaten** hergestellt.

Unser Bauprogramm:

TRAKTOREN 12–40 PS

1-Zylinder 12 PS

1-Zylinder
15 und 20 PS

2-Zylinder 17 PS

2-Zylinder 22 PS

Die Traktoren **12, 22 und 30 PS** sind mit

WASSER- oder LUFTKÜHLUNG

lieferbar.

Verzeichnis der Typen

Verzeichnis der Prospekte